应用型本科院校"十三五"规划教材/物理类

主　编　赵学阳

副主编　高　辉　牛　犇　杨　爽

大学物理学习指导

（第2版）

University Physics Learning Guidance

哈尔滨工业大学出版社

内容简介

本书是一本针对"面向 21 世纪"大学物理教材的辅助性教材,符合教育部工科"物理课程教学基本要求",覆盖了大学物理全部内容。本书共分 17 章,每章以基本要求、基本概念及规律、解题指导为主要内容,并配备了一定数量的练习题。通过对 200 多个典型例题的解答、分析和讨论,指导学生掌握正确的解题思路和方法,精选了 500 多个习题供学生学习和课后训练。选题难易层次分明,能够满足不同程度的学生需求。

本书可作为应用型本科院校学生学习《物理学》的参考书,也是一本很好的自学辅助教材,同时又可为大学物理教师提供教学参考。

图书在版编目(CIP)数据

大学物理学习指导/赵学阳主编. —2 版. —哈尔滨:哈尔滨工业大学出版社,2016.1(2019.1 重印)

应用型本科院校"十二五"规划教材

ISBN 978-7-5603-5823-9

Ⅰ.①大… Ⅱ.①赵… Ⅲ.①物理学-高等学校-教学参考资料 Ⅳ.①O4

中国版本图书馆 CIP 数据核字(2015)第 318757 号

策划编辑　杜　燕
责任编辑　李长波
封面设计　卞秉利
出版发行　哈尔滨工业大学出版社
社　　址　哈尔滨市南岗区复华四道街 10 号　邮编 150006
传　　真　0451-86414749
网　　址　http://hitpress.hit.edu.cn
印　　刷　肇东市一兴印刷有限公司
开　　本　787mm×1092mm　1/16　印张 16.5　字数 380 千字
版　　次　2012 年 2 月第 1 版　2016 年 1 月第 2 版
　　　　　2019 年 1 月第 3 次印刷
书　　号　ISBN 978-7-5603-5823-9
定　　价　34.80 元

序

　　哈尔滨工业大学出版社策划的《应用型本科院校"十三五"规划教材》即将付梓,诚可贺也。

　　该系列教材卷帙浩繁,凡百余种,涉及众多学科门类,定位准确,内容新颖,体系完整,实用性强,突出实践能力培养。不仅便于教师教学和学生学习,而且满足就业市场对应用型人才的迫切需求。

　　应用型本科院校的人才培养目标是面对现代社会生产、建设、管理、服务等一线岗位,培养能直接从事实际工作、解决具体问题、维持工作有效运行的高等应用型人才。应用型本科与研究型本科和高职高专院校在人才培养上有着明显的区别,其培养的人才特征是:①就业导向与社会需求高度吻合;②扎实的理论基础和过硬的实践能力紧密结合;③具备良好的人文素质和科学技术素质;④富于面对职业应用的创新精神。因此,应用型本科院校只有着力培养"进入角色快、业务水平高、动手能力强、综合素质好"的人才,才能在激烈的就业市场竞争中站稳脚跟。

　　目前国内应用型本科院校所采用的教材往往只是对理论性较强的本科院校教材的简单删减,针对性、应用性不够突出,因材施教的目的难以达到。因此亟须既有一定的理论深度又注重实践能力培养的系列教材,以满足应用型本科院校教学目标、培养方向和办学特色的需要。

　　哈尔滨工业大学出版社出版的《应用型本科院校"十三五"规划教材》,在选题设计思路上认真贯彻教育部关于培养适应地方、区域经济和社会发展需要的"本科应用型高级专门人才"精神,根据前黑龙江省委书记吉炳轩同志提出的关于加强应用型本科院校建设的意见,在应用型本科试点院校成功经验总结的基础上,特邀请黑龙江省9所知名的应用型本科院校的专家、学者联合编写。

　　本系列教材突出与办学定位、教学目标的一致性和适应性,既严格遵照学科体系的知识构成和教材编写的一般规律,又针对应用型本科人才培养目标及与之相适应的教学特点,精心设计写作体例,科学安排知识内容,围绕应用讲授理论,做到"基础知识够用、实践技能实用、专业理论管用"。同时注意适当融入新理论、新技术、新工艺、新成果,并且制作了与本书配套的PPT多媒体教学课件,形成立体化教材,供教师参考使用。

《应用型本科院校"十三五"规划教材》的编辑出版,是适应"科教兴国"战略对复合型、应用型人才的需求,是推动相对滞后的应用型本科院校教材建设的一种有益尝试,在应用型创新人才培养方面是一件具有开创意义的工作,为应用型人才的培养提供了及时、可靠、坚实的保证。

希望本系列教材在使用过程中,通过编者、作者和读者的共同努力,厚积薄发、推陈出新、细上加细、精益求精,不断丰富、不断完善、不断创新,力争成为同类教材中的精品。

第 2 版前言

　　物理学是工科院校本科教学中一门重要的基础课,对培养和提高学生的科学素质起着其他课程不能替代的特殊作用。其重要性随着科学技术的发展日益提高,许多边缘学科以及高新技术都是以物理规律为基础而发展起来的。因此,工科学生必须打好物理学基础,才有可能在以后的专业课学习及科研新领域开拓工作中取得较高的成就。为了适应形势的发展和人才培养的需要,哈尔滨石油学院较早地采用了面向 21 世纪的物理教材。为保证物理教学质量,使学生更好地掌握物理学的基本知识和理论,编写一本针对"21 世纪"物理教材的辅助性教材是十分必要的,符合教育部物理课程指导委员会制定的"工科物理课程教学基本要求",对工科大学生在学习大学物理课程时普遍感到的概念和规律多、题目难、抓不住重点等问题有较好的启发和引导作用。能够帮助学生搞清大学物理的基本概念和基本规律,通过指导解题方法,提高学生分析问题、解决问题的能力,加深对教学内容的理解。

　　本书共分 17 章,覆盖了大学物理的全部内容。各章以基本要求、基本概念及规律、解题指导为主要内容,并配备了一定数量的练习题。在基本要求中明确了教学要求,指出各部分知识的掌握程度;在基本概念及规律中总结了各章的基本概念和基本规律;在解题指导中精选了典型例题进行解答并进行必要的分析和讨论;在习题中以选择题、填空题、计算题为主,题目的分量与教学要求吻合,可供学生课后练习和训练。选题难易程度层次分明,能够满足不同程度学生的需要。

　　本书的第 1~4 章由赵学阳老师编写,第 5,6,16,17 章由牛犇老师编写,第 7~11 章及第 14 章由杨爽老师编写,第 12,13,15 章由高辉老师编写。赵学阳老师负责统稿,宋立然老师负责审稿。本书的编写得到了哈尔滨石油学院理事长及院领导的大力支持,在此表示诚挚的感谢。

　　由于时间仓促,水平有限,疏漏之处在所难免,恳请广大师生提出宝贵意见以便我们今后进一步改进。

编　者

2015 年 12 月

目　　录

第 1 章

质点运动学

一、基本要求

1. 掌握位置矢量、位移、速度、加速度等描述质点运动及运动变化的物理量。理解这些物理量的矢量性、瞬时性和相对性。

2. 理解运动方程的物理意义及作用。掌握运用运动方程确定质点的位置、位移、速度和加速度的方法，以及已知质点运动的加速度和初始条件，求速度、运动方程的方法。

3. 掌握并计算质点在平面内运动时的速度和加速度，以及质点做圆周运动时的角速度、角加速度、切向加速度和法向加速度。了解一般曲线运动中的加速度。

4. 明确位移和路程、速度和速率，以及运动方程和轨道方程的区别。

5. 理解伽利略速度变换式，并会求解简单的质点相对运动问题。

二、基本概念及规律

1. 矢量及运动方程

位置矢量：用来确定质点位置的矢量，$r(t) = x i + y j + z k$。

运动方程：位置矢量随时间变化的关系式，$r(t) = x(t) i + y(t) j + z(t) k$。

位移矢量：质点在一段时间 Δt 内的位置矢量的改变，$\Delta r = r(t + \Delta t) - r(t)$。

其中 $x(t), y(t), z(t)$ 是参数方程，消去 t 便得到质点运动的轨迹方程。

2. 速度

速度为质点位置矢量对时间的变化率，$v = \dfrac{\mathrm{d}r}{\mathrm{d}t}$，$v = v_x i + v_y j = \dfrac{\mathrm{d}x}{\mathrm{d}t} i + \dfrac{\mathrm{d}y}{\mathrm{d}t} j$。

3. 加速度

加速度为质点速度对时间的变化率，$a = \dfrac{\mathrm{d}v}{\mathrm{d}t}$，$a = a_x i + a_y j = \dfrac{\mathrm{d}v_x}{\mathrm{d}t} i + \dfrac{\mathrm{d}v_y}{\mathrm{d}t} j$。

4. 运动的叠加原理

一种复杂运动可以分成几种相互独立简单运动的叠加，这个结论也称为运动的独立性原理。

5.直线运动

位置:$x = x_0 + \int_0^t v(t)\,\mathrm{d}t$。

速度:$v = v_0 + \int_0^t a(t)\,\mathrm{d}t$。

6.圆周运动

角坐标为 θ,运动方程为 $\theta(t)$。角速度为 $\omega = \dfrac{\mathrm{d}\theta}{\mathrm{d}t}$,角加速度为 $a = \dfrac{\mathrm{d}\omega(t)}{\mathrm{d}t}$,角速度与线速度的关系是 $v = \omega r$。加速度常用自然坐标系表示为:$a = a_t + a_n = a_t e_t + a_n e_n$,法向加速度 $a_n = \dfrac{v^2}{r} = r\omega^2$,方向指向圆心。切向加速度 $a_t = \dfrac{\mathrm{d}v}{\mathrm{d}t}$,方向沿轨道切线,式中 v 是速率($v = \sqrt{v_x^2 + v_y^2}$)。

7.相对运动

位置矢量变换:$r_{po} = r_{po'} + r_{o'o}$。

速度变换:$v_{po} = v_{po'} + v_{o'o}$。

加速度变换:$a_{po} = a_{po'} + a_{o'o}$。

"po"为质点 p 相对 o 系;"po'"为质点 p 相对 o' 系;"$o'o$"为 o' 系相对 o 系。

三、解题指导

例 1.1 已知质点沿 x 轴做直线运动,$x = 2 + 6t^2 - 2t^3$。求:(1)质点在运动开始后 4.0 s 内位移的大小;(2)质点在该时间内所通过的路程。

解 (1)开始后 4.0 s 内的位移是 $t = 0$ s 时的位矢和 $t = 4$ s 时位矢的差。

$t = 0$ s 时 $\qquad\qquad\qquad\qquad x_1 = 2$ m

$t = 4$ s 时 $\qquad\qquad\qquad x_2 = 2 + 6 \times 4^2 - 2 \times 4^3 = -30$(m)

$$\Delta x = x_2 - x_1 = -32 \text{ m}$$

质点在运动开始后 4.0 s 内位移的大小为 32 m。

(2)由于质点做直线运动,如果质点运动方向改变,路程应不等于位移的绝对值。我们需要从 v 的正负来判明运动过程。

$$v = \frac{\mathrm{d}x}{\mathrm{d}t} = 12t - 6t^2$$

当 $t = 0$ s 和 $t = 2$ s 时,$v = 0$;当 0 s $< t < 2$ s 时,$v > 0$,质点向右运动;当 $t > 2$ s 时,$v < 0$,质点向左运动。即

$$t = 0 \text{ s}, \quad x_1 = 2 \text{ m}$$
$$t = 2 \text{ s}, \quad x_2 = 10 \text{ m}$$
$$t = 4 \text{ s}, \quad x_3 = -30 \text{ m}$$
$$l = |x_2 - x_1| + |x_3 - x_2| = 48 \text{ m}$$

例 1.2 如图,湖中有一小船。岸上有人用绳跨过定滑轮拉船靠岸。设滑轮距水面高度为 h,滑轮到原船位置的绳长为 l_0。求:当人以匀速 v 拉绳,船运动的速度 v' 为多少?

解 设 t 时刻绳长为 l,船到滑轮边缘的垂线距离为 x,如图所示。

$$v' = \frac{\mathrm{d}x}{\mathrm{d}t}$$

$$l^2 = h^2 + x^2$$

两端对时间求导

$$2l \cdot \frac{\mathrm{d}l}{\mathrm{d}t} = 2x \frac{\mathrm{d}x}{\mathrm{d}t}$$

已知 $v = -\dfrac{\mathrm{d}l}{\mathrm{d}t}, \dfrac{x}{l} = \cos\alpha$，则 $v' = \dfrac{-v}{\cos\alpha}$

在 t 时刻

$$l = l_0 - vt, \quad \sin\alpha = \frac{h}{l_0 - vt},$$

$$\cos\alpha = \sqrt{1 - \frac{h^2}{(l_0 - vt)^2}}$$

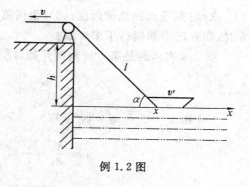

例 1.2 图

所以

$$v' = \frac{-v}{\sqrt{1 - \dfrac{h^2}{(l_0 - vt)^2}}}$$

例 1.3　飞机以 $100 \ \mathrm{m \cdot s^{-1}}$ 的速度沿水平直线飞行，在离地面高 $100 \ \mathrm{m}$ 时，驾驶员要把物品投到前方某一地面目标处。问：(1) 此时目标在飞机下前方多远？(2) 投放物品时，驾驶员看目标的视线和水平线成何角度？(3) 物品投出 $2.0 \ \mathrm{s}$ 后，它的法向加速度和切向加速度各为多少？

解　(1) 设目标在飞机下方前 x 处，则

$$y = \frac{1}{2}gt^2, \quad x = v_0 t$$

解得 $t = 4.52 \ \mathrm{s}, x = 452 \ \mathrm{m}$。

(2) 如图 (a) 所示

$$\tan\alpha = \frac{y}{x} = \frac{100}{452}$$

$$\alpha = 12.5°$$

(3) 求出 $t = 2.0 \ \mathrm{s}$ 时的 v_x, v_y，从而确定出 v 的方向，如图 (b) 所示。

g 在 v 方向的分量为 a_t，g 在 n 方向上的分量为 a_n。

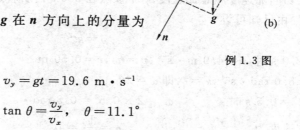

例 1.3 图

$t = 2.0 \ \mathrm{s}$ 时

$$v_y = gt = 19.6 \ \mathrm{m \cdot s^{-1}}$$

$$\tan\theta = \frac{v_y}{v_x}, \quad \theta = 11.1°$$

$$a_t = g\sin\theta = 1.88 \ \mathrm{m \cdot s^{-2}}$$

$$a_n = g\cos\theta = 9.62 \ \mathrm{m \cdot s^{-2}}$$

例 1.4　一质点沿半径为 R 的圆周按规律 $s = v_0 t - \dfrac{1}{2}bt^2$ 运动，v_0, b 都是常量。

(1) 求 t 时刻质点的总加速度;(2) t 为何值时总加速度在数值上等于 b?(3) 当加速度达到 b 时,质点已沿圆周行了多少圈?

解 s 表示的是某一时刻到开始时刻质点走过的弧长,则

$$v = \frac{\mathrm{d}s}{\mathrm{d}t}, \quad a_t = \frac{\mathrm{d}v}{\mathrm{d}t} = \frac{\mathrm{d}^2 s}{\mathrm{d}t^2}$$

(1) 由 $v = \frac{\mathrm{d}s}{\mathrm{d}t} = v_0 - bt$ 可知

$$a_t = \frac{\mathrm{d}v}{\mathrm{d}t} = -b, \quad a_n = \frac{v^2}{R} = \frac{(v_0 - bt)^2}{R}$$

$$a = \sqrt{a_t^2 + a_n^2} = \frac{\sqrt{R^2 b^2 + (v_0 - bt)^4}}{R}$$

a 与 a_t 的夹角为 θ,则

$$\tan \theta = \frac{a_n}{a_t} = \frac{(v_0 - bt)^2}{-bR}, \quad \theta = \arctan\left[\frac{-(v_0 - bt)^2}{bR}\right]$$

(2) 当 $v_0 - bt = 0$ 时,即 $t = \frac{v_0}{b}$ 时,$a = b$。

(3) 质点运行时速率匀速减小,当总加速度达到 b 时,速率刚好为零,此过程中有反向运动,即

$$s = v_0 t - \frac{1}{2}bt^2$$

把 $t = \frac{v_0}{b}$ 代入,则

$$s = \frac{v_0^2}{2b}$$

设 N 为运行圈数,则

$$N = \frac{s}{2\pi R} = \frac{v_0^2}{4\pi Rb}$$

例 1.5 一半径为 0.50 m 的飞轮在启动时,其角速度与时间的平方成正比。在 $t = 2.0$ s 时测得轮缘一点的速度值为 4.0 m·s^{-1}。求:(1) 该轮在 $t' = 0.5$ s 时的角速度,轮缘一点的切向加速度和总加速度;(2) 该点在 2.0 s 内所转过的角度。

解 由已知可设

$$\omega = kt^2$$

$t = 2.0$ s 时,$v = 4.0$ m·s^{-1},$v = r\omega$,$r = 0.50$ m

可得 $\omega = 8.0$ rad·s^{-1},$k = 2$,即 $\omega = 2t^2$

(1) $t' = 0.5$ s 时 $\qquad \omega' = 2 \times 0.5^2 = 0.5$ rad·s^{-1}

角加速度为 $\qquad \alpha = \frac{\mathrm{d}\omega}{\mathrm{d}t} = 4t$

$t' = 0.5$ s 时 $\qquad \alpha' = 2$ rad·s^{-2}

$$a'_t = r\alpha' = 1 \text{ m·s}^{-2}, \quad a'_n = r\omega'^2 = 0.125 \text{ m·s}^{-2}$$

$$a' = \sqrt{a_t'^2 + a_n'^2} = 1.01 \text{ m·s}^{-2}$$

(2) 由 $\omega = 2t^2$，则 $\dfrac{\mathrm{d}\theta}{\mathrm{d}t} = 2t^2$，得

$$\mathrm{d}\theta = 2t^2\,\mathrm{d}t$$

对两边积分 $\displaystyle\int_0^\theta \mathrm{d}\theta = \int_0^t 2t^2\,\mathrm{d}t$，得

$$\theta = \frac{2}{3}t^3$$

当 $t = 2.0$ s 时，$\theta = 5.33$ rad。

例 1.6　如图（a）所示，一汽车在雨中沿直线行驶，其速率为 v_1，下落雨滴的速度方向偏于竖直方向之前 θ 角，速率为 v_2；若车后有一长方形物体，问车速 v_1 为多大时，此物体正好不会被雨水淋湿？

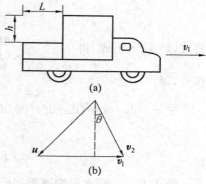

（a）

解　如图（b）可知 $\boldsymbol{u} = \boldsymbol{v}_2 - \boldsymbol{v}_1$

$$|u_y| = v_2\cos\theta, \qquad |u_x| = v_1 - v_2\sin\theta$$

当车后长方形物体正好不会被雨水淋湿时

$$\frac{|u_y|}{|u_x|} = \frac{h}{L}$$

$$\frac{h}{L} = \frac{v_2\cos\theta}{v_1 - v_2\sin\theta}$$

（b）

例 1.6 图

解得

$$v_1 = v_2\left(\frac{L}{h}\cos\theta + \sin\theta\right)$$

例 1.7　某人能在静水中以 10 m·s^{-1} 的速度划船前进。今欲横渡一宽为 1.00×10^3 m，水流速度为 0.55 m·s^{-1} 的大河。(1) 他若要从出发点横渡该河而到达正对岸的一点，那么应该如何确定划行方向？达到正对岸需多少时间？(2) 如果希望用最短的时间过河，那么应该如何确定划行方向？船到达对岸的位置在什么地方？

解　(1) 如图，船相对于水的速度 v_1 为相对速度，其大小为 1.10 m·s^{-1}，水流速度为牵引速度，船相对于岸的速度为绝对速度。若要横渡到正对岸一点，绝对速度必须垂直于岸边。

由图可知

$$\sin\alpha = \frac{u}{v_1} = \frac{1}{2}, \qquad \alpha = 30°$$

$$v = v_1\cos\alpha = 1.10 \times \frac{\sqrt{3}}{2} = 0.95\ (\text{m·s}^{-1})$$

$$t = \frac{L}{v} = \frac{1 \times 10^3}{0.95} = 1.05 \times 10^3\ (\text{s})$$

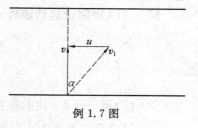

例 1.7 图

(2) 如果希望用最短的时间过河，应向正对岸划行，横向速度为 $v_1 = 1.10$ m·s^{-1}，他到达对岸的位置将比正对岸点向下游漂移河宽的一半，即 $u\dfrac{L}{v_1} = 5 \times 10^2$ m。

例 1.8　一质点做匀速圆周运动时，对圆心 O 的角加速度 α 为一恒量，试用积分法证明：(1)$\omega = \omega_0 + \alpha t$；(2)$\theta = \omega_0 t + \dfrac{1}{2}\alpha t^2$；(3)$\omega^2 = \omega_0^2 + 2\alpha\theta$，其中 θ,ω,ω_0 分别表示角坐标、

角速度和初速度。

证明 按角速度定义，$\alpha = \dfrac{d\omega}{dt}$，则由此积分，有

$$\int_{\omega_0}^{\omega} d\omega = \int_0^t \alpha \, dt \tag{1}$$

即得

$$\omega = \omega_0 + \alpha t$$

又按角速度定义，$\omega = \dfrac{d\theta}{dt}$，积分，得

$$\int_0^t \omega \, dt = \int_0^\theta d\theta$$

将式(1)代入上式，得

$$\int_0^t (\omega_0 + \alpha t) \, dt = \int_0^\theta d\theta$$

积分，得

$$\theta = \omega_0 t + \frac{1}{2}\alpha t^2 \tag{2}$$

由 $\alpha = d\omega/dt = (d\omega/d\theta)(d\theta/dt) = \omega \, d\omega/d\theta$，即 $\alpha \, d\theta = \omega \, d\omega$，积分

$$\int_0^\theta \alpha \, d\theta = \int_{\omega_0}^{\omega} \omega \, d\omega$$

得

$$\omega^2 = \omega_0^2 + 2\alpha\theta$$

例 1.9 一质点做变速圆周运动，其路程 s 随时间 t 的变化规律为 $s = t^3 + 3t$，当 $t = 2$ s 时，质点的加速度为 15 m·s^{-2}。求此圆周运动轨道的半径。

解 已知 $s = t^3 + 3t$，则

$$v = \frac{ds}{dt} = 3t^2 + 3, \quad a_t = \frac{dv}{dt} = 6t$$

当 $t = 2$ s 时，速度为 $v = (3 \times 2^2 + 3)$ m·s^{-1} $= 15$ m·s^{-1}，切向加速度的大小为 $a_t = \dfrac{dv}{dt} = 6 \times 2 = 12$ m·s^{-2}，又因为加速度 $a = 15$ m·s^{-2}，则由 $a = \sqrt{\left(\dfrac{dv}{dt}\right)^2 + \left(\dfrac{v^2}{R}\right)^2}$ 可以算出 $t = 2$ s 时，质点做圆周运动的半径为 $R = 25$ m。

例 1.10 已知质点的运动函数为 $\boldsymbol{r} = (1-3t)\boldsymbol{i} + (6-t^3)\boldsymbol{j}$，求：(1)质点的速度和加速度；(2)质点在 $0 \sim 2$ s 内的位移和平均速度。

解 (1)由题设运动函数 $\boldsymbol{r} = (1-3t)\boldsymbol{i} + (6-t^3)\boldsymbol{j}$，得质点的速度和加速度分别为

$$\boldsymbol{v} = \frac{d\boldsymbol{r}}{dt} = (-3)\boldsymbol{i} + (-3t^2)\boldsymbol{j} \tag{1}$$

$$\boldsymbol{a} = \frac{d\boldsymbol{v}}{dt} = (-6t)\boldsymbol{j} \tag{2}$$

(2)在 $t = 0 \sim 2$ s 内的位移为

$$\Delta \boldsymbol{r} = \boldsymbol{r}_2 - \boldsymbol{r}_0 = [(1 - 2 \times 3)\boldsymbol{i} + (6 - 2^3)\boldsymbol{j}] - [(1-0)\boldsymbol{i} + (6-0)\boldsymbol{j}] = (-6)\boldsymbol{i} + (-8)\boldsymbol{j}$$

例 1.11 质点在 Oxy 平面内运动，其运动方程为 $\boldsymbol{r} = (2.0t)\boldsymbol{i} + (19.0 - 2.0t^2)\boldsymbol{j}$，式中 $\boldsymbol{r}$ 的单位为 m，t 的单位为 s。求：(1)质点的运动方程；(2)在 $t_1 = 1.0$ s 到 $t_1 = 2.0$ s 时间内的平均速度；(3) $t_1 = 1.0$ s 时的速度及切向和法向加速度；(4) $t_1 = 1.0$ s 时质点所在处轨道的曲率半径 ρ。

解　(1) 由运动方程 $\boldsymbol{r} = (2.0t)\boldsymbol{i} + (19.0 - 2.0t^2)\boldsymbol{j}$ 得

$$x = 2.0t, \quad y = 19.0 - 2.0t^2$$

消去 t 得质点的轨迹方程为

$$y = 19.0 - 0.50x^2$$

(2) 在 $t_1 = 1.0$ s 到 $t_1 = 2.0$ s 时间内的平均速度为

$$v = \frac{\Delta \boldsymbol{r}}{\Delta t} = \frac{\boldsymbol{r}_2 - \boldsymbol{r}_1}{t_2 - t_1} = 2.0\boldsymbol{i} - 6.0\boldsymbol{j}$$

(3) 质点在任意时刻的速度和加速度分别为

$$\boldsymbol{v}(t) = v_x\boldsymbol{i} + v_y\boldsymbol{j} = \frac{\mathrm{d}x}{\mathrm{d}t}\boldsymbol{i} + \frac{\mathrm{d}y}{\mathrm{d}t}\boldsymbol{j} = 2.0\boldsymbol{i} - 4.0t\boldsymbol{j}$$

$$\boldsymbol{a}(t) = \frac{\mathrm{d}v_x}{\mathrm{d}t}\boldsymbol{i} + \frac{\mathrm{d}v_y}{\mathrm{d}t}\boldsymbol{j} = -4.0 \text{ m} \cdot \text{s}^{-2}$$

则 $t_1 = 1.0$ s 时的速度为

$$\boldsymbol{v}(1) = 2.0\boldsymbol{i} - 4.0\boldsymbol{j}$$

切向和法向加速度分别为

$$a_t = \frac{\mathrm{d}v}{\mathrm{d}t} , \quad v = \sqrt{v_x^2 + v_y^2}$$

所以

$$a_t\big|_{t=1\text{ s}} = \frac{\mathrm{d}}{\mathrm{d}t}\sqrt{v_x^2 + v_y^2} = 3.58 \text{ m} \cdot \text{s}^{-2}$$

$$a_n = \sqrt{a^2 - a_t^2} = 1.79 \text{ m} \cdot \text{s}^{-2}$$

(4) $t_1 = 1.0$ s 质点速度的大小为

$$v = \sqrt{v_x^2 + v_y^2} = 4.47 \text{ m} \cdot \text{s}^{-1}$$

则

$$\rho = \frac{v^2}{a_n} = 11.17$$

四、习　　题

1.1　一运动质点在某一瞬时位于矢径 $\boldsymbol{r}(x, y)$ 的端点处，其速度大小为（　　）

(A) $\dfrac{\mathrm{d}r}{\mathrm{d}t}$

(B) $\dfrac{\mathrm{d}\boldsymbol{r}}{\mathrm{d}t}$

(C) $\dfrac{\mathrm{d}|\boldsymbol{r}|}{\mathrm{d}t}$

(D) $\left[\left(\dfrac{\mathrm{d}x}{\mathrm{d}t}\right)^2 + \left(\dfrac{\mathrm{d}y}{\mathrm{d}t}\right)^2\right]^{\frac{1}{2}}$

1.2　某人骑自行车以速率 v 向正西方行驶，遇到由北向南刮的风（设风速大小也为 v），则他感到风是从（　　）

(A) 东北方向吹来

(B) 东南方向吹来

(C) 西北方向吹来

(D) 西南方向吹来

1.3　一质点在做圆周运动时，则有（　　）

(A) 切向加速度一定改变，法向加速度也改变

(B) 切向加速度可能不变，法向加速度一定改变

(C) 切向加速度可能不变，法向加速度不变

(D) 切向加速度一定改变，法向加速度不变

1.4　质点做曲线运动，r 表示位置矢量，v 表示速度，a 表示加速度，s 表示路程，a_t 表示切向加速度。对下列表达式，即

(1) $\mathrm{d}v/\mathrm{d}t = a$；(2) $\mathrm{d}r/\mathrm{d}t = v$；(3) $\mathrm{d}s/\mathrm{d}t = v$；(4) $|\mathrm{d}v/\mathrm{d}t| = a_t$。

下述判断正确的是（　　　）

(A) 只有(1)，(4) 是对的　　　　(B) 只有(2)，(4) 是对的

(C) 只有(2) 是对的　　　　　　(D) 只有(3) 是对的

1.5　灯距离地面的高度为 h_1，一个人身高为 h_2，在灯下以速率 v 沿水平直线行走，如图所示，则他的头顶在地上的影子点 M 沿地面移动的速度 $v_M = $_____，以及影子长度增长的速率 $v_t = $_____。

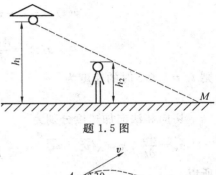

题 1.5 图

1.6　一物体做如图所示的斜抛运动，测得在轨道点 A 处速度大小为 v，其方向与水平方向夹角成 $30°$，则物体在点 A 的切向加速度 $a_t = $_____，轨道的曲率半径 $\rho = $_____。

1.7　在半径为 R 的圆周上运动的质点，其速率与时间的关系为 $v = ct^2$（c 为常数），则从 $t=0$ 到 t 时刻质点走过的路程 $s(t) = $_____；$t$ 时刻质点的切向加速度 $a_t = $_____；$t$ 时刻质点的法向加速度 $a_n = $_____。

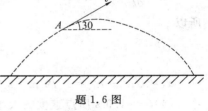

题 1.6 图

1.8　有一质点沿 x 轴做直线运动，t 时刻的坐标为 $x = 4.5t^2 - 2t^3$。试求：(1) 第 2 s 内的平均速度；(2) 第 2 s 末的瞬时速度；(3) 第 2 s 内的路程。

1.9　由楼窗口以水平初速度 v_0 射出一发子弹，取枪口为原点，沿 v_0 方向为 x 轴，竖直向下为 y 轴，并取发射时 t 为 0。试求：(1) 子弹在任意时刻 t 的位置坐标及轨迹方程；(2) 子弹在 t 时刻的速度、切向加速度和法向加速度。

1.10　一无风的下雨天，一列火车以 $v_1 = 20.0\ \mathrm{m \cdot s^{-1}}$ 的速度匀速前进，在车内的旅客看见玻璃窗外的雨滴和垂线成 $75°$ 角下降，求雨滴下落的速度 v_2。（设下降的雨滴做匀速运动）

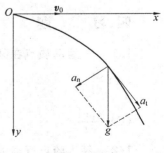

题 1.9 图

1.11　一质点在半径为 0.10 m 的圆周上运动，其角位置为 $\theta = 2 + 4t^3$，式中 θ 的单位为 rad，t 的单位为 s。(1) 求在 $t = 2.0$ s 时质点的法向加速度和切向加速度；(2) 当切向加速度的大小恰好等于总加速度大小的一半时，θ 值为多少？(3) t 为多少时，法向加速度和切向加速度的值相等？

1.12　质点的运动方程为 $x = -10t + 30t^2$ 和 $y = 15t - 20t^2$，式中 x，y 的单位为 m，t 的单位为 s。试求：(1) 初速度的大小和方向；(2) 加速度的大小和方向。

1.13　一物体悬挂在弹簧上做竖直振动，其加速度为 $a=-ky$，式中 k 为常量，y 是以平衡位置为原点所测得的坐标。假定振动的物体在坐标 y_0 处的速度为 v_0，试求速度 v 与坐标 y 的函数关系式。

1.14　一艘正在沿直线行驶的汽艇，发动机关闭后，其加速度方向与速度方向相反，大小与速度平方成正比，即 $\dfrac{\mathrm{d}v}{\mathrm{d}t}=-kv^2$，式中 k 为常数。试证明汽艇在关闭发动机后又行驶 x 距离时的速度为 $v=v_0\mathrm{e}^{-kx}$。其中 v_0 是发动机关闭时的速度。

1.15　质点 M 在水平面内运动的轨迹如图所示，OA 段为直线，AB，BC 段分别为不同半径的两个 $\dfrac{1}{4}$ 圆周。设 $t=0$ 时，M 在点 O，已知运动方程为 $s=30t+5t^2$，求 $t=2\,\mathrm{s}$ 时刻，质点 M 的切向加速度和法向加速度。

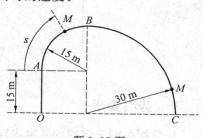

题 1.15 图

五、习题答案

1.1　(D)

1.2　(C)

1.3　(B)

1.4　(D)

1.5　$\dfrac{h_1 v}{h_1-h_2}$，$\dfrac{h_2 v}{h_1-h_2}$

1.6　$\dfrac{-g}{2}$，$\dfrac{2\sqrt{3}}{3g}v^2$

1.7　$\dfrac{ct^3}{3}$，$2ct$，$\dfrac{c^2 t^4}{R}$

1.8　(1) $-0.5\,\mathrm{m\cdot s^{-1}}$　　(2) $-6\,\mathrm{m\cdot s^{-1}}$　　(3) $2.25\,\mathrm{m}$

1.9　(1) $x=v_0 t$，$y=\dfrac{1}{2}gt^2$，$y=\dfrac{1}{2}x^2 g/v_0^2$

　　(2) $v_x=v_0$，$v_y=gt$，$v=\sqrt{v_0^2+g^2 t^2}$，方向为：与 x 轴夹角 $\theta=\arctan(gt/v_0)$

　　　$a_t=\mathrm{d}v/\mathrm{d}t=g^2 t/\sqrt{v_0^2+g^2 t^2}$，与 v 同向

　　　$a_n=\sqrt{g^2-a_t^2}=gv_0/\sqrt{v_0^2+g^2 t^2}$，方向与 a_t 垂直

1.10　$5.36\,\mathrm{m\cdot s^{-1}}$

1.11　(1) $a_n=2.30\times10^2\,\mathrm{m\cdot s^{-2}}$，$a_t=4.8\,\mathrm{m\cdot s^{-2}}$

　　　(2) $\theta=3.15\,\mathrm{rad}$　　(3) $t=0.55\,\mathrm{s}$

1.12　(1) $18.0\,\mathrm{m\cdot s^{-1}}$，$v_0$ 与 x 轴夹角 $\alpha=123°41'$

　　　(2) $72.1\,\mathrm{m\cdot s^{-2}}$，$a$ 与 x 轴夹角 $\beta=33°41'$（或 $326°19'$）

1.13　$v^2=v_0^2+k(y_0^2-y^2)$

1.14　略

1.15　$a_t=10\,\mathrm{m\cdot s^{-2}}$，$a_n=83.3\,\mathrm{m\cdot s^{-2}}$

第 2 章

牛 顿 定 律

一、基本要求

1. 掌握牛顿三定律的基本内容及其适用条件。

2. 熟练掌握用隔离体法分析物体的受力情况,能用微积分方法求解变力作用下的简单质点动力学问题。

3. 了解惯性力的物理意义及在非惯性系中运用牛顿定律求解动力学问题的方法。

二、基本概念及规律

1. 牛顿第一定律

任何物体都要保持静止或匀速直线运动状态直到外力迫使它改变运动状态为止。

2. 牛顿第二定律

物体在力的作用下做加速运动,其加速度的方向与所受合外力的方向相同,加速度的大小与合外力的大小成正比,与物体的质量成反比。

数学表达式为: $F = ma$ 或 $F = m\dfrac{\mathrm{d}v}{\mathrm{d}t}$

笛卡尔坐标表示法: $F_x = m\dfrac{\mathrm{d}^2 x}{\mathrm{d}t^2}$, $F_y = m\dfrac{\mathrm{d}^2 y}{\mathrm{d}t^2}$

自然坐标表示法: $F_t = ma_t = m\dfrac{\mathrm{d}v}{\mathrm{d}t}$, $F_n = ma_n = m\dfrac{v^2}{\rho}$

3. 牛顿第三定律

当物体 A 以力 f 作用于物体 B 时,物体 B 必定同时以大小相等、方向相反的同一性质力 f' ,沿同一直线作用于物体 A 上。数学表达式为

$$f = -f'$$

4. 惯性系与非惯性系

凡是牛顿定律成立的参照系称为惯性参照系,简称惯性系;而牛顿定律不成立的参照系则称为非惯性系(相对惯性系做加速直线运动或转动)。

5. 非惯性系中的惯性力

质量为 m 的物体:

(1) 在相对于惯性系以加速度 a 平动的非惯性系中所受的惯性力为 $f = -ma$；

(2) 在相对于惯性系以角速度 ω 转动的非惯性系中所受的惯性力为 $f = -mr\omega^2 e_n$；

(3) 在非惯性系中牛顿第二定律数学表达式为 $F + f = ma$。

三、解题指导

例 2.1　一木块能在与水平面成 α 角的斜面上匀速下滑。若使它以速率 v_0 沿此斜面向上滑动，试证明它能沿该斜面向上滑动的距离为 $\dfrac{v_0^2}{4g\sin\alpha}$。

解　匀速下滑时，则说明摩擦力与重力在斜面上的分力相等，即 $f = mg\sin\alpha$。

当木块向上滑动时，木块受力沿斜面上的分量为

$$F = f + mg\sin\alpha = 2mg\sin\alpha$$

$$a = \frac{F}{m} = 2g\sin\alpha$$

$$s = \frac{v_0^2}{2a} = \frac{v_0^2}{4g\sin\alpha}$$

例 2.2　如图 (a) 所示，已知两物体 A，B 的质量均为 $m = 3.0$ kg，物体 A 以加速度 $a = 1.0$ m·s^{-2} 运动，求物体 B 与桌面间的摩擦力。（滑轮与连接绳的质量不计）

解　分别对物体 A，B 进行受力分析，如图 (b) 所示

$$mg - 2T = ma$$
$$T' - f = 2ma$$
$$T = T'$$

可得

$$mg - 2f = 5ma$$

$$f = \frac{mg - 5ma}{2} = 7.2 \text{ N}$$

所以物体 B 与桌面间的摩擦力为 7.2 N。

例 2.3　质量为 m' 的长平板以速度 v' 在光滑平面上做直线运动，现将质量为 m 的木块轻轻平稳地放在长平板上，板与木块之间的滑动摩擦因数为 μ，求木块在长平板上滑行多远才能与板取得共同速度？

解　设木块在长板上滑行距离为 S 时与木板取得共同速度，而此过程中木板相对于光滑平面滑行距离为 L。

当木块与木板同速时，由动量守恒得

$$m'v' = (m + m')v, \quad v = \frac{m'v'}{m + m'}$$

在此过程中摩擦力对木块做正功，由动能定理可得

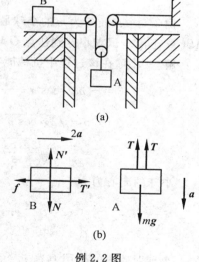

例 2.2 图

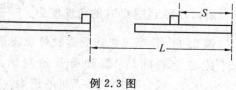

例 2.3 图

$$(L-S)\mu mg = \frac{1}{2}mv^2$$

摩擦力对木板做负功

$$-L\mu m'g = \frac{1}{2}m'v^2 - \frac{1}{2}m'v'^2$$

解得

$$S = \frac{m'v'^2}{2\mu g(m'+m)}$$

例 2.4 在一只半径为 R 的半球形碗内,有一粒质量为 m 的小钢球,当小球以角速度 ω 在水平面内沿碗内壁做匀速圆周运动时,它距碗底有多高?

解 如图,对小球受力分析,小球只受重力和支持力,在竖直方向上合外力为零

$$N\cos\alpha - mg = 0$$

水平方向合外力为向心力

$$N\sin\alpha = m\omega^2 R\sin\alpha$$

解得

$$\cos\alpha = \frac{g}{\omega^2 R}$$

$$h = R - R\cos\alpha = R - \frac{g}{\omega^2}$$

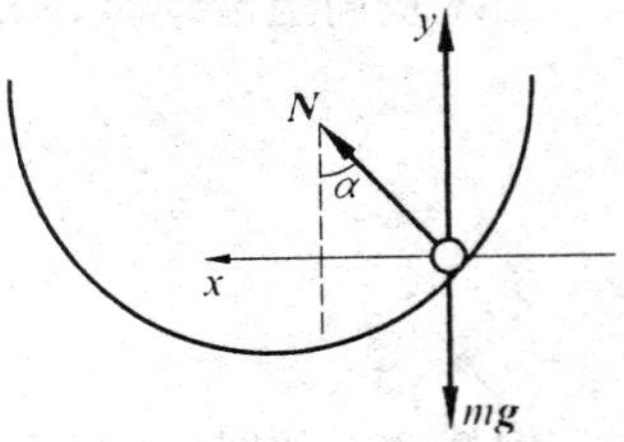

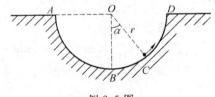

例 2.4 图

所以小球距碗底高度为 $R - \dfrac{g}{\omega^2}$。

例 2.5 一质量为 m 的小球最初位于如图所示的点 A,然后沿半径为 r 的光滑圆轨道 $ABCD$ 下滑。试求小球到达点 C 时的角速度和对圆轨道的作用力。

解 小球在该过程中机械能守恒,设 OA 面为势能零点,则

$$0 = -mgr\cos\alpha + \frac{1}{2}mv^2$$

$$v = \sqrt{2gr\cos\alpha}$$

$$\omega = \frac{v}{r} = \sqrt{\frac{2g\cos\alpha}{r}}$$

例 2.5 图

小球的向心力为

$$N - mg\cos\alpha = \frac{mv^2}{r}$$

$$N = 3mg\cos\alpha$$

小球对轨道的作用力为

$$N' = -N$$

所以小球到达 C 时的角速度为 $\sqrt{\dfrac{2g\cos\alpha}{r}}$,对轨道的作用力为 $-3mg\cos\alpha$。

例 2.6 轻型飞机连同驾驶员总质量为 1.0×10^3 kg。飞机以 55.0 m·s^{-1} 的速率在水平跑道上着陆后,驾驶员开始制动,若阻力与时间成正比,比例系数 $\alpha = 5.0\times10^2$ N·s^{-1}。求:(1)10 s 后飞机的速率;(2)飞机着陆后 10 s 内滑行的距离。

解 (1) 由于 $F = -\alpha t$,则 $a = \dfrac{F}{m} = -\dfrac{\alpha t}{m}$,即

$$\frac{\mathrm{d}v}{\mathrm{d}t}=-\frac{\alpha t}{m},\quad \mathrm{d}v=-\frac{\alpha t}{m}\mathrm{d}t$$

两端积分

$$\int_{v_0}^{v}\mathrm{d}v=-\frac{\alpha}{m}\int_0^t t\mathrm{d}t$$

可得

$$v=v_0-\frac{\alpha t^2}{2m}$$

把 $t=10$ s 代入上式，则 $v=30$ m·s^{-1}。

（2）由于 $v=\dfrac{\mathrm{d}s}{\mathrm{d}t}$，且 $v=v_0-\dfrac{\alpha t^2}{2m}$，可得

$$\mathrm{d}s=(v_0-\frac{\alpha t^2}{2m})\mathrm{d}t$$

上式两端积分，则

$$s=v_0 t-\frac{\alpha t^3}{6m}$$

把 $t=10$ s 代入上式，则 $s=467$ m。

例 2.7　质量为 m 的跳水运动员从 10.0 m 高台上由静止跳下落入水中。高台与水面距离为 h。把跳水运动员视为质点，并略去空气阻力。运动员入水后下沉，水对其阻力为 bv^2，其中 b 为常量。若以水面上一点为坐标原点 O，竖直向下为 Oy 轴，求：（1）运动员在水中的速率 v 与 y 的函数关系；（2）若 $\dfrac{b}{m}=0.40$ m^{-1}，跳水运动员在水中下沉多少距离才能使其速率 v 减少到落水速率 v_0 的 1/10？（假定跳水运动员在水中的浮力与所受的重力大小恰好相等）

解　（1）设运动员入水时的速率为 v_0，则

$$h=\frac{v_0^2}{2g},\quad v_0=\sqrt{2gh}$$

由于 $F=-bv^2$，$a=-\dfrac{b}{m}v^2$，则

$$\frac{\mathrm{d}v}{\mathrm{d}t}=-\frac{b}{m}v^2$$

在上式两端同乘 $\mathrm{d}y$，且 $v=\dfrac{\mathrm{d}y}{\mathrm{d}t}$，则

$$v\mathrm{d}v=-\frac{b}{m}v^2\mathrm{d}y$$

$$\frac{1}{v}\mathrm{d}v=-\frac{b}{m}\mathrm{d}y$$

两端积分

$$\ln\frac{v}{v_0}=-\frac{b}{m}y$$

$$v=v_0\mathrm{e}^{-\frac{by}{m}}=\sqrt{2gh}\,\mathrm{e}^{-\frac{by}{m}}$$

（2）若 $v=\dfrac{1}{10}v_0$，$\dfrac{b}{m}=0.4$，则

$$\frac{1}{10} = e^{-0.4y}, \qquad 0.4y = -\ln\frac{1}{10}$$

$$y = 5.76 \text{ m}$$

例 2.8 如图(a)所示,电梯相对地面以加速度 a 竖直向上运动。电梯中有一滑轮固定在电梯顶部,滑轮两侧用轻绳悬挂着质量分别为 m_1 和 m_2 的物体 A 和 B。设滑轮的质量和滑轮与绳索间的摩擦均略去不计。已知 $m_1 > m_2$,如以加速运动的电梯为参考系,求物体相对地面的加速度和绳的张力。

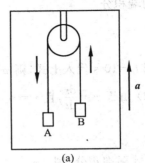

解 如图(b)所示,对 A,B 进行受力分析,并设 A,B 相对于电梯的加速度大小为 a'。

$$T - m_2 g - m_2 a = m_2 a'$$
$$m_1 g - T' + m_1 a = m_1 a'$$
$$T = T'$$

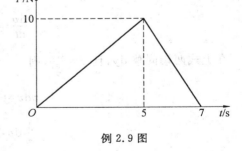

例 2.8 图

把 $T = T'$ 代入后等式两端相加,则

$$(m_1 - m_2)g = (m_1 + m_2)a' - (m_1 - m_2)a$$

$$a' = \frac{(m_1 - m_2)(g + a)}{m_1 + m_2}$$

$$a_B = a' + a = \frac{(m_1 - m_2)g + 2m_1 a}{m_1 + m_2}$$

方向向下。

$$T = T' = \frac{2m_1 m_2}{m_1 + m_2}(g + a)$$

例 2.9 如图所示,一质点沿 x 轴运动,其受力如图所示,设 $t = 0$ 时,$v_0 = 5 \text{ m} \cdot \text{s}^{-1}$,$x_0 = 2 \text{ m}$,质点质量 $m = 1 \text{ kg}$,试求该质点 7 s 末的速度和位置坐标。

分析 首先应由题图求得两个时间段的 $F(t)$ 函数,进而求得相应的加速度函数,运用积分方法求解题目所问,积分时相应注意积分上下限的取值应与两时间段相应的时刻对应。

例 2.9 图

解 由题图得

$$F(t) = \begin{cases} 2t, & 0 < t < 5 \text{ s} \\ 35 - 5t, & 5 \text{ s} < t < 7 \text{ s} \end{cases}$$

由牛顿定律可得两时间段质点的加速度分别为

$$a = 2t, \qquad 0 < t < 5 \text{ s}$$
$$a = 35 - 5t, \qquad 5 \text{ s} < t < 7 \text{ s}$$

对 $0 < t < 5$ s 时间段,由 $a = \dfrac{\mathrm{d}v}{\mathrm{d}t}$ 得

$$\int_{v_0}^{v} \mathrm{d}v = \int_0^t a \mathrm{d}t$$

积分后得
$$v = 5 + t^2$$

再由 $v = \dfrac{\mathrm{d}x}{\mathrm{d}t}$ 得
$$\int_{x_0}^{x} \mathrm{d}v = \int_0^t v \mathrm{d}t$$

积分后得
$$x = 2 + 5t + \frac{1}{3}t^3$$

将 $t = 5\ \mathrm{s}$ 代入，得 $v_5 = 30\ \mathrm{m \cdot s^{-1}}$ 和 $x = 68.7\ \mathrm{m}$。

对于 $5\ \mathrm{s} < t < 7\ \mathrm{s}$ 时间段，用同样方法有

$$\int_{v_5}^{v} \mathrm{d}v = \int_5^t a_2 \mathrm{d}t$$

得
$$v = 35 - 2.5t^2 - 82.5t$$

再由 $\int_{x_5}^{x} \mathrm{d}x = \int_5^t v \mathrm{d}t$ 得

$$x = 17.5t^2 - 0.83t^3 - 82.5t + 147.87$$

将 $t = 7\ \mathrm{s}$ 代入上式，分别得 $v_7 = 40\ \mathrm{m \cdot s^{-1}}$ 和 $x_7 = 142\ \mathrm{m}$。

例 2.10　　如图所示，光滑的水平桌面上放置一半径为 R 的固定圆环，物体紧贴环的内侧做圆周运动，其摩擦因数为 μ，开始时物体的速率为 v_0，求：(1) t 时刻物体的速率；(2) 当物体速率从 v_0 减小到 $\dfrac{1}{2}v_0$ 时，物体所经历的时间及经过的路程。

分析　　运动学与动力学之间的联系是以加速度为桥梁的，因而，可先分析动力学问题。物体在做圆周运动的过程中，促进其运动状态发生变化的是圆环内侧对物体的支持力 F_N 和环与物体之间的摩擦力 F_f，而摩擦力大小与正压力 F'_N 成正比，且 F_N 与 F'_N 又是作用力与反作用力，这样就可通过它们把切向和法向两个速度联系起来，从而可用运动学的积分关系式求解速率和路程。

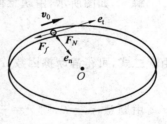

例 2.10 图

解　　(1) 设物体质量为 m，取图中所示的自然坐标系，按牛顿定律，有

$$F_N = ma_n = \frac{mv^2}{R}$$

$$F_f = -ma_t = -m\frac{\mathrm{d}v}{\mathrm{d}t}$$

由分析中可得，摩擦力的大小 $F_f = \mu F_N$，由上述各式可得

$$\mu \frac{v^2}{R} = -\frac{\mathrm{d}v}{\mathrm{d}t}$$

取初始条件 $t = 0$ 时 $v = v_0$，并对上式进行积分，有

$$\int_0^t \mathrm{d}t = -\frac{R}{\mu}\int_{v_0}^{v} \frac{\mathrm{d}v}{v^2}$$

$$v = \frac{Rv_0}{R + v_0\mu t}$$

（2）当物体的速率从 v_0 减小到 $\frac{1}{2}v_0$ 时，由上式可得所需的时间，$t' = \frac{R}{\mu v_0}$。

物体在这段时间内所经历的路程为

$$s = \int_0^{t'} v \mathrm{d}t = \int_0^{t'} \frac{R v_0}{R + v_0 \mu t} \mathrm{d}t$$

$$s = \frac{R}{\mu} \ln 2$$

例 2.11　如图所示，为了确定混凝土块与木板之间的摩擦因数，把一立方体的混凝土试块放在平板上，渐渐抬高板的一端。当板的倾角达到30°时，试块开始滑动，求静摩擦因数 μ'。当试块开始滑动后，恰好在 4 s 内匀加速滑下 4.0 m 的距离，求动摩擦因数 μ。

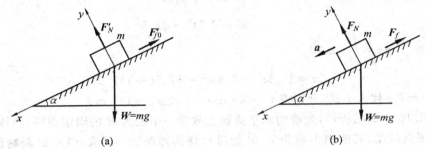

例 2.11 图

解　如图所示，由题意得 $F'_{f_0} = \mu' F'_N$，$\boldsymbol{W} = m\boldsymbol{g}$，$\alpha = 30°$

$$F'_N - mg\cos\alpha = 0$$

$$mg\sin\alpha - \mu' F'_N = 0$$

由上二式，可得静摩擦因数 μ' 为

$$\mu' = \tan\alpha = \tan 30° = 0.58$$

由题意，$v_0 = 0$，则 $x = \frac{at^2}{2}$，已知 $x = 4$ m，$t = 4$ s，得

$$a = 2x/t^2 = 2 \times 4 \text{ m}/(4 \text{ s})^2 = 0.5 \text{ m} \cdot \text{s}^{-2}$$

按 $F_x = ma_x$，令 $a_x = a$，且 $F_f = \mu F_N$，则有

$$mg\sin\alpha - \mu mg\cos\alpha = ma$$

由上式可解得动摩擦因数 μ 为

$$\mu = \frac{g\sin\alpha - a}{g\cos\alpha} = \frac{9.81 \times \sin 30° - 0.5}{9.81 \times \cos 30°} = 0.519 \approx 0.52$$

例 2.12　如图(a) 所示，质量 $m = 3.0$ t 的卡车驶过丘陵地带的一座半径为 $R_1 = 20$ m 的圆弧小山，求卡车行驶到山顶而仍然保持与山顶接触的最大速率 $v_{\max}$；若卡车保持此最大速率接着驶入一半径为 $R_2 = 500$ m 的圆弧形低洼路段，求卡车驶到路面最低点处时，路面对卡车的支承力和卡车对路面的压力各为多大？

解　当卡车行驶到山顶时，受重力 $\boldsymbol{W} = m\boldsymbol{g}$ 和山顶的支承力 F_{N1} 作用，方向如图(b)所示，按题意，驶过山顶而达到最大速率 $v = v_{\max}$ 时，$F_{N1} = 0$，即由

$$mg - F_{N1} = m\frac{v_{\max}^2}{R_1}$$

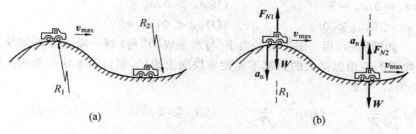

例 2.12 图

按题设数据可算得

$$v_{\max} = \sqrt{gR_1} = \sqrt{9.8 \times 20} \text{ m} \cdot \text{s}^{-1} = 14 \text{ m} \cdot \text{s}^{-1}$$

当卡车抵达路面最低点时,受重力 $\boldsymbol{W} = m\boldsymbol{g}$ 和支承力 F_{N2} 作用,方向如图(b)所示。则有

$$F_{N2} - mg = m\frac{v_{\max}^2}{R_2}$$

得

$$F_{N2} = mg + m\frac{(\sqrt{gR_1})^2}{R_2} = mg\left(1 + \frac{R_1}{R_2}\right) =$$

$$3 \times 1\,000 \times 9.8 \times \left(1 + \frac{20}{500}\right) \text{N} = 3.06 \times 10^4 \text{N} \quad \uparrow$$

按牛顿第三定律,卡车对路面最低点的压力为

$$F'_{N2} = F_{N2} = 3.06 \times 10^4 \text{N} \quad \downarrow$$

例 2.13 如图所示,一质量为 30 t 的汽车以 20 m·s⁻¹ 的速率驶入半径为 400 m 的圆弧形弯道后,其速率均匀减小,在 5 s 内减小到 10 m·s⁻¹。求汽车进入弯道后第 2 s 末所受的合外力。

解 如图,按题意,切向加速度为

$$a_t = \mathrm{d}v/\mathrm{d}t = \left[(10 - 20)/5\right] \text{ m} \cdot \text{s}^{-2} = -2 \text{ m} \cdot \text{s}^{-2}$$

$$v_{(2\text{ s})} = 20 \text{ m} \cdot \text{s}^{-1} + (-2) \times 2 \text{ s} = 16 \text{ m} \cdot \text{s}^{-1}$$

汽车进入弯道后第 2 s 末所受的切向力和法向力分别为

$$F_t = ma_t = 30 \times 10^3 \times (-2) \text{N} = -6 \times 10^4 \text{N} \quad (F_t \text{ 与 } v \text{ 反向})$$

$$F_n = m\frac{v^2}{R} = 30 \times 10^3 \times \frac{(16)^2}{400} \text{N} = 1.92 \times 10^4 \text{ N}$$

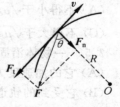

例 2.13 图

机车所受的合外力的大小和方向,分别为

$$F = \sqrt{F_t^2 + F_n^2} = \sqrt{(-6)^2 + (1.92)^2} \times 10^4 \text{N} = 6.3 \times 10^4 \text{N}$$

$$\theta = \arctan\frac{-6 \times 10^4}{1.92 \times 10^4} = -72.26°$$

四、习 题

2.1 质量分别为 m_A 和 m_B 的两滑块 A 和 B 通过一轻弹簧水平连接后置于水平桌面上,滑块与桌面间的摩擦因数为 μ,系统在水平拉力作用下匀速运动,如图所示。如突然撤去拉力,则刚撤销后瞬间二者的加速度 a_A 和 a_B 分别为（　　）

(A)$a_A = 0, a_B = 0$　　　　　　　(B)$a_A > 0, a_B < 0$

(C)$a_A < 0, a_B > 0$　　　　　　　(D)$a_A < 0, a_B = 0$

2.2　如图所示,用一斜向上的力 F(与水平成30°角)将一重为 G 的木块压靠在竖直壁面上,如果不论用怎样大的力都不能使木块向上滑动,则说明木块与壁面间的静摩擦因数的大小为(　　　)

(A)$\mu \geqslant \dfrac{1}{2}$　　　　(B)$\mu \geqslant \dfrac{1}{\sqrt{3}}$　　　　(C)$\mu \geqslant 2\sqrt{3}$　　　　(D)$\mu \geqslant \sqrt{3}$

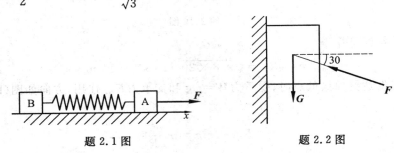

题 2.1 图　　　　　　　　　　题 2.2 图

2.3　用水平力 F_N 把一个物体压着靠在粗糙的竖直墙面上保持静止。当 F_N 逐渐增大时,物体所受的静摩擦力 F_f 的大小(　　　)

(A) 不为零,但保持不变

(B) 随 F_N 成正比地增大

(C) 开始随 F_N 增大,达到某一最大值后,就保持不变

(D) 无法确定

2.4　一段路面水平的公路,转弯处轨道半径为 R,汽车轮胎与路面间的摩擦因数为 μ,要使汽车不至于发生侧向打滑,汽车在该处的行驶速率(　　　)

(A) 不得小于 $\sqrt{\mu g R}$　　　　　　(B) 必须等于 $\sqrt{\mu g R}$

(C) 不得大于 $\sqrt{\mu g R}$　　　　　　(D) 还应由汽车的质量 m 决定

2.5　一物体沿固定圆弧形光滑轨道由静止下滑,在下滑过程中,则(　　　)

(A) 它的加速度方向永远指向圆心,其速率保持不变

(B) 它受到的轨道作用力的大小不断增加

(C) 它受到的合外力大小变化,方向永远指向圆心

(D) 它受到的合外力大小不变,其速率不断增加

2.6　一水平放置的飞轮可绕通过中心的竖直轴转动,飞轮辐条上装有一个小滑块,它可在辐条上无摩擦地滑动。一轻弹簧一端固定在飞轮转轴上,另一端与滑块连接。当飞轮以角速度 ω 旋转时,弹簧的长度为原来的 f 倍,已知 $\omega = \omega_0$ 时,$f = f_0$。求:ω 与 f 的函数关系。

2.7　质量 $m = 2.0$ kg 的均匀绳,长 $L = 1.0$ m,两端分别连接重物 A 和 B,$m_A = 8.0$ kg,$m_B = 5.0$ kg,在 B 端施以大小为 $F = 180$ N 的竖直拉力,使绳和物体向上运动。求:距离绳的下端为 x 处绳中的张力 $T(x)$。

2.8　一名宇航员将去月球。他带有弹簧秤和一个质量为 1.0 kg 的物体 A。到达月球上某处时,他拾起一块石头 B 挂在弹簧秤上,其读数与地面上挂 A 时相同。然后,他把 A 和 B 分别挂在跨过轻滑轮的轻绳的两端,如图所示。如月球表面的重力加速度为 1.67 m·s⁻²,问石块 B 将如何运动?

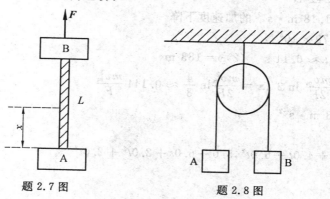

题 2.7 图　　　　　　　　题 2.8 图

2.9　直升机的螺旋桨由两个对称的叶片组成,每一叶片的质量 $m = 136$ kg,长 $l = 3.66$ m。求:当它的转速 $n = 320$ r·min⁻¹ 时,两个叶片根部的张力。(设叶片是宽度一定、厚度均匀的薄片)

2.10　质量为 45.0 kg 的物体,由地面以初速度 60.0 m·s⁻¹ 竖直向上发射,物体受到空气的阻力为 $F_r = kv$,且 $k = 0.03$ N/(m·s⁻¹)。求:(1)物体发射到最大高度所需的时间;(2)最大的高度为多少?

2.11　质量为 m 的摩托车,在恒定的牵引力 F 的作用下工作,它所受的阻力与其速率的平方成正比,它能达到的最大速率是 v_m。试计算从静止加速到 $v_m/2$ 所需要的时间及所走过的路程。

2.12　质量为 m 的雨滴下落时,因受到空气阻力,在落地前已是匀速运动,其速率为 5.0 m·s⁻¹。设空气阻力大小与雨滴速率的平方成正比,问:雨滴速率为 4.0 m·s⁻¹ 时,其加速度多大?

2.13　质量为 m 的小球,在水中受到的浮力为常力 F,当它从静止开始沉降时,受到水的黏滞阻力为 $f = kv$(k 为常数)。证明小球在水中竖直沉降的速度 v 与时间 t 的关系为 $v = \dfrac{mg - F}{k}(1 - e^{-kt/m})$,式中 t 为从沉降开始计算的时间。

2.14　一质量为 10 kg 的质点在力 F 的作用下沿 x 轴做直线运动,已知 $F = 120t + 40$,式中 F 的单位为 N,t 的单位为 s。在 $t = 0$ 时,质点位于 $x = 5.0$ m 处,其速度 $v_0 = 6.0$ m·s⁻¹。求质点在任意时刻的速度和位置。

五、习题答案

2.1　(D)

2.2　(B)

2.3　(A)

2.4　(C)

2.5　(B)

2.6　$f\omega^2/f_0\omega_0^2=(f-1)/(f_0-1)$

2.7　$96+24x$ N

2.8　B 以 1.18 m·s^{-2} 的加速度下降

2.9　-2.79×10^5 N

2.10　(1) $t\approx6.11$ s　(2)$y=183$ m

2.11　$t=\dfrac{mv_m}{2F}\ln 3$,$x=\dfrac{mv_m^2}{2F}\ln\dfrac{4}{3}\approx0.144\dfrac{mv_m^2}{F}$

2.12　3.53 m·s^{-2}

2.13　略

2.14　$6.0+4.0t+6.0t^2$,$5.0+6.0t+2.0t^2+2.0t^3$

第 *3* 章

动量守恒定律和能量守恒定律

一、基本要求

1. 理解动量、冲量的概念,掌握动量定理和动量守恒定律。

2. 掌握功的概念,能计算变力的功,理解保守力做功的特点及势能的概念,会计算万有引力、重力和弹性力的势能。

3. 掌握动能定理、功能原理和机械能守恒定律,掌握运用守恒定律分析问题的思想和方法。

4. 了解完全弹性碰撞和完全非弹性碰撞的特点。

二、基本概念及规律

1. 功的定义

质点从点 A 运动到点 B 的过程中,力 $\boldsymbol{F}$ 所做的功 $W_{AB} = \int_A^B \boldsymbol{F} \cdot d\boldsymbol{r}$。

2. 动能及动能定理

$E_k = \frac{1}{2}mv^2$ 是描述物体运动状态的单值函数,反映物体运动时具有做功的本领。

质点的动能定理:$W_{AB} = E_{kB} - E_{kA}$,合外力对质点做的功等于质点动能的增量。

质点系的动能定理:$W_{外} + W_{内} = E_{kB} - E_{kA}$,外力对质点系做的功与内力对质点系做的功之和等于质点系总动能的增量。

3. 保守力

某力所做的功与质点所经过的具体路径无关,而只决定于质点的始末位置,则这个力就称为保守力,如重力、万有引力和弹性力等。

4. 势能

以保守力相互作用着的物体系在一定的位置状态下所具有的能量称为势能。保守力做的功等于势能增量的负值,即 $W_{保守内} = -\Delta E_p$。

5. 功能原理

外力和非保守内力对系统做的功等于系统机械能的增量,即

$$W_{外} + W_{非保内} = (E_{k2} + E_{p2}) - (E_{k1} + E_{p1}) = E_2 - E_1$$

6.机械能守恒定律

系统如果只有保守内力做功,而其他非保守内力及外力都不做功,则该系统的各物体的动能与各种势能的总和保持不变,即

$$E_{k1} + E_{p1} = E_{k2} + E_{p2}$$

7.动量定理

$I = \int_{t_1}^{t_2} \boldsymbol{F} dt = \boldsymbol{P}_2 - \boldsymbol{P}_1$,合外力的冲量等于质点(或质点系)动量的增量。

在平面直角坐标系中表示为

$$I_x = \int_{t_1}^{t_2} F_x dt = p_{2x} - p_{1x}, \quad I_y = \int_{t_1}^{t_2} F_y dt = p_{2y} - p_{1y}$$

8.动量守恒定律

当一质点系所受的合外力为零时,这一质点系的总动量保持不变。即 $\boldsymbol{F} = 0$ 时,$\sum\limits_i \boldsymbol{P}_i =$ 常矢量。

在平面直角坐标系可表示为:当 $F_x = 0$ 时,$\sum\limits_i P_{ix} =$ 常量;当 $F_y = 0$ 时,$\sum\limits_i P_{iy} =$ 常量。

三、解题指导

例 3.1 一质量为 m 的质点,系在细绳的一端,绳的另一端固定在平面上,此质点在粗糙水平面上做半径为 r 的圆周运动。设质点的最初速度是 v_0,当它运动一周时,其速率为 $\dfrac{v_0}{2}$。求:(1) 摩擦力做的功;(2) 滑动摩擦因数;(3) 在静止以前质点运动了多少周?

解 (1)由动能定理可得

$$A_f = \Delta E_k$$

$$A_f = \frac{1}{2}m\left(\frac{v_0}{2}\right)^2 - \frac{1}{2}mv_0^2 = -\frac{3}{8}mv_0^2$$

(2)由 $A_f = -\mu mgs, s = 2\pi r$ 可得

$$\mu = \frac{3v_0^2}{16\pi rg}$$

(3)由动能定理可得

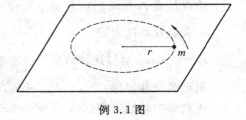

例 3.1 图

$$-\mu mgs' = 0 - \frac{1}{2}mv_0^2$$

得 $s' = \dfrac{v_0^2}{2\mu g} = \dfrac{8\pi r}{3}$,$n = \dfrac{s'}{2\pi r} = \dfrac{4}{3}$ 圈。

例 3.2 如图所示,有一自动卸货矿车,满载时的质量为 m',从与水平成倾角 $\alpha = 30.0°$ 的斜面上的点 A 由静止下滑。设斜面对车的阻力为车重的 0.25 倍,矿车下滑距离 l 时,矿车与缓冲弹簧一道沿斜面运动。当矿车使弹簧产生最大压缩形变时,矿车自动卸货,然后矿车借助弹簧的弹性力作用,使之返回原来位置 A 再卸货。试问要完成这一过程,空载时与满载时车的质量之比应为多大?

解 选矿车、弹簧、地球为一系统,只有 f 做功,设弹簧最大压缩 x,由功能原理可得

下降过程
$$-\frac{1}{4}m'g(l+x)=\frac{1}{2}kx^2-m'g(l+x)\sin\alpha$$

上升过程
$$-\frac{1}{4}mg(l+x)=mg(l+x)\sin\alpha-\frac{1}{2}kx^2$$

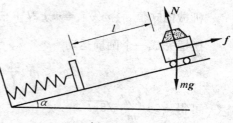

例 3.2 图

两式相加可得 $m'=3m$，即
$$\frac{m'}{m}=3$$

例 3.3　用铁锤把钉子敲入墙面木板。设木板对钉子的阻力与钉子进入木板的深度成正比。若第一次敲击能把钉子钉入木板 $1.00\times10^{-2}\,\mathrm{m}$，第二次敲击时保持第一次敲击钉子的速度，那么第二次能把钉子钉入多深？

解　设阻力 $f=kx$，x 为进入木板的深度。

由动能定理可得

第一次敲击
$$0-\frac{1}{2}mv_0^2=\int_0^d -kx\,\mathrm{d}x$$

第二次敲击
$$0-\frac{1}{2}mv_0^2=\int_d^{d+x}-kx\,\mathrm{d}x$$

可得
$$x^2+2dx-d^2=0$$

即
$$x=(\sqrt{2}-1)d=0.41\times10^{-2}\,\mathrm{m}$$

例 3.4　如图所示，把质量 $m=0.20\,\mathrm{kg}$ 的小球放在位置 A 时，使弹簧被压缩 $\Delta l=7.5\times10^{-2}\,\mathrm{m}$。然后在弹簧的弹性力作用下，小球从位置 A 由静止被释放，小球沿轨道 $ABCD$ 运动。小球与轨道间的摩擦不计。已知 BCD 为半径 $r=0.15\,\mathrm{m}$ 的半圆弧，A,B 相距为 $2r$。求弹簧劲度系数的最小值。

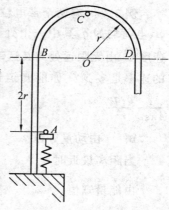

解　根据机械能守恒定律可得
$$\frac{1}{2}k(\Delta l)^2=mg(3r)+\frac{1}{2}mv_C^2$$

由牛顿第二定律得
$$mg\leqslant m\frac{v_C^2}{r}$$

解得 $k=366\,\mathrm{N\cdot m^{-1}}$。

例 3.4 图

例 3.5　一质量为 m 的弹丸，穿过如图所示的摆锤后，速率由 v 减少到 $\dfrac{v}{2}$。已知摆锤的质量为 m'，摆线长度为 l，如果摆锤能在垂直平面内完成一个完全的圆周运动，弹丸的速度的最小值应为多少？

解　动量守恒
$$mv=m\frac{v}{2}+m'v'$$

机械能守恒　$\frac{1}{2}m'v'^2 = m'g2l + \frac{1}{2}m'v_n^2$

摆锤完成一个圆周运动

$$m'g \leqslant m'\frac{v_n^2}{l}$$

可得 $v \geqslant \frac{2m'}{m}\sqrt{5gl}$。

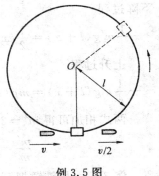

例 3.6 质量为 $7.2 \times 10^{-23}\,\mathrm{kg}$，速率为 $6.0 \times 10^7\,\mathrm{m \cdot s^{-1}}$ 的粒子 A，与另一个质量为其一半而静止的粒子 B 发生二维完全弹性碰撞，碰撞后粒子 A 的速率为 $5.0 \times 10^7\,\mathrm{m \cdot s^{-1}}$。求：(1) 粒子 B 的速率及相对粒子 A 原来速度方向的偏角；(2) 粒子 A 的偏转角。

例 3.5 图

解 A，B 粒子碰撞，由动量守恒可知

$$m_A v_{A_0} = m_A v_A \cos\alpha + m_B v_B \cos\beta$$
$$0 = m_A v_A \sin\alpha - m_B v_B \sin\beta$$

由机械能守恒可知

$$\frac{1}{2}m_A v_{A_0}^2 = \frac{1}{2}m_A v_A^2 + \frac{1}{2}m_B v_B^2$$
$$v_B = 4.69 \times 10^7\,\mathrm{m \cdot s^{-1}}$$
$$\beta = 54°6'$$
$$\alpha = 22°20'$$

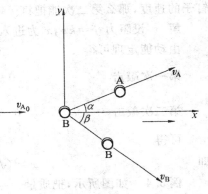

例 3.7 有两个带电粒子，它们的质量均为 m，电荷均为 q，其中一个处于静止，另一个以初

例 3.6 图

速度 v_0 由无限远处向其运动。问这两个粒子最接近的距离是多少？在这瞬时，每个粒子的速率是多少？你能知道这两个粒子的速度将如何变化吗？（已知库仑定律为 $F = \frac{1}{4\pi\varepsilon_0}\frac{q_1 q_2}{r^2}$）

解 由动量守恒　　　　　　$mv_0 = mv_1 + mv_2$

当距离最近时　　　　　　　　　$v_1 = v_2$

由能量守恒　　　$\frac{1}{2}mv_0^2 = \frac{1}{2}mv_1^2 + \frac{1}{2}mv_2^2 + \frac{1}{4\pi\varepsilon_0}\frac{q^2}{r_0}$

（其中 $\frac{1}{4\pi\varepsilon_0}\frac{q^2}{r_0}$ 为电势能，学会和引力势能类比）

可得 $v = \frac{1}{2}v_0$，$r_0 = \frac{1}{4\pi\varepsilon_0}\frac{4q^2}{mv_0^2}$。

例 3.8 如图所示，一个质量为 m 的小球，从内壁为半球形的容器边缘点 A 滑下。设容器质量为 m'，半径为 R，内壁光滑，并放置在摩擦可以忽略的水平桌面上。开始时小球和容器都处于静止状态。当小球沿内壁滑到容器底部的点 B 时，受到向上的支持力为多大？

解 动量守恒 $mv_A + m'v_B = 0$

机械能守恒　$mgR = \dfrac{1}{2}mv_A^2 + \dfrac{1}{2}m'v_B^2$

$$N - mg = m\dfrac{(v_A - v_B)^2}{R} \text{（取容器为参考系）}$$

解得 $N = mg\left(3 + \dfrac{2m}{m'}\right)$。

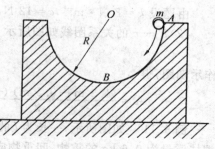

例 3.8 图

例 3.9　如图所示，在寒冷的森林地区，一钢质滑板的雪橇满载木材，总质量 $m = 5$ t，当雪橇在倾斜角 $\varphi = 10°$ 的斜坡冰道上从高度 $h = 10$ m 的 A 点滑下时，平顺地通过坡底 B，设雪橇与冰道间的摩擦因数为 $\mu = 0.03$，求雪橇沿斜坡下滑到坡底 B 的过程中各力所做的功和合外力的功。

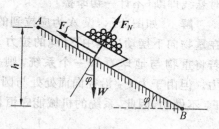

例 3.9 图

解　雪橇沿斜坡 AB 下滑时，受重力 $W = mg$，斜坡的支持力 F_N 和冰面对雪橇的滑动摩擦力 F_f 作用，方向如图所示，F_f 的大小为 $F_f = \mu F_N = \mu mg\cos\varphi$。雪橇下滑的位移大小为 $AB = h/\sin\varphi$。按功的定义式，由题设数据，可求出重力对雪橇所做的功为

$$A_W = (mg\sin\varphi)(h/\sin\varphi)\cos 0° = mgh = 5\,000\text{ kg} \times 9.8\text{ m}\cdot\text{s}^{-2} \times 10\text{ m} = 4.9 \times 10^5\text{ J}$$

斜坡的支持力 F_N 对雪橇所做的功为

$$A_{F_N} = (mg\cos\varphi)(h/\sin\varphi)\cos 90° = 0°$$

摩擦力 F_f 对雪橇所做的功为

$$A_{F_f} = (\mu mg\cos\varphi)(h/\sin\varphi)\cos 180° = -\mu mgh\cot\varphi =$$
$$-0.03 \times 5\,000\text{ kg} \times 9.8\text{ m}\cdot\text{s}^{-2} \times 10\text{ m} \times \cot 10° =$$
$$-8.34 \times 10^4\text{ J}$$

在下滑过程中，合外力对雪橇做功为

$$A = A_W + A_{F_N} + A_{F_f} = 4.9 \times 10^5\text{ J} + 0 + (-8.34 \times 10^4)\text{ J} = 4.07 \times 10^5\text{ J}$$

例 3.10　设小车受 OX 轴方向的力 $F = kx - c$ 作用，从 $x_a = 0.5$ m 运动到 $x_b = 6$ m，已知 $k = 8$ N·m^{-1}，$c = 12$ N。（1）求力在此过程中所做的功；（2）以 x 为横坐标，F 为纵坐标，绘出 F 与 x 的关系图线（称为示功图）；并直接计算示功图在 x_a 到 x_b 区间内的面积，以验证在（1）中求出的答案。

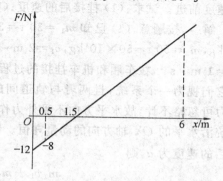

例 3.10 图

解　做功为

$$(1) A = \int_{x_a}^{x_b} F\,\mathrm{d}x\cos 0° = \int_{x_a}^{x_b}(kx - c)\,\mathrm{d}x =$$

$$\left[\dfrac{kx^2}{2} - cx\right]\Bigg|_{x_a}^{x_b} = \left(\dfrac{kx_b}{2} - cx_b\right) - \left(\dfrac{kx_a}{2} - cx_a\right)$$

由题设 $k=8\ \mathrm{N}\cdot\mathrm{m}^{-1}$, $c=12\ \mathrm{N}$, $x_a=0.5\ \mathrm{m}$, $x_b=6\ \mathrm{m}$, 代入上式得 $A=77\ \mathrm{J}$。

（2）$F-x$ 的关系图线如图所示

$$F=8x-12\,(\mathrm{SI})$$

作示功图,得

$$A=\frac{(1.5\ \mathrm{m}-0.5\ \mathrm{m})(-8\ \mathrm{N})}{2}+\frac{(6\ \mathrm{m}-1.5\ \mathrm{m})(36\ \mathrm{N})}{2}=77\ \mathrm{J}$$

例 3.11　如图所示,一长为 l 的细绳所承受的最大拉力为 $11.8\ \mathrm{N}$,上端系于 O 点,下端挂质量为 $0.6\ \mathrm{kg}$ 的重物,问重物应当拉到什么位置,然后放手,会使重物回到最低点 B 时悬线即断(不计一切摩擦)?

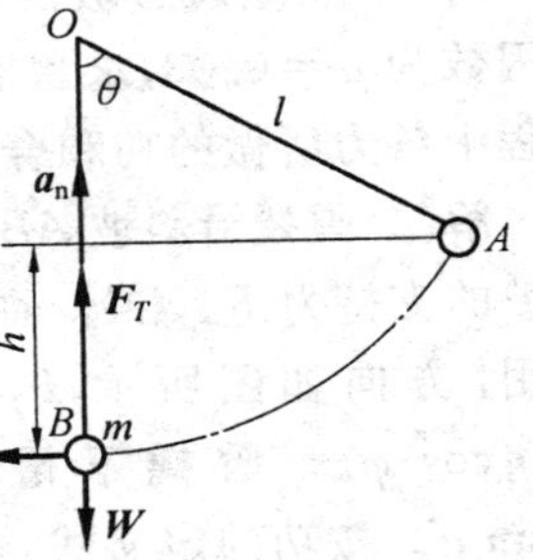

解　如图所示,设 A 为应拉到的位置,$\theta=\angle AOB$。在重物向下摆动过程中,受绳的拉力 F_T 和重力 W 作用。若将重物与地球看作一个系统,则 W 为内力,F_T 为外力。但由于力 F_T 沿径向而处处与圆弧路径垂直,故外力 F_T 不做功,因此,系统的机械能守恒,即

$$0+mgh=\frac{1}{2}mv^2+0$$

或

$$v^2=2gh=2gl(1-\cos\theta) \qquad (1)$$

当重物在 B 点时,受绳的拉力 F_T 和重力 W 作用,以速度 v 做圆周运动(见图),按牛顿第二定律,有

$$F_T-mg=m\frac{v^2}{l} \qquad (2)$$

例 3.11 图

由式(1),(2),得

$$F_T=mg+m\frac{v^2}{l}=mg+2mg(1-\cos\theta)$$

绳断时,绳子拉力 F_T 的大小至多为 $11.8\ \mathrm{N}$,又 $m=0.6\ \mathrm{kg}$,代入上式得 $\theta=60°$。

例 3.12　如图所示,一质量为 $30\ \mathrm{t}$ 的车厢,在平直铁轨上以 $2\ \mathrm{m}\cdot\mathrm{s}^{-1}$ 的速度和它前面的一辆质量为 $50\ \mathrm{t}$、以 $1\ \mathrm{m}\cdot\mathrm{s}^{-1}$ 的速度沿相同方向前进的机车挂接,挂接后,它们以同一速度前进。试求:(1) 挂接后的速度;(2) 机车受到的冲量。

解　按题意,(1)已知 $m_1=30\ \mathrm{t}=30\times 10^3\ \mathrm{kg}$, $m_2=50\ \mathrm{t}=50\times 10^3\ \mathrm{kg}$, $v_1=2\ \mathrm{m}\cdot\mathrm{s}^{-1}$, $v_2=1\ \mathrm{m}\cdot\mathrm{s}^{-1}$, 在车厢和机车挂接的过程中,将它们视为一个系统,且两者与轨道间的摩擦力可忽略不计,故水平方向不受外力作用,系统沿水平的 OX 轴方向的动量守恒。设挂接后的速度为 u,则

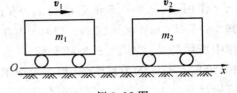

例 3.12 图

$$m_1v_1+m_2v_2=(m_1+m_2)u$$

代入已知数据,得挂接后的速度大小和方向为

$$u=\frac{m_1v_1+m_2v_2}{m_1+m_2}=\frac{(30\times 10^3\ \mathrm{kg})(2\ \mathrm{m}\cdot\mathrm{s}^{-1})+(50\times 10^3\ \mathrm{kg})(1\ \mathrm{m}\cdot\mathrm{s}^{-1})}{30\times 10^3\ \mathrm{kg}+50\times 10^3\ \mathrm{kg}}=$$

1.38 m·s^{-1}　→（方向向右）

（2）质量为 50 t 的机车所受的冲量为

$$I = m_2 u - m_2 v_2 = (50 \times 10^3 \text{ kg}) (1.38 \text{ m·s}^{-1} - 1 \text{ m·s}^{-1}) =$$
$$19 \times 10^3 \text{ kg·m·s}^{-1} = 1.90 \times 10^4 \text{ N·s}$$

I 的方向沿 OX 轴正向。

例 3.13　如图所示，在滑冰场中，一个质量为 $m_1 =$ 75 kg 的溜冰员以速度 $v_1 = 1.5$ m·s^{-1} 朝东滑行，另一个质量为 $m_2 = 60$ kg 的溜冰员以速度 $v_2 = 2$ m·s^{-1} 朝南滑行，他们在 O 点相遇而拥抱在一起滑行。求两人相遇后的速度。

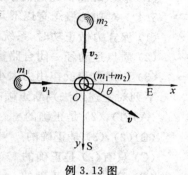

例 3.13 图

解　将两人相遇时看成一系统，由于水平面上不受外力作用，故在水平面上相遇时的动量守恒，按题意，沿 Ox 和 Oy 方向的动量守恒，即

$$m_1 v_1 = (m_1 + m_2) v \cos \theta$$
$$m_2 v_2 = (m_1 + m_2) v \sin \theta$$

式中，v 为两人相遇结束时的速度，并设此速度的方向用 θ 角表示。通过上两式解得

$$v = \sqrt{\frac{(m_1 v_1)^2 + (m_2 v_2)^2}{(m_1 + m_2)}}$$

$$\theta = \arctan \frac{m_2 v_2}{m_1 v_1}$$

四、习　　题

3.1　如图所示，圆锥摆的摆球质量为 m，速率为 v，圆半径为 R，当摆球在轨道上运动半周时，摆球所受重力冲量的大小为（　　）

（A）$2mv$

（B）$\sqrt{(2mv)^2 + (\frac{mg\pi R}{v})^2}$

（C）$\frac{\pi Rmg}{v}$

（D）0

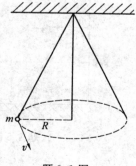

题 3.1 图

3.2　对质点组有以下几种说法：

（1）质点组总动量的改变与内力无关；

（2）质点组总动能的改变与内力无关；

（3）质点组机械能的改变与保守力无关。

下列对上述说法判断正确的是（　　）

（A）只有（1）是正确的　　　　　（B）（1），（2）是正确的

（C）（1），（3）是正确的　　　　　（D）（2），（3）是正确的

3.3　有两个倾角不同、高度相同、质量一样的斜面放在光滑的水平面上，斜面是光

滑的,有两个一样的物块分别从这两个斜面的顶点由静止开始滑下,则(　　)

　　(A) 物块到达斜面底端时的动量相等

　　(B) 物块到达斜面底端时动能相等

　　(C) 物块和斜面(以及地球)组成的系统,机械能不守恒

　　(D) 物块和斜面组成的系统水平方向上动量守恒

　　3.4　对功的概念有以下几种说法:

　　(1) 保守力做正功时,系统内相应的势能增加;

　　(2) 质点运动经一闭合路径,保守力对质点做的功为零;

　　(3) 作用力和反作用力大小相等、方向相反,所以两者所做功的代数和必为零。

　　下列对上述说法判断正确的是(　　)

　　(A) (1),(2) 是正确的

　　(B) (2),(3) 是正确的

　　(C) 只有(2) 是正确的

　　(D) 只有(3) 是正确的

　　3.5　质量为 m 的小球自高为 y_0 处沿水平方向以速率 v_0 抛出,与地面碰撞后跳起的最大高度为 $\frac{1}{2}y_0$,水平速率为 $\frac{1}{2}v_0$,则碰撞过程中:

　　(1) 地面对小球的垂直冲量的大小为_____;

　　(2) 地面对小球的水平冲量的大小为_____。

　　3.6　质量 m 为 10 kg 的木箱放在地面上,在水平拉力 F 的作用下由静止开始沿直线运动,其拉力随时间的变化关系如图所示。若已知木箱与地面间的摩擦因数 μ 为 0.2,那么在 $t=4$ s 时,木箱的速度大小为_____;在 $t=7$ s 时木箱的速度大小为_____。(g 取 10 m·s^{-2})

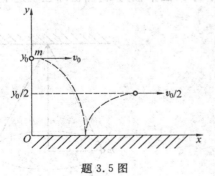

题 3.5 图

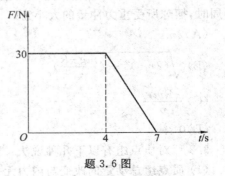

题 3.6 图

　　3.7　一物体质量 $M=2$ kg,在合外力 $F=(3+2t)i$ (SI) 的作用下,从静止出发沿水平 x 轴做直线运动,则当 $t=1$ s 时物体的速度 $v=$ _____。

　　3.8　静水中停泊着两只质量皆为 M 的小船,第一只船在左边,其上站一质量为 m 的人,该人以水平向右速度 v 从第一只船上跳到其右边的第二只船上,然后又以同样的速率 v 水平向左跳回第一只船上,此后:

　　(1) 第一只船运动的速度为_____;

（2）第二只船运动的速度为 _____。

3.9　一块木料质量为 45 kg，以 8 km·h⁻¹ 的恒速向下游漂动，一只 10 kg 的天鹅以 8 km·h⁻¹ 的速率向上游飞，它企图降落在这块木料上面，但在立足未稳时，它就又以相对于木料 2 km·h⁻¹ 的速率离开木料，向上游飞去。忽略水的摩擦，木料的末速度为 _____。

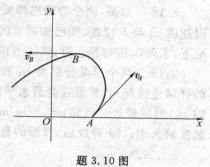

题 3.10 图

3.10　一质点的运动轨迹如图所示，已知质点的质量为 20 g，在 A,B 二位置处的速率都为 20 m·s⁻¹，v_A 与 x 轴成45°角，v_B 垂直于 y 轴，求质点由点 A 到点 B 这段时间内，作用在质点上外力的总冲量。

3.11　高空作业时系安全带是非常必要的。假如一质量为 51.0 kg 的人在操作时不慎从高空跌落下来，由于有安全带的保护，最终使他被悬挂起来。已知此时人离原处的距离为 2.0 m，安全带弹性缓冲作用时间为 0.50 s。求安全带对人的平均冲力。

3.12　一人从 10.0 m 深的井中提水，起始桶中装有 10.0 kg 的水，由于水桶漏水，每升高 1.00 m 要漏去 0.2 kg 的水。求水桶被匀速地从井中提到井口人所做的功。

3.13　一质量为 m 的地球卫星，沿半径为 $3R_E$ 的圆轨道运动，R_E 为地球的半径。已知地球的质量为 m_E。求：（1）卫星的动能；（2）卫星的引力势能；（3）卫星的机械能。

3.14　设两个粒子之间的相互作用力是排斥力，并随着它们之间的距离 r 按 $F=k/r^3$ 的规律而变化，其中 k 为常量。试求两粒子相距为 r 时的势能。（设力为零的地方势能为零）

3.15　质量为 m、速率为 v 的小球，以入射角 α 斜向与墙壁相碰，又以原速沿反射角为 α 方向从墙壁弹回。设碰撞时间为 Δt，求墙壁受到的平均冲力。

3.16　质量 $M=1.5$ kg 的物体，用一根长为 $l=1.25$ m 的细绳悬挂在天花板上，今有一质量 $m=10$ g 的子弹以 $v_0=500$ m·s⁻¹ 的水平速度射穿物体，刚穿出物体时子弹速度的大小 $v=30$ m·s⁻¹，设穿透时间极短。求：（1）子弹刚穿出时绳中张力的大小；（2）子弹在穿透过程中所受的冲量。

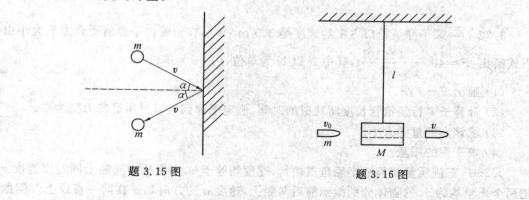

题 3.15 图　　　　　　　　题 3.16 图

3.17　质量 $m=2$ kg 的质点在力 $F=12t$(SI) 的作用下，从静止出发沿轴正方向做直线运动,求前 3 s 内该力所做的功。

3.18   如图,两个带理想弹簧缓冲器的小车 A 和 B,质量分别为 m_1 和 m_2,B 不动,A 以速度 v_0 与 B 碰撞,如已知两车的缓冲弹簧的倔强系数分别为 k_1 和 k_2,在不计摩擦的情况下,求两车相对静止时,其间的作用力为多大?(弹簧质量略去不计)

3.19   两个质量分别为 m_1 和 m_2 的木块 A 和 B,用一个质量忽略不计、倔强系数为 k 的弹簧连接起来,放置在光滑水平面上,使 A 紧靠墙壁,如图所示,用力推木块 B 使弹簧压缩 x_0,然后释放。已知:$m_1 = m$,$m_2 = 3\,m$。求:(1)释放后,A,B 两木块速度相等时瞬时速度的大小;(2)释放后,弹簧的最大伸长量。

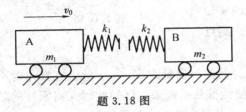

题 3.18 图

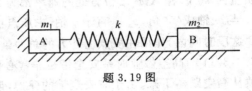

题 3.19 图

3.20   如图所示,A,B 两个木块,质量各为 m_1 与 m_2,由弹簧连接,开始静止于水平光滑的桌面上,现将两木块拉开(弹簧被拉长),然后由静止释放,求两木块的动能之比。

3.21   一质量为 m 的球,从质量为 M 的圆弧形槽中自静止滑下,设圆弧形槽的半径为 R(如图)。若所有摩擦都可忽略,求小球刚离开圆弧形槽时,小球和木块的速度各是多少?

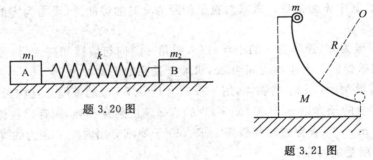

题 3.20 图

题 3.21 图

3.22   一颗子弹从枪口飞出的速度是 300 m·s⁻¹,在枪管内子弹所受合力的大小由下式给出:$F = 400 - \dfrac{4 \times 10^5}{3} t$,其中 F 以 N 为单位,t 以 s 为单位。

(1)画出 $F - t$ 图。

(2)计算子弹行经枪管长度所花费的时间,假定子弹到枪口时所受的力变为零。

(3)求该力冲量的大小。

(4)求子弹的质量。

3.23   三艘质量相等的小船鱼贯而行,速度均等于 v,如果从中间船上同时以速度 u 把两个质量均为 m 的物体分别抛到前后两船上,速度 u 的方向和 v 在同一直线上。问抛掷物体后,这三艘船的速度如何变化?

3.24　有两艘船与堤岸的距离相同,为什么人从小船跳上岸比较难,而从大船跳上岸却比较容易?

3.25　用锤压钉,很难把钉压入木块,如用锤击打钉,钉很容易进入木块,这是为什么?

3.26　两个质量相等的小球,分别从两个高度相同、倾角不同的光滑斜面的顶端由静止滑到底部,它们的动量和动能是否相同?

3.27　在匀速圆周运动中,质点的动量是否守恒?角动量呢?

3.28　质点动量守恒与角动量守恒的条件各是什么?质点的动量与角动量能否同时守恒?试说明之。

五、习题答案

3.1　(C)

3.2　(C)

3.3　(D)

3.4　(C)

3.5　$\sqrt{gy_0}\,(1+\sqrt{2})m, mv_0/2$

3.6　$4\text{ m}\cdot\text{s}^{-1}, 2.5\text{ m}\cdot\text{s}^{-1}$

3.7　$2i\text{ m}\cdot\text{s}^{-1}$

3.8　$-2mv/(M+m), (2m/M)v$

3.9　$5.45\text{ km}\cdot\text{h}^{-1}$

3.10　$0.739\text{ N}\cdot\text{s}$,与 x 轴正向夹角 $\theta = 202.5°$

3.11　$1.14\times10^3\text{N}$

3.12　882 J

3.13　(1) $G\dfrac{m_{\text{E}}m}{6R_{\text{E}}}$　(2) $-G\dfrac{m_{\text{E}}m}{3R_{\text{E}}}$　(3) $-G\dfrac{m_{\text{E}}m}{6R_{\text{E}}}$

3.14　$k/(2r^2)$

3.15　$2mv\cos\alpha/\Delta t$,方向垂直墙面指向墙内

3.16　26.5 N;$-4.7\text{ N}\cdot\text{s}$,负号表示冲量方向与 v_0 相反

3.17　729 J

3.18　$\sqrt{\dfrac{m_1 m_2}{m_1+m_2}\cdot\dfrac{k_1 k_2}{k_1+k_2}}\,v_0$

3.19　$\dfrac{3x_0}{4}\sqrt{\dfrac{k}{3m}}, \dfrac{x_0}{2}$

3.20　$\dfrac{m_2}{m_1}$

3.21　木块 $V=m\sqrt{\dfrac{2Rg}{M(M+m)}}$(向左)

　　　小球 $v=\dfrac{M}{m}V=\sqrt{\dfrac{2MRg}{M+m}}$(向右)

3.22　(1) 略

(2) $t = 3 \times 10^{-3}\,\mathrm{s}$

(3) $I = 0.6\,\mathrm{N} \cdot \mathrm{s}$

(4) $m = \dfrac{I}{v} = 2 \times 10^{-3}\,\mathrm{kg}$

3.23　略

3.24　略

3.25　略

3.26　略

3.27　略

3.28　略

第 4 章

刚 体 的 转 动

一、基本要求

1. 理解描述刚体定轴转动的物理量的物理意义,掌握角量与线量的关系。

2. 理解力矩和转动惯量概念,掌握刚体绕定轴转动的转动定律。

3. 理解角动量概念,掌握质点在平面内运动以及刚体绕定轴转动情况下的角动量守恒定律。

4. 理解刚体定轴转动的转动动能概念,能在有刚体绕定轴转动的问题中正确地应用机械能守恒定律。

5. 能运用以上规律分析和解决包括质点和刚体的简单系统的力学问题。

二、基本概念及规律

1. 刚体

在一定条件下,只考虑物体的大小和形状而不考虑它的形变,这样的物体叫刚体。

2. 描述刚体定轴转动的角量及运动学公式

角量:角位移 θ,角速度 $\omega = \dfrac{\mathrm{d}\theta}{\mathrm{d}t}$,角加速度 $\alpha = \dfrac{\mathrm{d}\omega}{\mathrm{d}t}$。

运动学公式(当 $\alpha =$ 常量时):

$$\omega = \omega_0 + \alpha t, \quad \theta = \theta_0 + \omega_0 t + \frac{1}{2}\alpha t^2, \quad \omega^2 = \omega_0^2 + 2\alpha(\theta - \theta_0)$$

3. 距转轴 r 处质点的线量与角量的关系

$$v = r\omega, \quad a_{\mathrm{t}} = r\alpha, \quad a_{\mathrm{n}} = r\omega^2$$

4. 刚体定轴转动的转动定律

刚体所受的合外力矩 M 等于刚体转动惯量 J 与角加速度 α 的乘积,$M = J\alpha$。

5. 刚体定轴转动惯量 J 的计算

若刚体为分立质点的不连续结构,则 $J = \sum\limits_{i} m_i r_i^2$。

若刚体为质量连续分布的情况,$J = \displaystyle\int_V r^2 \,\mathrm{d}m$。

6. 刚体的转动动能定理

合外力矩对刚体所做的功等于刚体转动动能的增量。

$$W = \frac{1}{2}J\omega_2^2 - \frac{1}{2}J\omega_1^2$$

$$W = \int_{\theta_1}^{\theta_2} M\mathrm{d}\theta$$

7. 刚体的机械能守恒定律

只有重力做功时,刚体的转动动能与势能之和为常量,即 $\frac{1}{2}J\omega^2 + mgh_c = $ 常量,式中 h_c 是刚体质心距离零势能点的高度。

8. 角动量

质点的角动量:$\boldsymbol{L} = \boldsymbol{r} \times m\boldsymbol{v}$,式中 $\boldsymbol{r}$ 为质点相对于固定点的矢径。$\boldsymbol{L}$ 在通过某固定点的轴上的投影称为质点对该轴的角动量。

刚体的角动量:$L = J\omega$。

9. 角动量定理

质点的角动量定理:质点所受的合外力矩 $\boldsymbol{M}$ 等于它的角动量 $\boldsymbol{L}$ 对时间的变化率。

$$\boldsymbol{M} = \frac{\mathrm{d}\boldsymbol{L}}{\mathrm{d}t}$$

刚体的角动量定理:作用于刚体上的冲量矩等于刚体作用时间内角动量的增量。

$$\int_{t_1}^{t_2} \boldsymbol{M}_{外}\,\mathrm{d}t = \boldsymbol{L}_2 - \boldsymbol{L}_1$$

10. 角动量守恒定律

若作用于物体或物体系的合外力矩 $\boldsymbol{M} = 0$,则角动量守恒,$\boldsymbol{L} = $ 恒矢量。

在有心力作用下,质点对力心的角动量守恒。

三、解题指导

例 4.1 如图所示,一通风机的转动部分以初角速度 ω_0 绕其轴转动,空气的阻力矩与角速度成正比,比例系数 c 为一常量,若转动部分对其轴的转动惯量为 J,问:(1)经过多少时间后其转动角速度减少为初角速度的一半?(2)在此时间内转过多少转?

解 (1)由转动定律得

$$M = -c\omega = J\beta = J\frac{\mathrm{d}\omega}{\mathrm{d}t}$$

积分得

$$\int_0^t -\frac{c}{J}\mathrm{d}t = \int_{\omega_0}^{\omega} \frac{\mathrm{d}\omega}{\omega}$$

$$-\frac{c}{J}t = \ln\frac{\omega}{\omega_0}$$

已知

$$\frac{\omega}{\omega_0} = \frac{1}{2}$$

则

$$t = \frac{J}{c}\ln 2$$

例 4.1 图

（2）由 $\omega = \omega_0 e^{-\frac{c}{J}t}$，$\dfrac{\mathrm{d}\theta}{\mathrm{d}t} = \omega = \omega_0 e^{-\frac{c}{J}t}$，积分得

$$\theta = \frac{\omega_0 J}{c}(1 - e^{-\frac{c}{J}t}) = \frac{J\omega_0}{2c}$$

所以　$N = \dfrac{\theta}{2\pi} = \dfrac{J\omega_0}{4\pi c}$。

例 4.2　如图所示，质量 $m_1 = 16$ kg 的实心圆柱体 A，其半径 $r = 15$ cm，可以绕其固定水平轴转动，阻力忽略不计。一条轻的柔绳绕在圆柱体上，其另一端系一个质量 $m_2 = 8.0$ kg 的物体 B。求：（1）物体 B 由静止开始下降 1.0 s 后的距离；（2）绳的张力。

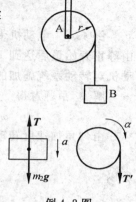

解　如图，由牛顿定律得

$$m_2 g - T = m_2 a$$

由转动定律得　　$T' r = \dfrac{1}{2} m_1 r^2 \alpha$

$$a = r\alpha, \quad T' = T$$

解得　　$$a = \frac{2m_2 g}{m_1 + 2m_2}$$

$$h = \frac{1}{2} at^2 = 2.45 \text{ m}$$

$$T = m_2 g - m_2 a = 39.2 \text{ N}$$

例 4.2 图

例 4.3　质量为 m_1 和 m_2 的两物体 A，B 分别悬挂在如图（a）所示的组合轮两端。设两轮的半径分别为 R 和 r，两轮的转动惯量分别为 J_1 和 J_2，轮与轴承间、绳索与轮间的摩擦力均略去不计，绳的质量也略去不计。试求两物体的加速度和绳的张力。

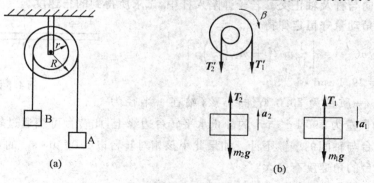

例 4.3 图

解　绳索与轮间没有相对滑动，如图（b）所示，由牛顿定律和转动定律得

$$m_1 g - T_1 = m_1 a_1$$

$$T_2 - m_2 g = m_2 a_2$$

$$T_1' R - T_2' r = (J_1 + J_2)\beta$$

$$a_1 = R\beta, \quad a_2 = r\beta$$

$$T_1' = T_1, \quad T_2' = T_2$$

解得
$$a_1 = \frac{m_1 R - m_2 r}{J_1 + J_2 + m_1 R^2 + m_2 r^2} gR$$

$$a_2 = \frac{m_1 R - m_2 r}{J_1 + J_2 + m_1 R^2 + m_2 r^2} gr$$

$$T_1 = \frac{J_1 + J_2 + m_2 r^2 + m_2 Rr}{J_1 + J_2 + m_1 R^2 + m_2 r^2} m_1 g$$

$$T_2 = \frac{J_1 + J_2 + m_1 R^2 + m_1 Rr}{J_1 + J_2 + m_1 R^2 + m_2 r^2} m_2 g$$

例 4.4 电动机带动一个转动惯量为 $J = 50$ kg·m² 的系统做定轴转动，在 0.5 s 内由静止开始最后达到 120 r·min⁻¹ 的转速。假定在这一过程中转速是均匀增加的，求电动机对转动系统施加的力矩。

解 由题意得
$$\omega_0 = 0, \quad \omega_t = 120 \text{ r·min}^{-1} = 12.56 \text{ rad·s}^{-1}$$

由匀角加速度转动公式，有
$$\omega_t = \omega_0 + \alpha t$$

所以
$$\alpha = \frac{\omega_t - \omega_0}{t} = \frac{12.56 - 0}{0.5} = 25.12 \text{ (rad·s}^{-2})$$

由转动定律，有
$$M = J\alpha = 50 \times 25.12 = 1.256 \times 10^3 \text{(N·m)}$$

例 4.5 在光滑的水平面上有一木杆，其质量 $m_1 = 1.0$ kg，长 $l = 40$ cm，可绕通过其中点并与之垂直的轴转动，一质量为 $m_2 = 10$ g 的子弹，以 $v = 2.0 \times 10^2$ m·s⁻¹ 的速度射入杆端，其方向与杆及轴正交。若子弹陷入杆中，试求所得到的角速度。

解 由角动量守恒定律得
$$m_2 v \left(\frac{l}{2}\right) = \left[\frac{1}{12} m_1 l^2 + m_2 \left(\frac{l}{2}\right)^2\right] \omega$$

解得 $\omega = 29.1$ rad·s⁻¹。

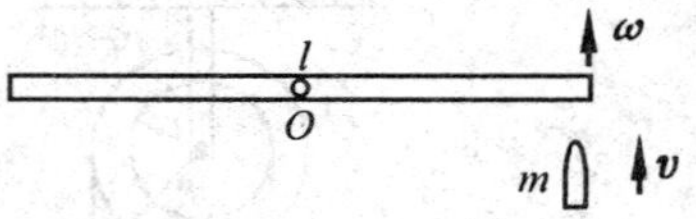

例 4.5 图

例 4.6 一质量为 20.0 kg 的小孩，站在一半径为 3.00 m、转动惯量为 450 kg·m² 的静止水平转台边缘上，此转台可绕通过转台中心的竖直轴转动，转台与轴间的摩擦不计。如果此小孩相对转台以 1.00 m·s⁻¹ 的速率沿转台边缘行走，问转台的角速度有多大？

解 由角动量守恒得 $0 = mvr + J\omega$

由相对运动得 $v - r\omega = 1.00$

$$v = 1.00 + r\omega$$

根据角动量守恒定律得 $mr(1.00 + r\omega) + J\omega = 0$

$$\omega = -\frac{1.00 rm}{J + mr^2} = -0.095 \text{ rad·s}^{-1}$$

例 4.7 一转台绕其中心的竖直轴以角速度 $\omega_0 = \pi$ rad·s⁻¹ 转动，转台对转轴的转动惯量为 $J_0 = 4.0 \times 10^{-3}$ kg·m²。今有砂粒以 $Q = 2t$ g·s⁻¹ 的流量竖直落至转台，并粘附于台面形成一圆环,若环的半径为 $r = 0.10$ m,求砂粒下落 $t = 10$ s 时,转台的角速度。

解　由 $\dfrac{dm}{dt} = Q = 2t$ 得

$$m = \int_0^{10} Q dt = 0.10 \text{ kg}$$

由角动量守恒 　　　　　　　　$J_0 \omega_0 = (J_0 + mr^2)\omega$

所以 $t = 10$ s 时,$\omega = \dfrac{J_0 \omega_0}{J_0 + mr^2} = 0.8\pi$ rad·s^{-1}。

例 4.8　为使运行中的飞船绕其中心轴的转动,可在飞船的侧面对称地安装两个切向控制喷管(如图所示),利用喷管高速喷射气体来制止旋转。若飞船绕其中心轴的转动惯量 $J = 2.0 \times 10^3$ kg·m^2,旋转的角速度 $\omega = 0.2$ rad·s^{-1},喷口与轴线之间的距离 $r = 1.5$ m,喷气以恒定的流量 $Q = 1.0$ kg·s^{-1} 和速率 $u = 50$ m·s^{-1} 从喷口喷出,问为使该飞船停止旋转,喷气应喷射多长时间?

解　因为 　　　　　　　$\dfrac{dm}{dt} = Q$

所以 　　　　　　　　　　$m = Qt$

由角动量守恒

$$J\omega = 2mur$$

$$m = \frac{J\omega}{2ur}$$

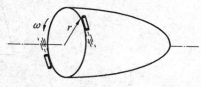

例 4.8 图

得

$$t = \frac{J\omega}{2uQr} = 2.67 \text{ s}$$

例 4.9　一质量为 1.12 kg、长为 1.0 m 的均匀细棒,支点在棒的上端点,开始时棒自由悬挂,当以 100 N 的力打击它的下端点,打击时间为 0.02 s 时,(1)若打击前棒是静止的,求打击时其角动量的变化;(2)求棒的最大偏转角。

解　(1) $J = \dfrac{1}{3} ml^2$

由角动量定理 $\displaystyle\int_{t_1}^{t_2} M dt = \Delta L$ 得

$$Fl\Delta t = J\omega$$

$$\Delta L = Fl\Delta t = 2.0 \text{ kg·m}^2\text{·s}^{-1}$$

(2)取棒和地球为同一系统,由机械能守恒

$$mg\frac{l}{2}(1 - \cos\theta) = \frac{1}{2}J\omega^2$$

(点 A 处为重力势能零点)

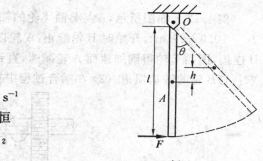

例 4.9 图

可得 $\theta = 88°38'$。

例 4.10　我国 1970 年 4 月 24 日发射的第一颗人造卫星,其近地点为 4.39×10^5 m,远地点为 2.38×10^6 m。试计算卫星在近地点和远地点的速率。(设地球的半径为 6.38×10^6 m)

解　由角动量守恒

$$mv_1(h+r)=mv_2(H+r)$$

由机械能守恒

$$\frac{1}{2}mv_1^2-G\frac{Mm}{(r+h)}=\frac{1}{2}mv_2^2-G\frac{Mm}{(r+H)}$$

其中 $G\dfrac{Mm}{r^2}=mg$。

可得 $v_1=8.11\times10^3\ \text{m}\cdot\text{s}^{-1}$，$v_2=6.31\times10^3\ \text{m}\cdot\text{s}^{-1}$。

例 4.11 如图所示，质量为 m 的小球由一绳索系着，以角速度 ω_0 在无摩擦的水平面上绕半径为 r_0 的圆周运动。如果在绳的另一端作用一竖直向下的拉力，小球则以半径为 $\dfrac{r_0}{2}$ 的圆周运动。试求：(1) 小球新的角速度；(2) 拉力所做的功。

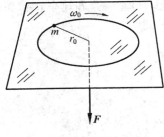

例 4.11 图

解 (1) 由角动量守恒

$$mr_0^2\omega_0=mr^2\omega$$
$$\omega=4\omega_0$$

得

(2) 由动能定理得

$$A=\frac{1}{2}mr^2\omega^2-\frac{1}{2}mr_0^2\omega_0^2=\frac{3}{2}mr_0^2\omega_0^2$$

例 4.12 如图所示，A 与 B 两飞轮的轴杆可由摩擦啮合器使之连接，A 轮的转动惯量 $J_1=10.0\ \text{kg}\cdot\text{m}^2$，开始时 B 轮静止，A 轮以 $n_1=600\ \text{r}\cdot\text{min}^{-1}$ 的转速转动，然后使 A 与 B 连接，因而 B 轮得到加速而 A 轮减速，直到两轮的转速都等于 $n_2=200\ \text{r}\cdot\text{min}^{-1}$ 为止。求：(1) B 轮的转动惯量；(2) 在啮合过程中损失的机械能。

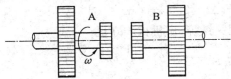

例 4.12 图

解 (1) 由角动量守恒 $J_1\omega_1=(J_1+J_2)\omega$，则

$$J_2=\frac{\omega_1-\omega_2}{\omega_2}J_1=\frac{n_1-n_2}{n_2}J_1=20.0\ \text{kg}\cdot\text{m}^2$$

(2) $\Delta E=\dfrac{1}{2}(J_1+J_2)\omega^2-\dfrac{1}{2}J_1\omega_1^2=-1.32\times10^4\text{J}$

例 4.13　如图所示,一砂轮在电动机驱动下,以 1 800 r·min⁻¹ 的转速绕定轴做逆时针旋转。关闭电源后,砂轮均匀减速,经时间 $t=15$ s 而停止转动。求:(1)砂轮的角加速度 α;(2)到停止旋转时,砂轮转过的转数;(3)关闭电源后 $t=10$ s 时砂轮的角速度 ω 以及此时砂轮边缘上一点的速度和加速度。设砂轮的半径为 $r=250$ mm。

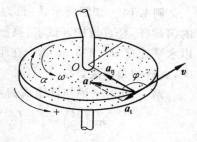

例 4.13 图

解　(1)规定循逆时针转向的角量取正值(见图);则由题设,初角速度为正,其值为

$$\omega_0 = 2\pi \times \frac{1\,800}{60} \text{rad·s}^{-1} = 60\pi \text{ rad·s}^{-1}$$

按题意,在 $t=15$ s 时,末角速度 $\omega=0$,由匀变速运动的公式得

$$\alpha = \frac{\omega - \omega_0}{t} = \frac{0 - 60\pi \text{ rad·s}^{-1}}{15 \text{ s}} = -4\pi \text{ rad·s}^{-2} = -12.57 \text{ rad·s}^{-2}$$

α 为负值,即 α 与 ω_0 异号,表明砂轮做匀减速转动。

(2)砂轮从关闭电源到停止转动,其角位移 θ 及转数 N 分别为

$$\theta = \omega_0 t + \frac{1}{2}\alpha t^2 =$$

$$60\pi \text{ rad·s}^{-1} \times 15 \text{ s} + \frac{1}{2} \times (-4\pi \text{ rad·s}^{-2}) \times (15 \text{ s})^2 =$$

$$450\pi \text{ rad}$$

$$N = \frac{\theta}{2\pi} = \frac{450\pi \text{ rad}}{2\pi \text{ rad}} = 225 \text{ r}$$

(3)在时刻 $t=10$ s 时砂轮的角速度是

$$\omega = \omega_0 + \alpha t = 60\pi \text{ rad·s}^{-1} + (-4\pi \text{ rad·s}^{-2}) \times (10 \text{ s}) =$$

$$20\pi \text{ rad·s}^{-1} = 62.8 \text{ rad·s}^{-1}$$

ω 的转向与 ω_0 相同。

在时刻 $t=10$ s 时,砂轮边缘上一点的速度 v 的大小为

$$v = r\omega = 0.25 \text{ m} \times 20\pi \text{ rad·s}^{-1} = 15.7 \text{ m·s}^{-1}$$

v 的方向如图所示,相应的切向加速度和法向加速度分别为

$$a_t = r\alpha = 0.25 \text{ m} \times (-4\pi \text{ rad·s}^{-2}) = -3.14 \text{ m·s}^{-2}$$

$$a_n = r\omega^2 = 0.25 \text{ m} \times (20\pi \text{ rad·s}^{-1})^2 = 9.87 \times 10^2 \text{ m·s}^{-2}$$

边缘上该点的加速度为 $\boldsymbol{a} = \boldsymbol{a}_n + \boldsymbol{a}_t$;$a_t$ 的方向与 v 的方向相反,a_n 的方向指向砂轮的中心。$\boldsymbol{a}$ 的大小为

$$a = |\boldsymbol{a}| = \sqrt{a_t^2 + a_n^2} =$$

$$\sqrt{(-3.14 \text{ m·s}^{-2})^2 + (9.87 \times 10^2 \text{ m·s}^{-2})^2} = 9.88 \times 10^2 \text{ m·s}^{-2}$$

$\boldsymbol{a}$ 的方向可用它与 v 所夹的角 φ 表示,则

$$\varphi = \arctan \frac{a_n}{a_t} = \arctan \frac{9.88 \times 10^2 \text{ m·s}^{-2}}{-3.14 \text{ m·s}^{-2}} = 90.18°$$

例 4.14 如图所示,一长为 $l=0.40$ m、质量为 $m'=1$ kg 的匀质杆,竖直悬挂。试求:当质量为 $m=8\times10^{-3}$ kg 的子弹以水平速度 $v=200$ m·s^{-1} 在距转轴 O 为 $3l/4$ 处射入杆内时,此杆的角速度。

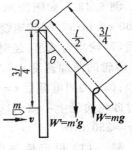

解 此时子弹与杆组成的系统对轴 O 的角动量守恒,即

$$mv\left(\frac{3l}{4}\right)=\left[m\left(\frac{3l}{4}\right)^2+\frac{1}{3}m'l^2\right]\omega$$

由此即可求出子弹射入杆内时,系统的角速度 $\omega=$ 8.88 rad·s^{-1}。

例 4.14 图

通过分析可看到,系统绕 O 轴转过最大摆角 α 的过程中,机械能守恒,即

$$\frac{1}{2}\left[\frac{1}{3}m'l^2+m\left(\frac{3l}{4}\right)^2\right]\omega^2=\left(m'g\frac{l}{2}\right)(1-\cos\theta)+mg\left(\frac{3l}{4}\right)(1-\cos\theta)$$

因而,我们还可以由上式进一步求出最大的摆角 θ。

例 4.15 如图所示,质量为 0.50 kg,长为 $l=0.40$ m 的均匀细棒,可绕垂直于棒的一段水平轴转动。如将此棒放在水平位置,然后任其落下,求:(1)当棒转过 $60°$ 时的角加速度和角速度;(2)下落到竖直位置时的动能;(3)下落到竖直位置时的角速度。

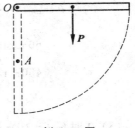

分析 转动定律 $M=J\alpha$ 是瞬时关系式,为求棒放在不同位置的角加速度,只需确定棒所在的位置的力矩就可求得。由于重力矩 $M(\theta)=mg\dfrac{l}{2}\cos\theta$ 是变力矩,角加速度也是变化的,因此,在求角速度时,就必须根据角加速度用积分的方法来计算。至于棒下落到竖直位置时的动能和角速度,可采用系统的机械能守恒定律来解,这是因为棒与地球所组成的系统中,只有重力做功(转轴处的支持力不做功),因此,系统机械能守恒。

例 4.15 图

解 (1)棒绕端点的转动惯量 $J=\dfrac{1}{3}ml^2$,由转动定律 $M=J\alpha$ 可得棒在 θ 位置时的角加速度为

$$\alpha=\frac{M(\theta)}{J}=\frac{3g\cos\theta}{2l} \tag{1}$$

当 $\theta=60°$ 时,棒转动的角加速度

$$\alpha=18.4 \text{ s}^{-2}$$

由于 $\alpha=\dfrac{\mathrm{d}\omega}{\mathrm{d}t}=\dfrac{\omega\mathrm{d}\omega}{\mathrm{d}\theta}$,根据初始条件对式(1)积分,有

$$\int_0^{\omega}\omega\mathrm{d}\omega=\int_0^{60°}\alpha\mathrm{d}\theta$$

则角速度为

$$\omega=\sqrt{\frac{3g\sin\theta}{l}}\Bigg|_0^{60°}=7.98 \text{ s}^{-1}$$

(2)根据机械能守恒,棒下落至竖直位置时的动能为

$$E_k = \frac{1}{2}mgl = 0.98 \text{ J}$$

(3) 由于该动能就是转动动能,即 $E_k = \frac{1}{2}J\omega^2$,所以,棒下落至竖直位置时的角速度为

$$\omega' = \sqrt{\frac{2E_k}{J}} = \sqrt{\frac{3g}{l}} = 8.57 \text{ s}^{-1}$$

四、习　题

4.1　如图所示,A,B 为两个相同的绕着轻绳的定滑轮,A 滑轮挂一质量为 M 的物体,B 滑轮受拉力 F,而且 $F = Mg$,设 A,B 两滑轮的角加速度分别为 β_1 和 β_2,不计滑轮轴的摩擦,则有(　　)

(A) $\beta_1 = \beta_2$

(B) $\beta_1 > \beta_2$

(C) $\beta_1 < \beta_2$

(D) 开始时 $\beta_1 = \beta_2$,以后 $\beta_1 < \beta_2$

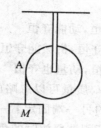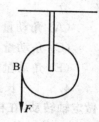

题 4.1 图

4.2　两个匀质圆盘 A 和 B 的密度分别为 ρ_A 和 ρ_B,若 $\rho_A > \rho_B$,但两圆盘的质量和厚度相同,如两盘对通过盘心垂直于盘面的轴的转动惯量各为 J_A 和 J_B,则(　　)

(A) $J_A > J_B$　　　　　　　　　　(B) $J_A < J_B$

(C) $J_A = J_B$　　　　　　　　　　(D) J_A,J_B 哪个大不能确定

4.3　有两个力作用在一个有固定转轴的刚体上:

(1) 这两个力都平行于轴作用时,它们对轴的合力矩一定是零;

(2) 这两个力都垂直于轴作用时,它们对轴的合力矩可能是零;

(3) 当这两个力的合力为零时,它们对轴的合力矩也一定是零;

(4) 当这两个力对轴的合力矩为零时,它们的合力也一定是零。

对上述说法,下述判断正确的是(　　)

(A) 只有(1) 是正确的　　　　　　(B)(1),(2) 正确,(3),(4) 错误

(C)(1),(2),(3) 都正确,(4) 错误　(D)(1),(2),(3),(4) 都正确

4.4　对于力矩有以下几种说法:

(1) 对某个定轴转动刚体而言,内力矩不会改变刚体的角加速度;

(2) 一对作用力和反作用力对同一轴的力矩之和必为零;

(3) 质量相等,形状和大小不同的两个物体,在相同力矩的作用下,它们的运动状态一定相同。

对上述说法,下述判断正确的是(　　)

(A) 只有(2) 是正确的　　　　　　(B)(1),(2) 是正确的

(C)(2),(3) 是正确的　　　　　　(D)(1),(2),(3) 都是正确的

4.5　均匀细棒 OA 可绕通过其一端 O 而与棒垂直的水平固定光滑轴转动,今使棒从

水平位置由静止开始自由下落,在棒摆到竖直位置的过程中,下述说法正确的(　　)

(A) 角速度从小到大,角加速度不变　　(B) 角速度从小到大,角加速度从小到大

(C) 角速度从小到大,角加速度从大到小 (D) 角速度不变,角加速度为零

4.6　下列各种叙述中,正确的是(　　)

(A) 刚体受力作用必有力矩

(B) 刚体受力越大,此力对刚体定轴的力矩也越大

(C) 如果刚体绕定轴转动,则一定受到力矩的作用

(D) 刚体绕定轴的转动定律表述了对轴的合外力矩与绕同轴的角加速度两者的瞬时关系

4.7　假设卫星环绕地球中心做椭圆运动,则在运动过程中,卫星对地球中心的(　　)

(A) 角动量守恒,动能守恒　　　　(B) 角动量守恒,机械能守恒

(C) 角动量不守恒,机械能守恒　　(D) 角动量不守恒,动量也不守恒

(E) 角动量守恒,动量也守恒

4.8　一长为 l、质量可以忽略的细杆,可绕通过其一端的水平光滑轴在竖直平面内做定轴转动,在杆的另一端固定着一质量为 m 的小球,如图所示。现在杆由水平位置无初速度地释放,则杆刚被释放时的角加速度 $\beta_0 =$ _____,杆与水平方向夹角为60°时的角加速度 $\beta =$ _____。

4.9　如图所示,x 轴沿水平方向,y 轴竖直向下,在 $t=0$ 时刻将质量为 m 的质点由 a 处静止释放,让它自由下落,则在任意时刻 t,质点对原点 O 的力矩 $M =$ _____;在任意时刻 t,质点对原点 O 角动量 $L =$ _____。

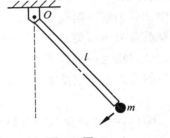

题 4.8 图

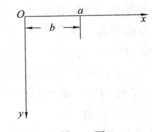

题 4.9 图

4.10　我国第一颗人造卫星沿椭圆轨道运动,地球的中心 O 为该椭圆的一个焦点(如图),已知地球半径 $R = 6\,378$ km,卫星与地面的最近距离 $l_1 = 439$ km,与地面的最远距离 $l_2 = 2\,384$ km。若卫星在近地点 A_1 的速度 $v_1 = 8.1$ km·s^{-1},则卫星在远地点 A_2 的速度 $v_2 =$ _____。

4.11　在光滑的水平面上,一根长 $L = 2$ m 的绳子,一端固定于点 O,另一端系一质量 $m = 0.5$ kg 的物体,开始时,物体位于位置 A,OA 间距离 $d = 0.5$ m,绳子处于松弛状态。现在使物体以初速度 $v_A = 4$ m·s^{-1} 垂直于 OA 向右滑动,如图所示,设以后的运动中物体到达位置 B,此时物体速度的方向与绳垂直。则此时刻物体对点 O 的角动量的大小 $L_B =$ _____,物体速度的大小 $v_B =$ _____。

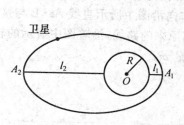

题 4.10 图

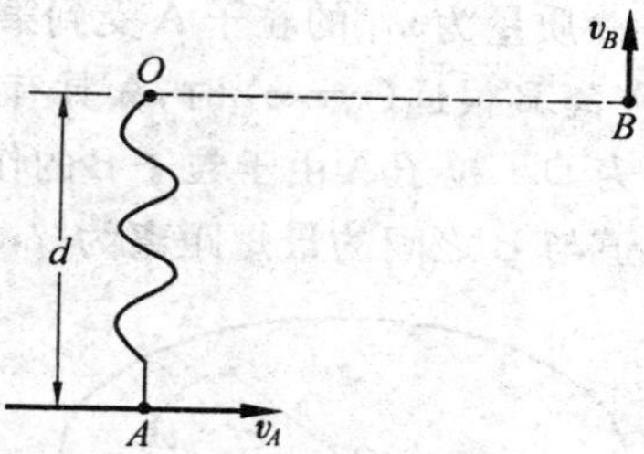

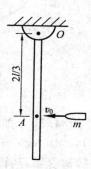

题 4.11 图

4.12 长为 l、质量为 M 的匀质细杆可绕通过杆一端 O 的水平光滑固定轴转动,转动惯量为 $\frac{1}{3}Ml^2$,开始时杆竖直下垂,如图所示。有一质量为 m 的子弹以水平速度 v_0 射入杆上点 A,并嵌在杆中,$OA = \frac{2}{3}l$,则子弹射入后瞬间杆的角速度 $\omega =$ _____。

题 4.12 图

4.13 两个质量都为 100 kg 的人,站在一质量为 200 kg、半径为 3 m 的水平转台的直径两端,转台的固定轴通过其中心且垂直于台面。初始时,转台每 5 s 转动一圈,当这两个人以相同的快慢走到转台的中心时,转台的角速度 $\omega =$ _____。(转台对转轴的转动惯量 $J = \frac{1}{2}MR^2$,计算时忽略转台在转轴处的摩擦)

4.14 一做定轴转动的物体,对转轴的转动惯量 $J = 3.0\ \text{kg} \cdot \text{m}^2$,角速度 $\omega_0 = 6.0\ \text{rad} \cdot \text{s}^{-1}$,现对物体加一恒定的制动力矩 $M = -1.2\ \text{N} \cdot \text{m}$,当物体的角速度减慢到 $\omega = 2.0\ \text{rad} \cdot \text{s}^{-1}$ 时,物体已经转过的角度 $\theta =$ _____。

4.15 一飞轮由一直径为 30 cm、厚度为 2.0 cm 的圆盘和两个直径都为 10 cm、长为 8.0 cm 的共轴圆柱体组成,设飞轮的密度为 7.8 kg·m^{-3},求飞轮对轴的转动惯量。

4.16 一燃气轮机在试车时,燃气作用在涡轮上的力矩为 $2.03 \times 10^3\ \text{N} \cdot \text{m}$,涡轮的转动惯量为 25 kg·m^2。当轮的转速由 $2.80 \times 10^3\ \text{r} \cdot \text{min}^{-1}$ 增大到 $1.12 \times 10^4\ \text{r} \cdot \text{min}^{-1}$ 时,所经历的时间 t 为多少?

4.17 质量为 0.50 kg、长为 0.40 m 的均匀细棒,可绕垂直于棒的一端的水平轴转动。如将此棒放在水平位置,然后任其落下。求:(1) 当棒转过 60° 时的角加速度和角速度;(2) 下落到竖直位置时的动能;(3) 下落到竖直位置时的角速度。

4.18 电风扇在开启电源后,经过 t_1 时间达到了额定转速,此时相应的角速度为 ω_0,当关闭电源后,经过 t_2 时间风扇停转。已知风扇转子的转动惯量为 J,并假定摩擦阻力矩和电机的电磁力矩均为常量,试根据已知推算电机的电磁力矩。

4.19 光滑圆盘面上有一质量为 m 的物体 A,拴在一根穿过圆盘中心光滑小孔的细绳上,如图所示。开始时,该物体距圆盘中心 O 的距离为 r_0,并以角速度 ω_0 绕圆盘中心 O 做圆周运动,现向下拉绳,当质点 A 的径向距离由 r_0 减少到 $\frac{1}{2}r_0$ 时,向下拉的速度为 v,求下拉的过程中拉力所做的功。

4.20 质量为 m_1 的粒子 A 受到第二个粒子 B 的万有引力作用,B 保持在原点不动。最初,当 A 离 B 很远($r = \infty$)时,A 具有速度 v_0,方向沿图中所示直线 Aa,B 与这条直线的垂直距离为 D。粒子 A 由于粒子 B 的作用而偏离原来的路线,沿着图中所示的轨道运动,已知这轨道与 B 之间的最短距离为 d,求 B 的质量 m_B。

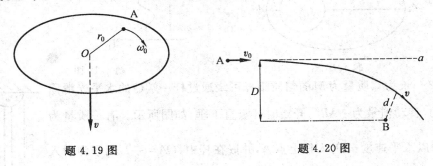

题 4.19 图　　　　　　　　　　题 4.20 图

4.21 如图所示,A 和 B 两飞轮的轴杆在同一中心线上,设两轮转动惯量分别为 $J_A = 10$ kg·m² 和 $J_B = 20$ kg·m²。开始时,A 轮转速为 600 r·min⁻¹,B 轮静止,C 为摩擦离合器,其转动惯量可忽略不计,A,B 分别与 C 的两个组件相连,当 C 左右组件啮合时,B 轮得到加速而 A 轮减速,直到两轮的速度相等为止,设轴光滑。求:(1)两轮啮合后的转速;(2)两轮各自所受的冲量矩。

4.22 一匀质细棒长为 $2L$,质量为 m,以与棒长方向相垂直的速度 v_0 在光滑水平面内平动时与前方一固定的光滑支点 O 发生完全非弹性碰撞,碰撞点位于棒中心的一方 $\frac{L}{2}$ 处,如图所示。求棒在碰撞后的瞬时绕点 O 转动的角速度 ω。(细棒绕通过其端点且与其垂直的轴转动时的转动惯量为 $\frac{1}{3}mL^2$,式中的 m 和 L 分别为棒的质量和长度)

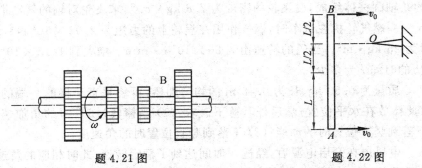

题 4.21 图　　　　　　　　　　题 4.22 图

4.23 如图所示,一个质量为 m 的物体与绕在定滑轮上的绳子相连,绳子质量可以忽略不计,它与定滑轮之间无滑动。假设定滑轮质量为 M,半径为 R,其转动惯量为 $\frac{1}{2}MR^2$,滑轮轴光滑。试求该物体由静止开始下落的过程中,下落速度与时间的关系。

4.24 一定滑轮半径为 0.1 m,相对中心轴的转动惯量为 1×10^{-3} kg·m²,一变力 $F = 0.5t$(SI)沿切线方向作用在滑轮的边缘上,如果滑轮最初处于静止状态,忽略轴承的摩擦,试求它在 1 s 末的角速度。

4.25　转动惯量为 J 的圆盘绕一固定轴转动,角速度为 ω_0,设它所受阻力矩与角速度成正比,即 $M=-k\omega(k>0)$,求圆盘的角速度从 ω_0 变为 $\omega_0/2$ 时所需的时间。

4.26　一轻绳跨过两个质量均为 m、半径均为 r 的均匀圆盘状定滑轮,绳的两端分别挂着质量为 m 和 $2m$ 的重物,如图所示,绳与滑轮间无相对滑动,滑轮轴光滑,两个定滑轮的转动惯量均为 $\frac{1}{2}mr^2$,将由两个定滑轮及质量为 m 和 $2m$ 的重物组成的系统从静止释放,求两滑轮之间绳内的张力。

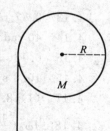

题 4.23 图

4.27　质量分别为 m 和 $2m$、半径分别为 r 和 $2r$ 的两个均匀圆盘,同轴粘在一起,可绕通过盘心且垂直于盘面的水平光滑固定轴转动,对转轴的转动惯量为 $\frac{9}{2}mr^2$,大小圆盘边缘均绕有绳子,绳子下端都挂有一质量为 m 的重物,如图所示。求盘的角加速度的大小。

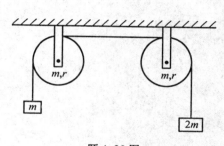

题 4.26 图

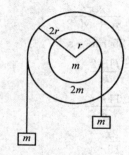

题 4.27 图

五、习题答案

4.1　(C)

4.2　(B)

4.3　(B)

4.4　(B)

4.5　(C)

4.6　(D)

4.7　(B)

4.8　$\dfrac{g}{l}$,$\dfrac{g}{2l}$

4.9　$mgbk$,$mgbtk$

4.10　$6.3 \text{ km} \cdot \text{s}^{-1}$

4.11　$1 \text{ N} \cdot \text{m} \cdot \text{s}$,$1 \text{ m} \cdot \text{s}^{-1}$

4.12　$\dfrac{6v_0}{(4+3M/m)l}$

4.13　$3.77 \text{ rad} \cdot \text{s}^{-1}$

4.14　40 rad

4.15　$0.136 \text{ kg} \cdot \text{m}^2$

4.16　10.8 s

4.17　$(1)18.4 \text{ rad} \cdot \text{s}^{-2}, 5.64 \text{ rad} \cdot \text{s}^{-1}$　$(2)0.98 \text{ J}$　$(3)8.57 \text{ rad} \cdot \text{s}^{-1}$

4.18　$J\omega_0\left(\dfrac{1}{t_1}+\dfrac{1}{t_2}\right)$

4.19　$\dfrac{3}{2}mr_0^2\omega^2 + \dfrac{1}{2}mv^2$

4.20　$\dfrac{(D^2-d^2)v_0^2}{2Gd}$

4.21　$(1)200 \text{ r} \cdot \text{min}^{-1}$　$(2)\text{A}: -419 \text{ N} \cdot \text{m} \cdot \text{s}, \text{B}: 419 \text{ N} \cdot \text{m} \cdot \text{s}$

4.22　$\dfrac{6v_0}{7L}$

4.23　$\dfrac{mgt}{m+M/2}$

4.24　$25 \text{ rad} \cdot \text{s}^{-1}$

4.25　$\dfrac{J\ln 2}{k}$

4.26　$\dfrac{11mg}{8}$

4.27　$\dfrac{2g}{19r}$

第 5 章

热力学基础

一、基本要求

1. 掌握内能、功和热量等概念。理解准静态过程。

2. 掌握热力学第一定律。能够分析、计算理想气体在等容、等压、等温和绝热过程中的功、热量和热力学能的改变量。

3. 理解循环过程的意义和循环过程中的能量转换关系。会计算卡诺循环和其他简单循环的效率。

4. 理解可逆过程和不可逆过程。了解热力学第二定律和熵增加原理。

二、基本概念及规律

1. 理想气体的状态方程

$pV = \dfrac{m}{M}RT$,其中体积 V、压强 p 和温度 T 是气体的状态参量。

2. 热力学第一定律

系统从外界吸收的热量一部分使系统的热力学能增加,另一部分使系统对外界做功。应遵守如下的关系:$Q = W + \Delta E$ 或 $dQ = dW + dE$,对 $Q, W, \Delta E$ 正负号的规定为:系统吸热,Q 为正,系统放热,Q 为负;系统对外做功(体积变大),W 为正,外界对系统做功(体积减小),W 为负;热力学能增加,ΔE 为正,热力学能减少,ΔE 为负。

3. 等值过程和绝热过程

理想气体的等容、等压、等温和绝热过程中热力学第一定律的形式得以简化,见表 5.1。

4. 循环过程

系统由某状态出发,经过一系列变化过程最后又回到初始状态,这样的过程叫循环过程。其特点为 $\Delta E = 0$。

正循环(顺时针)表示热机,在 $p - V$ 图上循环曲线所包围的面积表示一个循环中系统对外所做的净功。

逆循环(逆时针)表示制冷机,在 $p - V$ 图上循环曲线所包围的面积表示外界对系统所做的净功。

表 5.1　理想气体的几个重要热力学过程

过程	等容	等压	等温	绝热
特征	$V = 恒量$	$p = 恒量$	$T = 恒量$	$Q = 0$
过程方程	$p/T = 恒量$	$V/T = 恒量$	$pV = 恒量$	$pV^\gamma = 恒量$ $V^{\gamma-1}T = 恒量$ $p^{\gamma-1}T^{-\gamma} = 恒量$
热力学能增量 ΔE	$\frac{m}{M}C_V(T_2 - T_1)$	$\frac{m}{M}C_V(T_2 - T_1)$	0	$\frac{m}{M}C_V(T_2 - T_1)$
系统做功 W	0	$p(V_2 - V_1)$ 或 $\frac{m}{M}R(T_2 - T_1)$	$\frac{m}{M}RT\ln\frac{V_2}{V_1}$ 或 $\frac{m}{M}RT\ln\frac{p_1}{p_2}$	$-\frac{m}{M}C_V(T_2 - T_1)$ 或 $\frac{p_1V_1 - p_2V_2}{\gamma - 1}$
吸收热量 Q	$\frac{m}{M}C_V(T_2 - T_1)$	$\frac{m}{M}C_p(T_2 - T_1)$	$\frac{m}{M}RT\ln\frac{V_2}{V_1}$ 或 $\frac{m}{M}RT\ln\frac{p_1}{p_2}$	0
摩尔热容 C	$C_V = \frac{i}{2}R$	$C_p = C_V + R$	∞	0

（1）热机效率 η

$$\eta = \frac{W}{Q_1} = \frac{Q_1 - Q_2}{Q_1}$$

式中：W 为循环过程系统对外所做的净功；Q_1 和 Q_2 分别表示循环过程中系统从外界吸收的总热量和系统向外界放出的总热量。Q_1,Q_2,W 取正值。

（2）卡诺循环

卡诺循环由四个准静态过程组成，包括两个等温过程和两个绝热过程，工作在 T_1,T_2 两个恒温热源之间。

卡诺循环的效率为
$$\eta_c = 1 - \frac{T_2}{T_1}$$

卡诺循环的制冷系数为
$$\varepsilon_c = \frac{T_2}{T_1 - T_2}$$

式中：T_1 是高温热源的温度；T_2 是低温热源的温度。

（3）制冷系数 ε

$$\varepsilon = \frac{Q_2}{W} = \frac{Q_2}{Q_1 - Q_2}$$

式中：Q_2 为物质系统在一循环中从低温热源中吸收的热量；W 为外界对系统做的净功；$Q_1 = W + Q_2$ 为向高温热源输送的总热量。

5. 热力学第二定律的表述

开尔文表述：不可能制造出这样一种循环工作的热机，它只从单一热源吸热来做功，而不使外界发生任何变化。

克劳修斯表述:热量不可能自动地从低温物体传向高温物体。

热力学第二定律的实质:一个不受外界影响的孤立系统,其内部发生的过程总是由概率小的宏观态向概率大的宏观态进行。

6.熵增加原理

熵:为了判断孤立系统中过程进行方向而引入的系统状态的单值函数。

玻耳兹曼熵公式:$S = k \ln W$。

式中:k 为玻耳兹曼常量;W 为该宏观状态的热力学概率,即为该宏观状态的微观状态数。

熵增加原理:孤立系统内部一切自发过程总是向着熵增加的方向进行,$\Delta S \geqslant 0$。

三、解题指导

例 5.1　在湖面下 50.0 m 深处(温度为 4.0 ℃),有一个体积为 1.0×10^{-5} m³ 的空气泡升到湖面上来,若湖面的温度为 17.0 ℃,求气泡到达湖面的体积。(取大气压为 $p_0 = 1.013 \times 10^5$ Pa)

解　设气泡在湖面下的状态参量 (p, V, T),在湖面的状态参量 (p_0, V_0, T_0),则由理想气体的状态方程 $pV = \dfrac{m}{M} RT$,有

$$\frac{p_0 V_0}{T_0} = \frac{pV}{T}$$

$$V_0 = \frac{pVT_0}{p_0 T}, \text{而 } p = p_0 + \rho g h$$

所以

$$V_0 = \frac{(p_0 + \rho g h)VT_0}{p_0 T} \approx 6.11 \times 10^{-5} \text{ m}^3$$

例 5.2　氧气瓶的容积为 3.2×10^{-2} m³,其中氧气的压强为 1.30×10^7 Pa,氧气厂规定压强降到 1.0×10^6 Pa 时应重新充气,以免经常洗瓶。某小型吹玻璃车间平均每天用去 0.40 m³ 的 1.01×10^5 Pa 压强下的氧气,问一瓶氧气能用多少天?(设使用过程中温度不变)

解　设氧气原来的总质量为 m_0,每天用去 m_1,最后瓶中剩余为 m_2,使用天数为 x,则

$$x = \frac{m_0 - m_2}{m_1}$$

由状态方程 $pV = \dfrac{m}{M} RT$ 可知

$$m_0 = \frac{p_0 V_0 M}{T_0 R}, \quad m_1 = \frac{p_1 V_1 M}{T_1 R}, \quad m_2 = \frac{p_2 V_2 M}{T_2 R}$$

因为使用中温度不变,即

$$T_0 = T_1 = T_2, \text{且 } V_0 = V_2$$

所以

$$x = \frac{(p_0 - p_2)V_0}{p_1 V_1} \approx 9.5 \text{ d}$$

例 5.3 位于委内瑞拉的安赫尔瀑布是世界上落差最大的瀑布,高 979 m。如果在水下落过程中,重力对它所做的功中有 50% 转化为热量使水温升高,求水由瀑布顶部落到底部而产生的温差。[水的比热容为 $4.18\times10^3\,\text{J/(kg·K)}$]

解 设水的质量为 m,则由题意知

$$mc\Delta T=50\%mgh$$

所以

$$\Delta T=50\%gh/c\approx1.15\ \text{K}$$

例 5.4 如果所示,一定量的空气,开始在状态 A,其压强为 $2.0\times10^5\,\text{Pa}$,体积为 $2.0\times10^{-3}\,\text{m}^3$,沿直线 AB 变化到 B 后,压强变为 $1.0\times10^5\,\text{Pa}$,体积变为 $3.0\times10^{-3}\,\text{m}^3$,求此过程中气体所做的功。

解 由功的定义 $W=\int_{V_1}^{V_2}p\mathrm{d}V$ 可知,功在 $p-V$ 图上为曲线下的面积

$$W=S_{ABCD}=1/2(1.0+2.0)\times10^5\times$$
$$1.0\times10^{-3}=150\ (\text{J})$$

例 5.4 图

例 5.5 一定量的空气,吸收了 $1.71\times10^3\,\text{J}$ 的热量,并保持在 $1.0\times10^5\,\text{Pa}$ 下膨胀,体积从 $1.0\times10^{-2}\,\text{m}^3$ 增加到 $1.5\times10^{-2}\,\text{m}^3$,问空气对外做了多少功?它的热力学能改变了多少?

解 $W=\int_{V_1}^{V_2}p\mathrm{d}V$,因为压强不变,所以

$$W=p(V_2-V_1)=1.0\times10^5\times(1.5\times10^{-2}-1.0\times10^{-2})=500\ (\text{J})$$

由热力学第一定律 $Q=W+\Delta E$,可知

$$\Delta E=Q-W=1.71\times10^3-500=1.21\times10^3(\text{J})$$

例 5.6 如图所示,系统由状态 A 沿 ABC 变化到状态 C 的过程中,外界有 326 J 的热量传递给系统,同时系统对外做功 126 J,如果系统从状态 C 沿另一曲线 CA 回到状态 A,外界对系统做功为 52 J,则此过程中系统是吸热还是放热?传递热量是多少?

解 系统经 ABC 过程

$$\Delta E_{AC}=Q_{ABC}-W_{ABC}=200\ \text{J}$$

因为热力学能是状态的函数,所以

$$\Delta E_{AC}=-\Delta E_{CA}$$
$$Q_{CA}=\Delta E_{CA}+W_{CA}=-200-52=-252\ (\text{J})（负号表示放热过程）$$

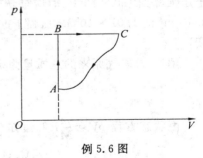

例 5.6 图

例 5.7 除非温度很低,许多物质的摩尔定压热容都可以用下式表示:$C_p=a+2bT-cT^{-2}$(式中 a,b 和 c 是常量,T 是热力学温度)。求:(1)在恒定压强下,1 mol 物质的温度从 T_1 升到 T_2 时需要的热量;(2)在温度 T_1 和 T_2 之间的平均摩尔热容;(3)对镁这

种物质来说,若 C_p 的单位为 $J \cdot mol^{-1} \cdot K^{-1}$,则 $a = 25.7\ J \cdot mol^{-1} \cdot K^{-1}$, $b = 3.13 \times 10^3\ J \cdot mol^{-1} \cdot K^{-2}$, $c = 3.27 \times 10^5\ J \cdot mol^{-1} \cdot K$。

计算镁在 300 K 时的热容 C_p 以及在 200 K 和 400 K 之间 C_p 的平均值。

解　(1) 因为 $C_p = \dfrac{\mathrm{d}Q_p}{\mathrm{d}T}$,

所以 1 mol 物质在恒压下吸收的热量为

$$Q_p = \int_{T_1}^{T_2} C_p \mathrm{d}T = \int_{T_1}^{T_2} (a + 2bT - cT^{-2})\,\mathrm{d}T$$

$$Q_p = a(T_2 - T_1) + b(T_2^2 - T_1^2) + c(T_2^{-1} - T_1^{-1})$$

(2) $\overline{C_p} = \dfrac{Q_p}{T_2 - T_1} = a + b(T_2 + T_1) - c/(T_1 T_2)$

(3) 镁在 $T = 300$ K 时 C_p 为

$$C_p = a + 2bT - cT^{-2} = -23.9\ J \cdot mol^{-1} \cdot K^{-1}$$

镁在 200 K 和 400 K 之间的 $\overline{C_p}$ 为

$$\overline{C_p} = \frac{Q_p}{T_2 - T_1} = a + b(T_2 + T_1) - c/(T_1 T_2) = 26.0\ J \cdot mol^{-1} \cdot K^{-1}$$

例 5.8　如图所示,使 1 mol 氧气:(1) 由 A 等温地变到 B;(2) 由 A 等容地变到 C,再由 C 等压地变到 B,试分别计算氧气所做的功和吸收的热量。

解　(1) 因为 AB 过程为等温过程 $\Delta E_{AB} = 0$,

所以　　　$Q_T = W_{AB} = \dfrac{m}{M} RT \ln\left(\dfrac{V_B}{V_A}\right)$

由于 $pV = \dfrac{m}{M} RT$

所以 $Q_T = p_A V_A \ln\left(\dfrac{V_B}{V_A}\right) = 4 \times 10^3 \ln 2 \approx 2.77 \times 10^3\ J$

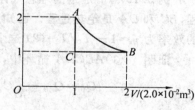

例 5.8 图

(2) 因为热力学能是状态的函数

$$\Delta E_{ACB} = \Delta E_{AB} = 0$$

所以　　　　　　　$Q_{AB} = W_{ACB} + \Delta E_{ACB} = W_{ACB}$

而　　　　　　　　$W_{AC} = 0 \text{(等容过程)}$

又因为　　$W_{CB} = \displaystyle\int_{V_C}^{V_B} p\,\mathrm{d}V = p_C(V_B - V_C) = 2 \times 10^3\ J$

所以　　　　　　$W_{ACB} = W_{AC} + W_{CB} = 2 \times 10^3\ J$

$$Q_{ACB} = W_{ACB} = 2 \times 10^3\ J$$

例 5.9　如图(a) 所示是某理想气体循环过程的 $V - T$ 图。已知该气体的摩尔定压热容 $C_p = 2.5R$,摩尔定容热容 $C_V = 1.5R$,且 $V_C = 2V_A$。(1) 试问图中所示循环是代表制冷机还是代表热机?(2) 如是正循环(热机循环),求出循环效率。

解　(1) 由 $V - T$ 图可知:

BC 为等容过程,CA 为等温过程,AB 线段的延长线通过原点,所以为等压过程。

把 $V - T$ 图转化为 $p - V$ 图,如图(b) 所示。

因为图中循环为正循环,所以该循环为热机。

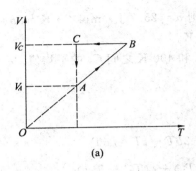 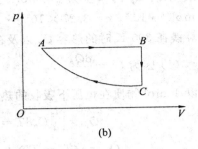

(a)   (b)

例 5.9 图

(2)AB 为等压膨胀过程吸热;

BC 为等容降压过程放热;

CA 为等温压缩过程放热。

所以
$$Q_1 = Q_{AB} = \frac{m}{M}C_p(T_B - T_A)$$

$$Q_2 = Q_{BC} + Q_{CA} = \frac{m}{M}C_V(T_B - T_C) + \frac{m}{M}RT_A\ln\left(\frac{V_C}{V_A}\right)$$

而
$$T_A = T_C, \quad V_C = 2V_A, \quad T_A = T_B/2$$

所以
$$\eta = 1 - \frac{Q_2}{Q_1} = \frac{2}{5} \times (1 - \ln 2) \approx 12.3\%$$

例 5.10　一定量的理想气体,经历如图所示的循环过程。其中 AB 和 CD 是等压过程,BC 和 DA 是绝热过程。已知点 B 温度 $T_B = T_1$,点 C 温度 $T_C = T_2$。(1)证明该热机的效率为 $\eta = 1 - T_2/T_1$;(2)这个循环是卡诺循环吗?

证明　(1)ABCDA 循环中,AB 过程吸热,CD 过程放热

$$Q_1 = Q_{AB} = \frac{m}{M}C_p(T_B - T_A)$$

$$Q_2 = Q_{CD} = \frac{m}{M}C_p(T_C - T_D)$$

又因为 BC 和 DA 过程为绝热过程
$$p^{r-1}T^{-\gamma} = C$$

即
$$p_B{}^{r-1}T_B{}^{-\gamma} = p_C{}^{r-1}T_C{}^{-\gamma}$$
$$p_A{}^{r-1}T_A{}^{-\gamma} = p_D{}^{r-1}T_D{}^{-\gamma}$$

又因为
$$p_A = p_B, \quad p_C = p_D$$

所以
$$\frac{T_A}{T_B} = \frac{T_D}{T_C}$$

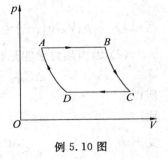

例 5.10 图

令 $\frac{T_A}{T_B} = \frac{T_D}{T_C} = k$,则

$$\frac{T_C - T_D}{T_B - T_A} = \frac{T_C(1-k)}{T_B(1-k)} = \frac{T_C}{T_B} = \frac{T_2}{T_1}$$

$$\eta = 1 - \frac{Q_2}{Q_1} = 1 - \frac{T_C - T_D}{T_B - T_A}$$

所以
$$\eta = 1 - \frac{T_2}{T_1}$$

（2）该循环不是卡诺循环，因为卡诺循环由两条绝热线和两条等温线构成。

例 5.11 有一以理想气体为工作物质的热机，其循环如图所示，试证明热机效率为
$$\eta = 1 - \gamma \frac{V_1/V_2 - 1}{p_1/p_2 - 1}.$$

证明 此循环过程中，CA 吸热，BC 放热

$$Q_1 = Q_{CA} = \frac{m}{M} C_V (T_A - T_C)$$

$$Q_2 = Q_{BC} = \frac{m}{M} C_p (T_B - T_C)$$

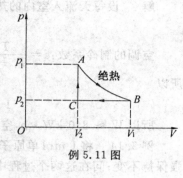

例 5.11 图

所以

$$\eta = 1 - \frac{Q_2}{Q_1} = 1 - \frac{C_p (T_B - T_C)}{C_V (T_A - T_C)} = 1 - \gamma \frac{T_B/T_C - 1}{T_A/T_C - 1}$$

BC 过程为等压过程 $\quad \dfrac{T_B}{T_C} = \dfrac{V_B}{V_C} = \dfrac{V_1}{V_2}$

CA 过程为等容过程 $\quad \dfrac{T_A}{T_C} = \dfrac{p_A}{p_C} = \dfrac{p_1}{p_2}$

所以
$$\eta = 1 - \gamma \frac{V_1/V_2 - 1}{p_1/p_2 - 1}$$

例 5.12 汽油机可近似地看成如图所示的理想循环，这个循环也称为奥托（Otto）循环，其中 DE 和 BC 是绝热过程。（1）证明此热机的效率为 $\eta = 1 - \dfrac{T_E - T_B}{T_D - T_C}$；（2）利用 $TV^{\gamma-1} = C$，上述效率公式也可写成 $\eta = 1 - (V_C/V_B)^{\gamma-1}$。

证明 （1）此循环过程中，CD 吸热，EB 放热

$$Q_1 = \frac{m}{M} C_V (T_D - T_C)$$

$$Q_2 = \frac{m}{M} C_V (T_E - T_B)$$

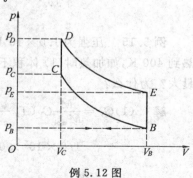

例 5.12 图

所以
$$\eta = 1 - \frac{Q_2}{Q_1} = 1 - \frac{T_E - T_B}{T_D - T_C}$$

（2）因为 DE 和 BC 为绝热过程，$V^{\gamma-1} T = C$
所以
$$V_D{}^{\gamma-1} T_D = V_E{}^{\gamma-1} T_E \qquad ①$$
$$V_C{}^{\gamma-1} T_C = V_B{}^{\gamma-1} T_B \qquad ②$$

又因为
$$V_C = V_D, \quad V_B = V_E$$

所以由 ①/② 得
$$\frac{T_D}{T_C} = \frac{T_E}{T_B}$$

令 $\dfrac{T_D}{T_C} = \dfrac{T_E}{T_B} = K$，则 $\dfrac{T_E - T_B}{T_D - T_C} = \dfrac{(K-1) T_B}{(K-1) T_C} = \dfrac{T_B}{T_C}$

$$\eta = 1 - \frac{T_E - T_B}{T_D - T_C} = 1 - \frac{T_B}{T_C}, \text{所以 } \eta = 1 - (V_C/V_B)^{\gamma-1}。$$

例 5.13 在夏季,假定室外温度恒定为 37.0 ℃,启动空调使室内温度始终保持在 17.0 ℃。如果每天有 2.51×10^8 J 的热量通过热传导等方式自室外流入室内,则空调一天耗电多少?(设该空调制冷机的制冷系数为同条件下的卡诺制冷机制冷系数的 60%)

解 设每天流入室内的热量 $Q_2' = 2.51 \times 10^8$ J,要保持室温恒定,则空调吸热

$$Q_2 = Q_2'$$

空调的制冷系数:$\varepsilon = \dfrac{T_2}{T_1 - T_2} \times 60\% = 8.7$, $\varepsilon = \dfrac{Q_2}{W}$

所以
$$W = Q_2/\varepsilon = 2.89 \times 10^7 \text{J}$$

$$1 \text{ 度电} = 1 \text{ kW} \cdot \text{h} = 3.6 \times 10^6 \text{J}$$

所以 $W \approx 8.0 \text{ kW} \cdot \text{h}$,空调一天耗电 8 度。

例 5.14 将 1 mol 单原子理想气体从 300 K 加热到 350 K,(1) 容积保持不变;(2) 压强保持不变;问在这两个过程中各吸收了多少热量? 增加了多少热力学能? 对外做了多少功?

解 (1)
$$\Delta E = C_V \Delta T = \frac{3}{2} R \Delta T = \frac{3}{2} \times 8.31 \times 50 = 623 \text{ (J)}$$

$$A = 0$$

$$Q = \Delta E = 623 \text{ J}$$

(2)
$$\Delta E = C_V \Delta T = \frac{3}{2} R \Delta T = \frac{3}{2} \times 8.31 \times 50 = 623 \text{ (J)}$$

$$A = \int_{V_1}^{V_2} p \, dV = \int_{T_1}^{T_2} R \, dT = R \Delta T = 8.31 \times 50 = 416 \text{ (J)}$$

$$Q = A + \Delta E = 1\,039 \text{ J}$$

例 5.15 压强为 1.0×10^5 Pa,体积为 0.008 2 m^3 的氮气,将其从初始温度 300 K 加热到 400 K,如加热时(1) 体积不变,(2) 压强不变,问各需热量多少? 哪一个过程所需热量大? 为什么?

解 (1) $Q_V = \dfrac{M}{M_{mol}} C_V (T_2 - T_1) = \dfrac{p_1 V_1}{R T_1} C_V (T_2 - T_1) = p_1 V_1 \dfrac{C_V}{R} \left(\dfrac{T_2}{T_1} - 1\right) =$

$$1.0 \times 10^5 \times 0.008\,2 \times \frac{5}{2} \left(\frac{400}{300} - 1\right) = 683 \text{ (J)}$$

(2) $Q_p = \dfrac{M}{M_{mol}} C_p (T_2 - T_1) = \dfrac{p_1 V_1}{R T_1} C_p (T_2 - T_1) = p_1 V_1 \dfrac{C_p}{R} \left(\dfrac{T_2}{T_1} - 1\right) =$

$$1.0 \times 10^5 \times 0.008\,2 \times \frac{7}{2} \left(\frac{400}{300} - 1\right) = 956 \text{ (J)}$$

等压过程需要的热量大。因为等压过程除了使系统热力学能提高外还需要对外做功。

例 5.16 有一定量的理想气体,其压强按 $p = \dfrac{C}{V^2}$ 的规律变化,C 是个常量。求气体从容积 V_1 增加到 V_2 所做的功,该理想气体的温度是升高还是降低?

解　气体所做的功为

$$A = \int_{V_1}^{V_2} p\,\mathrm{d}V = \int_{V_1}^{V_2} \frac{C}{V^2}\mathrm{d}V = -C\left(\frac{1}{V_2} - \frac{1}{V_1}\right)$$

上式用 $pV = \dfrac{C}{V}$ 代入得

$$A = -C\left(\frac{1}{V_2} - \frac{1}{V_1}\right) = -(p_2 V_2 - p_1 V_1) = -\frac{M}{M_{\text{mol}}} R(T_2 - T_1) > 0$$

即 $T_2 < T_1$，可见理想气体温度是降低的。

例 5.17　一气缸内盛有一定量的刚性双原子分子理想气体，气缸活塞的面积 $S = 0.05\ \mathrm{m^2}$，活塞与气缸壁之间不漏气，摩擦忽略不计。活塞右侧通大气，大气压强 $p_0 = 1.0 \times 10^5\ \mathrm{Pa}$。劲度系数 $k = 5 \times 10^4\ \mathrm{N \cdot m^{-1}}$ 的一根弹簧的两端分别固定于活塞和一固定板上（如图）。开始时气缸内气体处于压强、体积分别为 $p_1 = p_0 = 1.0 \times 10^5\ \mathrm{Pa}, V_1 = 0.015\ \mathrm{m^3}$ 的初

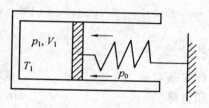

例 5.17 图

态。今缓慢加热气缸，缸内气体缓慢地膨胀到 $V_2 = 0.02\ \mathrm{m^3}$。求在此过程中气体从外界吸收的热量。

解　由题意可知气体处于初态时，弹簧为原长。当气缸内气体体积由 V_1 膨胀到 V_2 时弹簧被压缩，压缩量为

$$l = \frac{V_2 - V_1}{S} = 0.1\ \mathrm{m}$$

气体末态的压强为

$$p_2 = p_0 + k\frac{l}{S} = 2 \times 10^5\ \mathrm{Pa}$$

气体热力学能的改变量为

$$\Delta E = \nu C_V(T_2 - T_1) = i(p_2 V_2 - p_1 V_1)/2 = 6.25 \times 10^3\ \mathrm{J}$$

缸内气体对外做的功为

$$W = p_0 Sl + \frac{1}{2}kl^2 = 750\ \mathrm{J}$$

缸内气体在这膨胀过程中从外界吸收的热量为

$$Q = \Delta E + W = 6.25 \times 10^3 + 0.75 \times 10^3 = 7 \times 10^3\ (\mathrm{J})$$

例 5.18　1 mol 某种气体服从状态方程 $p(V - b) = RT$（式中 b 为常量，R 为普适气体常量），热力学能为 $E = C_V T + E_0$（式中 C_V 为摩尔定容热容，视为常量；E_0 为常量）。试证明：(1) 该气体的摩尔定压热容 $C_p = C_V + R$；(2) 在准静态绝热过程中，气体满足方程：$p(V - b)^\gamma = $ 恒量。（$\gamma = C_p/C_V$）

证明　热力学第一定律

$$\mathrm{d}Q = \mathrm{d}E + p\,\mathrm{d}V$$

由 $E = C_V T + E_0$，有

$$\mathrm{d}E = C_V \mathrm{d}T \qquad\qquad ①$$

由状态方程，在 1 mol 该气体的微小变化中有

$$p\,\mathrm{d}V + (V - b)\,\mathrm{d}p = R\mathrm{d}T \qquad\qquad ②$$

(1) 在等压过程中，$dp=0$，由 ② $pdV=RdT$

故

$$(dQ)_p=C_VdT+RdT$$

摩尔定压热容

$$C_p=(dQ)_p/dT=C_V+R$$

(2) 在绝热过程中

$$dQ=0$$

有

$$dE=C_VdT=-pdV \qquad ③$$

由 ②，③ 两式消去 dT 得

$$(V-b)dp+p(1+\frac{R}{C_V})dV=0$$

其中

$$1+\frac{R}{C_V}=\frac{C_p}{C_V}=\gamma$$

此式改写成

$$dp/p+\gamma dV(V-b)=0$$

积分得

$$\ln p+\gamma\ln(V-b)=恒量$$

所以

$$p(V-b)^\gamma=恒量$$

例 5.19 试证明 2 mol 的氦气和 3 mol 的氧气组成的混合气体在绝热过程中也有 $pV^\gamma=C$，而 $\gamma=31/21$（氧气、氦气以及它们的混合气均看作理想气体）。

证明 氦氧混合气体的定容热容量

$$C_V=2\times\frac{3}{2}R+3\times\frac{5}{2}R=\frac{21}{2}R$$

状态方程

$$pV=5RT$$

所以

$$dT=(pdV+Vdp)/(5R)$$

绝热过程中用热力学第一定律可得

$$C_VdT=-pdV$$

由上两式消去 dT 得

$$-pdV=(21/2)R(pdV+Vdp)/(5R)=$$
$$(21/10)(pdV+Vdp)$$

即

$$(31/10)pdV+(21/10)Vdp=0$$

积分得

$$pV^{31/21}=C$$

上式可写作

$$pV^\gamma=C,\qquad \gamma=31/21$$

例 5.20 温度为 25 ℃、压强为 1 atm 的 1 mol 刚性双原子分子理想气体，经等温过程体积膨胀至原来的 3 倍。（普适气体常量 $R=8.31$ J·mol^{-1}·K^{-1}，$\ln 3=1.0986$）

(1) 计算这个过程中气体对外所做的功；(2) 假若气体经绝热过程体积膨胀为原来的 3 倍，那么气体对外做的功又是多少？

解 (1) 等温过程气体对外做功为

$$W=\int_{V_0}^{3V_0}pdV=\int_{V_0}^{3V_0}\frac{RT}{V}dV=RT\ln 3=$$
$$8.31\times298\times1.0986 \text{ J}=2.72\times10^3 \text{ J}$$

(2) 绝热过程气体对外做功为

$$W = \int_{V_0}^{3V_0} p\,\mathrm{d}V = p_0 V_0^{\gamma} \int_{V_0}^{3V_0} V^{-\gamma}\,\mathrm{d}V =$$

$$\frac{3^{1-\gamma}-1}{1-\gamma} p_0 V_0 = \frac{1-3^{1-\gamma}}{\gamma-1} RT =$$

$$2.20 \times 10^3 \text{ J}$$

例 5.21　一定量的单原子分子理想气体，从初态 A 出发，沿图示直线过程变到另一状态 B，又经过等容、等压两过程回到状态 A。(1) 求 $A \to B, B \to C, C \to A$ 各过程中系统对外所做的功 W，热力学能的增量 ΔE 以及所吸收的热量 Q；(2) 整个循环过程中系统对外所做的总功以及从外界吸收的总热量（过程吸热的代数和）。

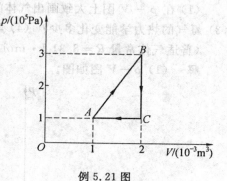

例 5.21 图

解　(1) $A \to B$：

$$W_1 = \frac{1}{2}(p_B + p_A)(V_B - V_A) = 200 \text{ J}$$

$$\Delta E_1 = \nu C_V (T_B - T_A) = 3(p_B V_B - p_A V_A)/2 = 750 \text{ J}$$

$$Q = W_1 + \Delta E_1 = 950 \text{ J}$$

$B \to C$：$W_2 = 0$

$$\Delta E_2 = \nu C_V (T_C - T_B) = 3(p_C V_C - p_B V_B)/2 = -600 \text{ J}$$

$$Q_2 = W_2 + \Delta E_2 = -600 \text{ J}$$

$C \to A$：$W_3 = p_A (V_A - V_C) = -100 \text{ J}$

$$\Delta E_3 = \nu C_V (T_A - T_C) = \frac{3}{2}(p_A V_A - p_C V_C) = -150 \text{ J}$$

$$Q_3 = W_3 + \Delta E_3 = -250 \text{ J}$$

(2)
$$W = W_1 + W_2 + W_3 = 100 \text{ J}$$

$$Q = Q_1 + Q_2 + Q_3 = 100 \text{ J}$$

例 5.22　0.02 kg 的氦气（视为理想气体），温度由 17 ℃ 升为 27 ℃。若在升温过程中，(1) 体积保持不变；(2) 压强保持不变；(3) 不与外界交换热量。试分别求出气体热力学能的改变、吸收的热量、外界对气体所做的功。（普适气体常量 $R = 8.31$ J·mol^{-1} K^{-1}）

解　氦气为单原子分子理想气体，$i = 3$。

(1) 等容过程，$V =$ 常量，$W = 0$。

据 $Q = \Delta E + W$ 可知

$$Q = \Delta E = \frac{M}{M_{\text{mol}}} C_V (T_2 - T_1) = 623 \text{ J}$$

(2) 定压过程，$p =$ 常量，

$$Q = \frac{M}{M_{\text{mol}}} C_p (T_2 - T_1) = 1.04 \times 10^3 \text{ J}$$

ΔE 与 (1) 相同。

$$W = Q - \Delta E = 417 \text{ J}$$

$(3)Q=0,\Delta E$ 与(1)同

$$W=-\Delta E=-623\text{ J}\quad(负号表示外界做功)$$

例 5.23 气缸内有 2 mol 氦气,初始温度为 27 ℃,体积为 20 L,先将氦气等压膨胀,直至体积加倍,然后绝热膨胀,直至恢复到初温为止。把氦气视为理想气体。试求:

(1) 在 $p-V$ 图上大致画出气体的状态变化过程。(2) 在这过程中氦气吸热多少?

(3) 氦气的热力学能变化多少? (4) 氦气所做的总功是多少?

(普适气体常量 $R=8.31\text{ J}\cdot\text{mol}^{-1}\cdot\text{K}^{-1}$)

解 (1) $p-V$ 图如图。

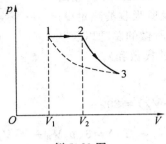

例 5.23 图

(2) $T_1=(273+27)\text{ K}=300\text{ K}$

根据 $V_1/T_1=V_2/T_2$,得

$$T_2=V_2T_1/V_1=600\text{ K}$$
$$Q=\nu C_p(T_2-T_1)=1.25\times10^4\text{ J}$$

$(3)\Delta E=0$

(4) 根据 $$Q=W+\Delta E$$

所以 $$W=Q=1.25\times10^4\text{ J}$$

例 5.24 一定量的某单原子分子理想气体装在封闭的气缸里。此气缸有可活动的活塞(活塞与气缸壁之间无摩擦且无漏气)。已知气体的初压强 $p_1=1$ atm,体积 $V_1=1$ L,现将该气体在等压下加热直到体积为原来的两倍,然后在等体积下加热直到压强为原来的 2 倍,最后做绝热膨胀,直到温度下降到初温为止,(1) 在 $p-V$ 图上将整个过程表示出来;(2) 试求在整个过程中气体热力学能的改变;(3) 试求在整个过程中气体所吸收的热量(1 atm$=1.013\times10^5$ Pa);(4) 试求在整个过程中气体所做的功。

解 (1) $p-V$ 图如右图。

(2) $T_4=T_1,\Delta E=0$。

$$(3)Q=\frac{M}{M_{\text{mol}}}C_p(T_2-T_1)+\frac{M}{M_{\text{mol}}}C_V(T_3-T_2)=$$

$$\frac{5}{2}p_1(2V_1-V_1)+\frac{3}{2}[2V_1(2p_1-p_1)]=$$

$$\frac{11}{2}p_1V_1=5.6\times10^2\text{ J}$$

(4) $W=Q=5.6\times10^2\text{ J}$。

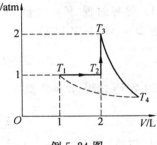

例 5.24 图

例5.25　一定量的单原子分子理想气体,从 A 态出发经等压过程膨胀到 B 态,又经绝热过程膨胀到 C 态,如图所示。试求这全过程中气体对外所做的功、热力学能的增量以及吸收的热量。

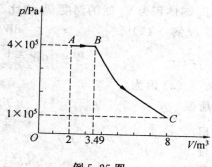

解　由图可看出

$$p_A V_A = p_C V_C$$

从状态方程

$$pV = \nu RT$$

可知

$$T_A = T_C$$

因此全过程 $A \to B \to C$ 的 $\Delta E = 0$。

$B \to C$ 过程是绝热过程,有 $Q_{BC} = 0$。

$A \to B$ 过程是等压过程,有

$$Q_{AB} = \nu C_p (T_B - T_A) = \frac{5}{2}(p_B V_B - p_A V_A) = 14.9 \times 10^5 \text{ J}$$

故全过程 $A \to B \to C$ 的

$$Q = Q_{BC} + Q_{AB} = 14.9 \times 10^5 \text{ J}$$

根据热力学第一定律 $Q = W + \Delta E$,得全过程 $A \to B \to C$ 的

$$W = Q - \Delta E = 14.9 \times 10^5 \text{ J}$$

例5.26　1 mol 双原子分子理想气体从状态 $A(p_1, V_1)$ 沿 $p-V$ 图所示直线变化到状态 $B(p_2, V_2)$。试求:(1)气体的热力学能增量;(2)气体对外界所做的功;(3)气体吸收的热量;(4)此过程的摩尔热容。

(摩尔热容 $C = \Delta Q / \Delta T$,其中 ΔQ 表示 1 mol 物质在过程中升高温度 ΔT 时所吸收的热量。)

解　(1) $\Delta E = C_V (T_2 - T_1) = \frac{5}{2}(p_2 V_2 - p_1 V_1)$

(2) $\quad W = \frac{1}{2}(p_1 + p_2)(V_2 - V_1)$

W 为梯形面积,根据相似三角形有 $p_1 V_2 = p_2 V_1$,则

$$W = \frac{1}{2}(p_2 V_2 - p_1 V_1)$$

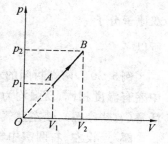

例 5.26 图

(3) $\quad Q = \Delta E + W = 3(p_2 V_2 - p_1 V_1)$

(4) 以上计算对于 $A \to B$ 过程中任一微小状态变化均成立,故过程中

$$\Delta Q = 3\Delta(pV)$$

由状态方程得

$$\Delta(pV) = R\Delta T$$

故

$$\Delta Q = 3R\Delta T$$

摩尔热容

$$C = \Delta Q / \Delta T = 3R$$

例5.27　如果一定量的理想气体,其体积和压强依照 $V = a/\sqrt{p}$ 的规律变化,其中 a 为已知常量。试求:(1)气体从体积 V_1 膨胀到 V_2 所做的功;(2)气体体积为 V_1 时的温度

T_1 与体积为 V_2 时的温度 T_2 之比。

解 （1）
$$dW = pdV = (a^2/V^2)dV$$
$$W = \int dW = \int_{V_1}^{V_2}(a^2/V^2)dV = a^2(1/V_1 - 1/V_2)$$

（2）因为
$$p_1V_1/T_1 = p_2V_2/T_2$$
所以
$$T_1/T_2 = p_1V_1/(p_2V_2)$$
由
$$V_1 = a/\sqrt{p_1}, \quad V_2 = a/\sqrt{p_2}$$
得
$$p_1/p_2 = (V_2/V_1)^2$$
所以
$$T_1/T_2 = (V_2/V_1)^2(V_1/V_2) = V_2/V_1$$

例 5.28 2 mol 氢气（视为理想气体）开始时处于标准状态，后经等温过程从外界吸取了 400 J 的热量，达到末态，求末态的压强。

（普适气体常量 $R = 8.31 \text{ J} \cdot \text{mol}^{-2} \cdot \text{K}^{-1}$）

解 在等温过程中，
$$\Delta T = 0$$
$$Q = (M/M_{mol})RT\ln(V_2/V_1)$$
得
$$\ln\frac{V_2}{V_1} = \frac{Q}{(M/M_{mol})RT} = 0.088\,2$$
即
$$V_2/V_1 = 1.09$$
末态压强
$$p_2 = (V_1/V_2)p_1 = 0.92 \text{ atm}$$

例 5.29 为了使刚性双原子分子理想气体在等压膨胀过程中对外做功 2 J，必须传给气体多少热量？

解 等压过程
$$W = p\Delta V = (M/M_{mol})R\Delta T$$
热力学能增量
$$\Delta E = (M/M_{mol})\frac{1}{2}iR\Delta T = \frac{1}{2}iW$$
双原子分子
$$i = 5$$
所以
$$Q = \Delta E + W = \frac{1}{2}iW + W = 7 \text{ J}$$

例 5.30 两端封闭的水平气缸，被一可动活塞平分为左右两室，每室体积均为 V_0，其中盛有温度相同、压强均为 p_0 的同种理想气体。现保持气体温度不变，用外力缓慢移动活塞（忽略摩擦），使左室气体的体积膨胀为右室的 2 倍，问外力必须做多少功？

解 设左、右两室中气体在等温过程中对外做功分别用 W_1,W_2 表示，外力做功用 W' 表示。由题知气缸总体积为 $2V_0$，左、右两室气体初态体积均为 V_0，末态体积各为 $4V_0/3$ 和 $2V_0/3$。

据等温过程理想气体做功
$$W = (M/M_{mol})RT\ln(V_2/V_1)$$
得
$$W_1 = p_0V_0\ln\frac{4V_0}{3V_0} = p_0V_0\ln\frac{4}{3}$$

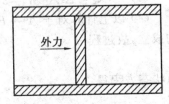

例 5.30 图

$$W_2 = p_0 V_0 \ln \frac{2V_0}{3V_0} = p_0 V_0 \ln \frac{2}{3}$$

现缓慢移动活塞,作用于活塞两边的力应相等,则

$$W' + W_1 = -W_2$$

$$W' = -W_1 - W_2 = -p_0 V_0 \left(\ln \frac{4}{3} + \ln \frac{2}{3} \right) = p_0 V_0 \ln \frac{9}{8}$$

例 5.31　3 mol 温度为 $T_0 = 273$ K 的理想气体,先经等温过程体积膨胀到原来的 5 倍,然后等容加热,使其末态的压强刚好等于初始压强,整个过程传给气体的热量为 $Q = 8 \times 10^4$ J。试画出此过程的 $p-V$ 图,并求这种气体的比热容比 $\gamma = C_p / C_V$ 值。

（普适气体常量 $R = 8.31$ J·mol^{-1}·K^{-1})

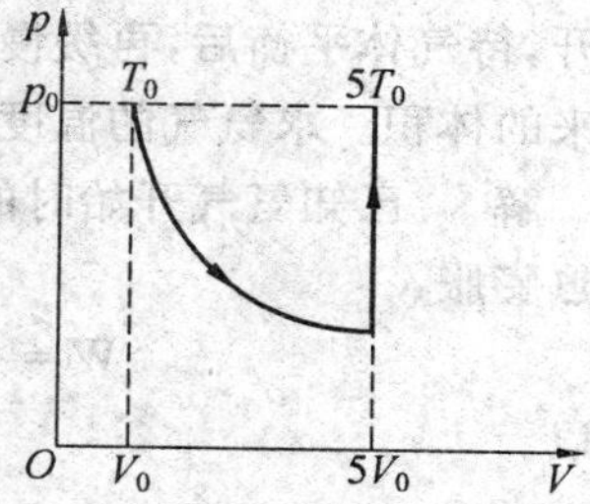

解　初态参量 p_0, V_0, T_0;末态参量 $p_0, 5V_0, T$。

由

$$p_0 V_0 / T_0 = p_0 (5V_0) / T$$

得 $T = 5T_0$。$p-V$ 图如图所示。

等温过程:　　　　　　　　　　　　　$\Delta E = 0$

$$Q_T = W_T = (M/M_{mol}) RT \ln(V_2/V_1) = 3RT_0 \ln 5 = 1.09 \times 10^4 \text{ J}$$

等容过程:　　　　　　　　　　　　　$W_V = 0$

$$Q_V = \Delta E_V = (M/M_{mol}) C_V \Delta T =$$
$$(M/M_{mol}) C_V (4T_0) = 3.28 \times 10^3 C_V$$

由

$$Q = Q_T + Q_V$$

得

$$C_V = (Q - Q_T)/(3.28 \times 10^3) = 21.0 \text{ J·mol}^{-1}\text{·K}^{-1}$$

$$\gamma = \frac{C_p}{C_V} = \frac{C_V + R}{C_V} = 1.40$$

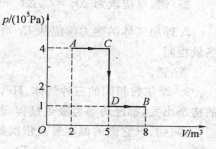
例 5.31 图

例 5.32　气缸内密封有刚性双原子分子理想气体,若经历绝热膨胀后气体的压强减小了一半,求状态变化后的热力学能 E_2 与变化前气体的热力学能 E_1 之比。

解　已知 $p_2 = \frac{1}{2} p_1$,且气体比热容比 $\gamma = 1.4$,则绝热过程

$$V_2 = (p_1/p_2)^{1/\gamma} V_1 = 2^{0.714} V_1$$

故 $E_2/E_1 = T_2/T_1 = p_2 V_2/(p_1 V_1) = 2^{0.714}/2 = 0.82$

例 5.33　一定量的理想气体,从 A 态出发,经 $p-V$ 图中所示的过程到达 B 态,试求在这一过程中,该气体吸收的热量。

解　由图可得

A 态:　　　$p_A V_A = 8 \times 10^5$ J

B 态:　　　$p_B V_B = 8 \times 10^5$ J

因为 $p_A V_A = p_B V_B$,根据理想气体状态方程可知

$$T_A = T_B, \quad \Delta E = 0$$

例 5.33 图

根据热力学第一定律得

$$Q = W = p_A(V_C - V_A) +$$
$$p_B(V_B - V_D) = 1.5 \times 10^6 \text{ J}$$

例 5.34 如图,器壁与活塞均绝热的容器中间被一隔板等分为两部分,其中左边贮有 1 mol 处于标准状态的氦气(He,可视为理想气体),另一边为真空。现先把隔板拉开,待气体平衡后,再缓慢向左推动活塞,把气体压缩到原来的体积。求氦气的温度改变多少?

解 已知氦气开始时的状态为 p_0, V_0, T_0,先向真空绝热膨胀:

$$W = 0, Q = 0 \rightarrow \Delta E = 0 \rightarrow \Delta T = 0$$

所以

$$T_1 = T_0, \quad V_1 = 2V_0$$

由

$$pV = RT, \quad p_1 = \frac{1}{2}p_0$$

再做绝热压缩,气体状态由 p_1, V_1, T_1 变为 p_2, V_0, T_2

$$p_2 V_0^{\gamma} = p_1 V_1^{\gamma} = \frac{1}{2}p_0(2V_0)^{\gamma}$$

所以

$$p_2 = 2^{\gamma-1}p_0$$

再由

$$p_2 V_0 / T_2 = p_0 V_0 / T_0$$

可得

$$T_2 = 2^{\gamma-1} T_0$$

氦气

$$\gamma = 5/3, \quad T_2 = 4^{1/3} T_0$$

所以温度升高

$$\Delta T = T_2 - T_0 = (4^{1/3} - 1)T_0$$

$$T_0 = 273 \text{ K}, \quad \Delta T = 160 \text{ K}$$

例 5.35 判断以下表述是否正确?

1. 1 mol 单原子分子理想气体在定压下温度增加 ΔT 时,热力学能的增量

$$\Delta E = C_p \cdot \Delta T = \frac{5}{2}R\Delta T$$

答:错。(应改为 $\Delta E = C_V \Delta T = \frac{3}{2}R\Delta T$。)

2. 理想气体的热力学能从 E_1 增大到 E_2 时,对应于等容、等压、绝热三种过程吸收的热量相同。

答:错。

3. 摩尔数相同的三种气体:He,N_2,CO_2(均视为刚性分子的理想气体),它们从相同的初态出发,都经历等容吸热过程,若吸取相同的热量,则三者的温度升高相同。

答:错。(它们的温度升高依次是

$$(\Delta T)_{He} > (\Delta T)_{N_2} > (\Delta T)_{CO_2})$$

4. 摩尔数相同的三种气体:He,N_2,CO_2(均视为刚性分子的理想气体),它们从相同的初态出发,都经历等容吸热过程,若吸取相同的热量,则三者压强的增加相同。

答:错。(它们的压强增加依次是

$$(\Delta p)_{He} > (\Delta p)_{N_2} > (\Delta p)_{CO_2} \text{ 或}(\Delta p)_{He} = \frac{5}{3}(\Delta p)_{N_2} = 2(\Delta p)_{CO_2})$$

5.质量为 M 的氦气(视为理想气体),由初态经历等容过程,温度升高了 ΔT。气体热力学能的改变为 $\Delta E_V = (M/M_{mol})C_V\Delta T$。

答:正确。

6.质量为 M 的氦气(视为理想气体),由初态经历等压过程,温度升高了 ΔT。气体热力学能的改变为 $\Delta E_p = (M/M_{mol})C_p\Delta T$。

答:错。

7.质量为 M 的氦气(视为理想气体),由同一初态经历下列两种过程(1) 等容过程;(2) 等压过程,温度升高了 ΔT。要比较这两种过程中气体热力学能的改变,有一种解答如下:

(1) 等容过程 $\Delta E_V = (M/M_{mol})C_V\Delta T$ (2) 等压过程 $\Delta E_p = (M/M_{mol})C_p\Delta T$

因为 $C_p > C_V$　　　所以 $\Delta E_p > \Delta E_V$

以上解答是否正确?

答:错。(理想气体的热力学能是状态(温度)的单值函数,在准静态过程中,ΔE 只与系统的始、末温度有关,与过程无关。)

8.摩尔数相同的氦气和氮气(视为理想气体),从相同的初状态(即 p,V,T 相同)开始做等压膨胀到同一末状态。则对外所做的功相同。

答:正确。

9.摩尔数相同的氦气和氮气(视为理想气体),从相同的初状态(即 p,V,T 相同)开始做等压膨胀到同一末状态。则从外界吸收的热量相同。

答:错。(等压过程 $Q_p = C_p\Delta T$,而 $C_p = \frac{i+2}{i} \cdot R$,与自由度有关,又由题设 ΔT 相同,故自由度大的气体,即氮气吸热较多。)

10. 摩尔数相同的氦气和氮气(视为理想气体),从相同的初状态(即 p,V,T 相同)开始做等压膨胀到同一末状态。则气体分子平均速率的增量相同。

答:错。($\bar{v} = (8RT/\pi M_{mol})^{\frac{1}{2}}$

$$\Delta \bar{v} = (8RT/\pi M_{mol})^{\frac{1}{2}}(T_2^{\frac{1}{2}} - T_1^{\frac{1}{2}})$$

$$(M_{mol})_{He} < (M_{mol})_{N_2}$$

因

故氮气分子平均速率增量较小,而氦分子的平均速率的增量较大)

11.理想气体经等体积加热时,热力学能减少,同时压强升高。这样的过程可能发生。

答:不可能。(因为 $dV = 0$,则 $dQ = dE$,等体积加热 $dQ > 0$,所以 $dE > 0$,即热力学能只有增加而不可能减少)

12.理想气体经等温压缩时,压强升高,同时吸热。这样的过程可能发生。

答:不可能。

(因为据 $pV = C$,V 减小则 p 增大,但 $dT = 0$,则 $dW = pdV < 0$,$dQ = dW < 0$,即只能放热而不可能吸热。)

13. 理想气体经绝热压缩时,压强升高,同时热力学能增加。这样的过程可能发生。

答:可能。(因为据绝热方程,V 减小则 p 增大;又 $dQ=0$,则 $dW=pdV=-dE<0$,所以 $dE>0$,即热力学能增加。)

14. 理想气体经等压压缩时,热力学能增加,同时吸热。这样的过程可能发生。

答:不可能(因为 $dp=0$,$dW=pdV=(M/M_{mol})RdT<0$,$dE=(M/M_{mol})C_V dT<0$,即热力学能减少而不可能增加,且 $dQ=dE+dW$,即气体放热而不可能吸热。)

15. 理想气体的热力学能从 E_1 增加到 E_2 时,对应于等容、等压、绝热三种过程的温度变化相同。

答:正确。

四、习 题

5.1 有两个相同的容器,容积固定不变,一个盛有氦气,另一个盛有氢气(看成刚性分子的理想气体),它们的压强和温度都相等。现将 5 J 的热量传给氢气,使氢气温度升高,如果使氦气也升高同样的温度,则应向氦气传递的热量是(   )

(A) 6 J

(B) 5 J

(C) 3 J

(D) 2 J

5.2 质量一定的理想气体,从相同状态出发,分别经历等温过程、等压过程和绝热过程,使其体积增加一倍,那么气体温度的改变(绝对值)在(   )

(A) 绝热过程中最大,等压过程中最小

(B) 绝热过程中最大,等温过程中最小

(C) 等压过程中最大,绝热过程中最小

(D) 等压过程中最大,等温过程中最小

5.3 一定量的理想气体分别由初态 a 经①过程 ab 和初态 a' 经②过程 $a'cb$ 到达相同的终态 b,如 $p-T$ 图所示,则两过程中气体从外界吸收的热量 Q_1,Q_2 的关系为(   )

(A) $Q_1<0$,$Q_1>Q_2$

(B) $Q_1>0$,$Q_1>Q_2$

(C) $Q_1<0$,$Q_1<Q_2$

(D) $Q_1>0$,$Q_1<Q_2$

5.4 一定量的理想气体经历的循环过程用 $V-T$ 曲线表示如图,在此循环过程中,气体从外界吸热的过程是(   )

(A) $A \rightarrow B$

(B) $B \rightarrow C$

(C) $C \rightarrow A$

(D) $B \rightarrow C$ 和 $C \rightarrow A$

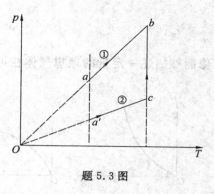 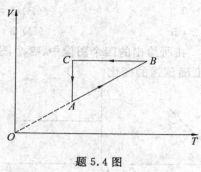

题 5.3 图　　　　　　　　　题 5.4 图

5.5　根据热力学第二定律可知(　　)

(A) 功可以全部转换为热,但热不能全部转换为功

(B) 热可以从高温物体传到低温物体,但不能从低温物体传到高温物体

(C) 不可逆过程就是不能向相反方向进行的过程

(D) 一切自发过程都是不可逆的

5.6　一绝热容器被隔板分成两半,一半是真空,另一半是理想气体,若把隔板抽出,气体将进行自由膨胀,达到平衡后(　　)

(A) 温度不变,熵增加

(B) 温度升高,熵增加

(C) 温度降低,熵增加

(D) 温度不变,熵不变

5.7　一定量的理想气体,分别经历如图(a) 所示的 abc 过程(图中虚线 ac 为等温线),如图(b)所示的 def 过程(图中虚线 df 为绝热线)。判断这两种过程是吸热还是放热(　　)

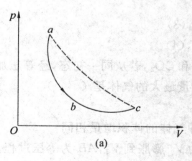 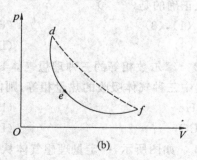

(a)　　　　　　　　　　　(b)

题 5.7 图

(A) abc 过程吸热,def 过程放热

(B) abc 过程放热,def 过程吸热

(C) abc 过程和 def 过程都吸热

(D) abc 过程和 def 过程都放热

5.8　对于室温下的双原子分子理想气体,在等压膨胀的情况下,系统对外所做的功与从外界吸收的热量之比 $A:Q$ 等于(　　)

(A) 1 : 3   (B) 1 : 4

(C) 2 : 5   (D) 2 : 7

5.9 在所给出的四个图像中,哪个图像能够描述一定量的理想气体在可逆绝热过程中,密度随压强的变化(　　)

(A)   (B)   (C)   (D)

5.10 所列四图分别表示某人设想的理想气体的四个循环过程,哪个图在物理上可能实现循环过程(　　)

(A)   (B)   (C)   (D)

5.11 一定量理想气体,经历某过程后,它的温度升高了,则根据热力学定理可以断定:

(1) 该理想气体系统在此过程中做了功

(2) 在此过程中外界对该理想气体系统做了正功

(3) 该理想气体系统的热力学能增加了

(4) 在此过程中理想气体系统既从外界吸了热,又对外做了正功

以上正确的是(　　)

(A) (1),(3)   (B) (2),(3)

(C) (3)   (D) (3),(4)

5.12 摩尔数相等的三种理想气体 He,N_2 和 CO_2,若从同一初态,经等压加热,且在加热过程中三种气体吸收的热量相等,则体积增量最大的气体是(　　)

(A) He   (B) N_2

(C) CO_2 (D) 三种气体的体积增量相同

5.13 如图所示,一定量理想气体从体积为 V_1 膨胀到 V_2,AB 为等压过程,AC 为等温过程,AD 为绝热过程。则吸热最多的是(　　)

(A) AB 过程   (B) AC 过程

(C) AD 过程   (D) 不能确定

5.14 卡诺热机的循环曲线所包围的面积从图中 $abcda$ 增大为 $ab'c'da$,那么循环 $abcda$ 与 $ab'c'da$ 所做的净功和热机效率的变化情况是(　　)

(A) 净功增大,效率提高   (B) 净功增大,效率降低

(C) 净功和效率都不变   (D) 净功增大,效率不变

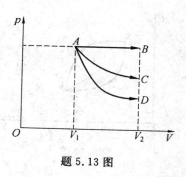

题 5.13 图

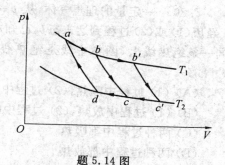

题 5.14 图

5.15　根据热力学第二定律判断下列说法正确的是(　　)

(A) 热量能从高温物体传到低温物体,但不能从低温物体传到高温物体

(B) 功可以全部变为热,但热不能全部变为功

(C) 气体能够自由膨胀,但不能自由压缩

(D) 有规则运动的能量能够变为无规则运动的能量,但无规则运动的能量不能够变为有规则运动的能量

5.16　理想气体向真空做绝热膨胀(　　)

(A) 膨胀后,温度不变,压强减小

(B) 膨胀后,温度降低,压强减小

(C) 膨胀后,温度升高,压强减小

(D) 膨胀后,温度不变,压强不变

5.17　1 mol 的单原子分子理想气体从状态 A 变为状态 B,如果不知是什么气体,变化过程也不知道,但 A,B 两态的压强、体积和温度都知道,则可求出(　　)

(A) 气体所做的功　　　　　　(B) 气体热力学能的变化

(C) 气体传给外界的热量　　　(D) 气体的质量

5.18　有人设计一台卡诺热机(可逆的)。每循环一次可从 400 K 的高温热源吸热 1 800 J,向 300 K 的低温热源放热 800 J。同时对外做功 1 000 J,这样的设计是(　　)

(A) 可以的,符合热力学第一定律

(B) 可以的,符合热力学第二定律

(C) 不行的,卡诺循环所做的功不能大于向低温热源放出的热量

(D) 不行的,这个热机的效率超过理论值

5.19　一定量的理想气体,从 a 态出发经过 ① 或 ② 过程到达 b 态,acb 为等温线(如图),则 ①,② 两过程中外界对系统传递的热量 Q_1,Q_2 是(　　)

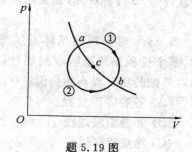

题 5.19 图

(A) $Q_1 > 0,Q_2 > 0$

(B) $Q_1 < 0,Q_2 < 0$

(C) $Q_1 > 0,Q_2 < 0$

(D) $Q_1 < 0,Q_2 > 0$

5.20　一定量的理想气体,从 $p-V$ 图上初态 a 经历(1)或(2)过程到达末态 b,已知 a,b 两态处于同一条绝热线上(图中虚线是绝热线),则气体在(　　)

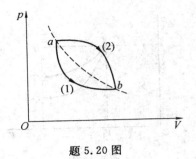

题 5.20 图

(A) (1) 过程中吸热,(2) 过程中放热

(B) (1) 过程中放热,(2) 过程中吸热

(C) 两种过程中都吸热

(D) 两种过程中都放热

5.21　1 mol 理想气体从 $p-V$ 图上初态 a 分别经历如图所示的(1)或(2)过程到达末态 b。已知 $T_a < T_b$,则这两个过程中气体吸收的热量 Q_1 和 Q_2 的关系是(　　)

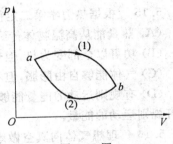

题 5.21 图

(A)$Q_1 > Q_2 > 0$

(B)$Q_2 > Q_1 > 0$

(C)$Q_2 < Q_1 < 0$

(D)$Q_1 < Q_2 < 0$

(E)$Q_1 = Q_2 > 0$

5.22　如图,bca 为理想气体绝热过程,$b1a$ 和 $b2a$ 是任意过程,则上述两过程中气体做功与吸收热量的情况是(　　)

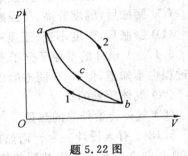

题 5.22 图

(A)$b1a$ 过程放热,做负功;$b2a$ 过程放热,做负功

(B)$b1a$ 过程吸热,做负功;$b2a$ 过程放热,做负功

(C)$b1a$ 过程吸热,做正功;$b2a$ 过程吸热,做负功

(D)$b1a$ 过程放热,做正功;$b2a$ 过程吸热,做正功

5.23　对于理想气体系统来说,在下列过程中,哪个过程系统所吸收的热量、热力学能的增量和对外做的功三者均为负值?(　　)

(A) 等容降压过程

(B) 等温膨胀过程

(C) 绝热膨胀过程

(D) 等压压缩过程

5.24　理想气体经历如图所示的 abc 平衡过程,则该系统对外做功 W,从外界吸收的热量 Q 和热力学能的增量 ΔE 的正负情况为(　　)

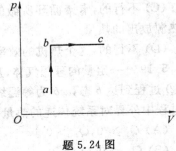

题 5.24 图

(A)$\Delta E > 0, Q > 0, W < 0$　　　　(B)$\Delta E > 0, Q > 0, W > 0$

(C)$\Delta E > 0, Q < 0, W < 0$　　　　(D)$\Delta E < 0, Q < 0, W < 0$

5.25　一物质系统从外界吸收一定的热量,则(　　)

(A) 系统的热力学能一定增加

(B) 系统的热力学能一定减少

(C) 系统的热力学能一定保持不变

(D) 系统的热力学能可能增加,也可能减少或保持不变

5.26　一物质系统从外界吸收一定的热量,则(　　)

(A) 系统的温度一定升高

(B) 系统的温度一定降低

(C) 系统的温度一定保持不变

(D) 系统的温度可能升高,也可能降低或保持不变

5.27　两个完全相同的气缸内盛有同种气体,设其初始状态相同,今使它们分别做绝热压缩至相同的体积,其中气缸 1 内的压缩过程是非准静态过程,而气缸 2 内的压缩过程则是准静态过程。比较这两种情况的温度变化(　　)

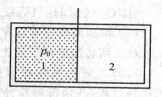

题 5.27 图

(A) 气缸 1 和 2 内气体的温度变化相同

(B) 气缸 1 内的气体较气缸 2 内的气体的温度变化大

(C) 气缸 1 内的气体较气缸 2 内的气体的温度变化小

(D) 气缸 1 和 2 内气体的温度无变化

5.28　氦气、氮气、水蒸气(均视为刚性分子理想气体),它们的摩尔数相同,初始状态相同,若使它们在体积不变情况下吸收相等的热量,则(　　)

(A) 它们的温度升高相同,压强增加相同

(B) 它们的温度升高相同,压强增加不相同

(C) 它们的温度升高不相同,压强增加不相同

(D) 它们的温度升高不相同,压强增加相同

5.29　热力学第一定律表明(　　)

(A) 系统对外做的功不可能大于系统从外界吸收的热量

(B) 系统热力学能的增量等于系统从外界吸收的热量

(C) 不可能存在这样的循环过程,在此循环过程中,外界对系统做的功不等于系统传给外界的热量

(D) 热机的效率不可能等于 1

5.30　一定量的理想气体,经历某过程后,温度升高了。则根据热力学定律可以断定

(1) 该理想气体系统在此过程中吸了热

(2) 在此过程中外界对该理想气体系统做了正功

(3) 该理想气体系统的热力学能增加了

（4）在此过程中理想气体系统既从外界吸了热，又对外做了正功

以上正确的断言是（　　）

(A)（1），（3）　　　　　　　　(B)（2），（3）

(C)（3）　　　　　　　　　　　(D)（3），（4）

(E)（4）

5.31　一个绝热容器，用质量可忽略的绝热板分成体积相等的两部分。两边分别装入质量相等、温度相同的 H_2 气和 O_2 气。开始时绝热板 P 固定。然后释放之，板 P 将发生移动（绝热板与容器壁之间不漏气且摩擦可以忽略不计），在达到新的平衡位置后，若比较两边温度的高低，则结果是（　　）

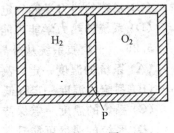

题 5.31 图

(A)H_2 气比 O_2 气温度高

(B)O_2 气比 H_2 气温度高

(C) 两边温度相等且等于原来的温度

(D) 两边温度相等但比原来的温度降低了

5.32　理想气体经历如图中实线所示的循环过程，两条等容线分别和该循环过程曲线相切于 a,c 点，两条等温线分别和该循环过程曲线相切于 b,d 点。a,b,c,d 将该循环过程分成了 ab,bc,cd,da 四个阶段，则该四个阶段中从图上可肯定为放热的阶段为（　　）

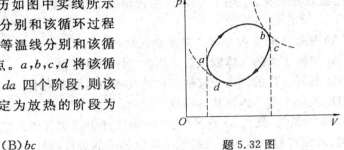

题 5.32 图

(A)ab　　　　　　　　(B)bc

(C)cd　　　　　　　　(D)da

5.33　一定量的某种理想气体起始温度为 T，体积为 V，该气体在下面循环过程中经过三个平衡过程：(1) 绝热膨胀到体积为 $2V$，(2) 等容变化使温度恢复为 T，(3) 等温压缩到原来体积 V，则此整个循环过程中（　　）

(A) 气体向外界放热

(B) 气体对外界做正功

(C) 气体热力学能增加

(D) 气体热力学能减少

5.34　理想气体卡诺循环过程的两条绝热线下的面积大小（图中阴影部分）分别为 S_1 和 S_2，则两者的大小关系为（　　）

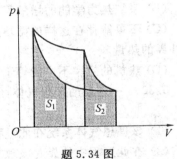

题 5.34 图

(A)$S_1 > S_2$

(B)$S_1 < S_2$

(C)$S_1 = S_2$

(D) 无法确定

5.35　1 mol 理想气体(设 $\gamma = C_p/C_v$ 为已知)的循环过程如 T-V 图所示,其中 CA 为绝热过程,点 A 的状态参量 (T_1, V_1) 和点 B 的状态参量 (T_1, V_2) 为已知,试求点 C 的状态参量: $V_C =$ _____ ; $T_C =$ _____ ; $p_C =$ _____ 。

5.36　图示为以理想气体几种状态变化过程的 p-V 图,其中 MT 为等温线, MQ 为绝热线,在 AM, BM, CM 三种准静态过程中:

(1) 温度降低的是 _____ 过程; (2) 气体放热的是 _____ 过程。

5.37　一定量的理想气体,从同一状态开始使其体积由 V_1 膨胀到 $2V_1$ 分别经历以下三种过程: (1) 等压过程; (2) 等温过程; (3) 绝热过程。其中: _____ 过程气体对外做功最多; _____ 过程气体热力学能增加最多; _____ 过程气体吸收的热量最多。

5.38　如图所示, AB, CD 是绝热过程, DEA 是等温过程, BEC 是任意过程,组成一循环过程。若图中 ECD 所包围的面积为 70 J, EAB 所包围的面积为 30 J, DEA 过程中系统放热 100 J,则

(1) 整个循环过程($ABCDEA$)中系统对外做功为 _____ ;

(2) BEC 过程中系统从外界吸热为 _____ 。

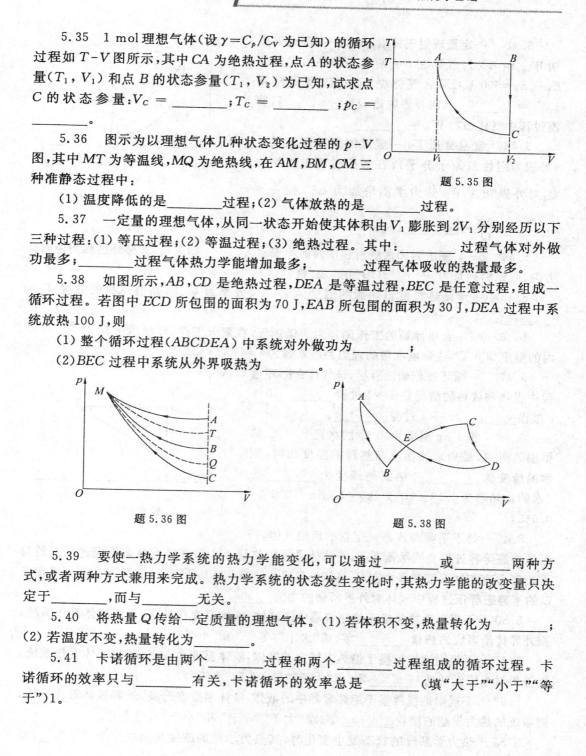

题 5.35 图

题 5.36 图

题 5.38 图

5.39　要使一热力学系统的热力学能变化,可以通过 _____ 或 _____ 两种方式,或者两种方式兼用来完成。热力学系统的状态发生变化时,其热力学能的改变量只决定于 _____ ,而与 _____ 无关。

5.40　将热量 Q 传给一定质量的理想气体。(1) 若体积不变,热量转化为 _____ ; (2) 若温度不变,热量转化为 _____ 。

5.41　卡诺循环是由两个 _____ 过程和两个 _____ 过程组成的循环过程。卡诺循环的效率只与 _____ 有关,卡诺循环的效率总是 _____ (填"大于""小于""等于")1。

5.42 一定量理想气体沿 $a \to b \to c$ 变化时做功 $W_{abc} = 615$ J，气体在 b,c 两状态的热力学能差 $E_b - E_c = 500$ J。那么气体循环一周，所做净功 $|W| = \underline{\qquad}$ J，向外界放热 $Q = \underline{\qquad}$ J，等温过程中气体做功 $W_{ab} = \underline{\qquad}$ J。

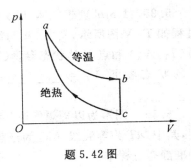

题 5.42 图

5.43 常温常压下，一定量的某种理想气体（可视为刚性双原子分子），在等压过程中吸热为 Q，对外做功为 W，热力学能增加为 ΔE，则 $\dfrac{W}{Q} = \underline{\qquad}$，$\dfrac{\Delta E}{Q} = \underline{\qquad}$。

5.44 $p-V$ 图上封闭曲线所包围的面积表示 $\underline{\qquad}$ 物理量，若循环过程为逆时针方向，则该物理量为 $\underline{\qquad}$（填"正"或"负"）。

5.45 一卡诺热机低温热源的温度为 27 ℃，效率为 40%，高温热源的温度 $T_1 = \underline{\qquad}$。

5.46 设一台电冰箱的工作循环为卡诺循环，在夏天工作，环境温度在 35 ℃，冰箱内的温度为 0 ℃，这台电冰箱的理想制冷系数为 $e = \underline{\qquad}$。

5.47 一循环过程如图所示，该气体在循环过程中吸热和放热的情况是 $a \to b$ 过程 $\underline{\qquad}$，$b \to c$ 过程 $\underline{\qquad}$，$c \to a$ 过程 $\underline{\qquad}$。

5.48 将 1 kg 温度为 10 ℃ 的水置于 20 ℃ 的恒温热源内，最后水的温度与热源的温度相同，则水的熵变为 $\underline{\qquad}$，热源的熵变为 $\underline{\qquad}$。（水的比热容为 4.18×10^3 J/(kg·K)，$\ln 1.035\,3 = 0.035$）

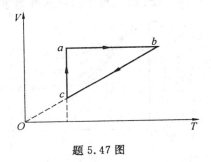

题 5.47 图

5.49 处于平衡态 A 的一定量的理想气体，若经准静态等容过程变到平衡态 B，将从外界吸收热量 416 J，若经准静态等压过程变到与平衡态 B 有相同温度的平衡态 C，将从外界吸收热量 582 J，所以，从平衡态 A 变到平衡态 C 的准静态等压过程中气体对外界所做的功为 $\underline{\qquad}$。

5.50 不规则地搅拌盛于绝热容器中的液体，液体温度在升高，若将液体看作系统，则外界传给系统的热量 $\underline{\qquad}$ 零（填"大于""等于"和"小于"）。

5.51 不规则地搅拌盛于绝热容器中的液体，液体温度在升高，若将液体看作系统，则外界对系统做的功 $\underline{\qquad}$ 零（填"大于""等于"和"小于"）。

5.52 不规则地搅拌盛于绝热容器中的液体，液体温度在升高，若将液体看作系统，则系统的热力学能的增量 $\underline{\qquad}$ 零（填"大于""等于"和"小于"）。

5.53 热力学系统的状态发生变化时，其热力学能的改变量只决定于 $\underline{\qquad}$，而与 $\underline{\qquad}$ 无关。

5.54 某理想气体等温压缩到给定体积时外界对气体做功 $|W_1|$，又经绝热膨胀返

回原来体积时气体对外做功 $|W_2|$，则整个过程中气体从外界吸收的热量 $Q=$ _____。

5.55　某理想气体等温压缩到给定体积时外界对气体做功 $|W_1|$，又经绝热膨胀返回原来体积时气体对外做功 $|W_2|$，则整个过程中气体热力学能增加了 $\Delta E=$ _____。

5.56　同一种理想气体的摩尔定压热容 C_p 大于摩尔定容热容 C_V，其原因是 _____。

5.57　一定量的理想气体，从状态 A 出发，分别经历等压、等温、绝热三种过程由体积 V_1 膨胀到体积 V_2。在上述三种过程中：气体的热力学能增加的是 _____ 过程；气体的热力学能减少的是 _____ 过程。

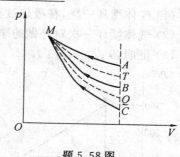

5.58　右图为一理想气体几种状态变化过程的 $p-V$ 图，其中 MT 为等温线，MQ 为绝热线，在 AM,BM,CM 三种准静态过程中：温度升高的是 _____ 过程；气体吸热的是 _____ 过程。

题 5.58 图

5.59　在大气中有一绝热气缸，其中装有一定量的理想气体，然后用电炉徐徐供热（如图所示），使活塞（无摩擦地）缓慢上升。在此过程中，气体热力学能 _____（选用"变大""变小"或"不变"填空）。

5.60　一定量理想气体，从同一状态开始使其体积由 V_1 膨胀到 $2V_1$，分别经历以下三种过程：(1) 等压过程；(2) 等温过程；(3) 绝热过程。其中 _____ 过程气体热力学能增加最多。

5.61　一定量理想气体，从同一状态开始把其体积由 V_0 压缩到 $\frac{1}{2}V_0$，分别经历以下三种过程：(1) 等压过程；(2) 等温过程；(3) 绝热过程。其中：_____ 过程外界对气体做功最多。

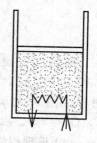

题 5.59 图

5.62　一定量理想气体，从同一状态开始把其体积由 V_0 压缩到 $\frac{1}{2}V_0$，分别经历以下三种过程：(1) 等压过程；(2) 等温过程；(3) 绝热过程。其中：_____ 过程气体热力学能减少最多。

5.63　一定量理想气体，从同一状态开始把其体积由 V_0 压缩到 $\frac{1}{2}V_0$，分别经历以下三种过程：(1) 等压过程；(2) 等温过程；(3) 绝热过程。其中：_____ 过程气体放热最多。

5.64　1 mol 理想气体在 $T_1=400$ K 的高温热源与 $T_2=300$ K 的低温热源间做卡诺循环（可逆的）。在 400 K 的等温线上起始体积为 $V_1=0.001$ m³，终止体积为 $V_2=0.005$ m³，试求此气体在每一循环中：

(1) 从高温热源吸收的热量 Q_1；

(2) 气体所做的净功 A；

(3) 气体传给低温热源的热量 Q_2。

5.65　一定量的某种理想气体进行如图所示的循环过程。已知气体在状态 A 的温

度 $T_A = 300$ K,求:

(1) 气体在状态 B,C 的温度;

(2) 各过程中气体对外所做的功;

(3) 经过整个循环过程,气体从外界吸收的总热量(各过程吸热的代数和)。

5.66　如图所示,$abcda$ 为 1 mol 单原子分子理想气体的循环过程,求:

(1) 气体循环一次,在吸热过程中从外界共吸收的热量;

(2) 气体循环一次对外做的净功;

(3) 证明:$T_a T_c = T_b T_d$。

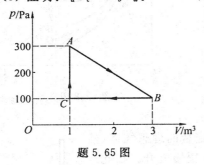

题 5.65 图

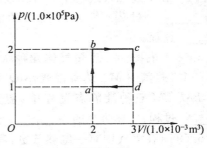

题 5.66 图

5.67　一定量的某种理想气体,初态压强、体积、温度分别为 $p_0 = 1.2 \times 10^6$ Pa, $V_0 = 8.31 \times 10^{-3}$ m^3, $T_0 = 300$ K,后经过一等容过程,温度升高到 $T_1 = 450$ K,再经过一等温过程,压强降到 $p = p_0$ 的末态,已知该理想气体的摩尔定压热容与摩尔定容热容之比 $C_p/C_V = 5/3$。求:

(1) 该理想气体的摩尔定压热容 C_p 和摩尔定容热容 C_V;

(2) 气体从开始态到末态的全过程中从外界吸收的热量。

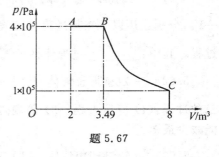

题 5.67

5.68　为了测定气体的比热容比 $\gamma = C_p/C_V$,有时采用下列方法:一定量的气体,初始温度、体积、压强分别为 T_0, V_0, p_0,用同一根通电铂丝对它加热,设两次加热的电流和通电时间相同;第一次保持 V_0 不变,而温度和压强分别为 T_1 和 p_1;第二次保持压强 p_0 不变,而温度和体积分别为 T_2 和 V_1。试证明:$\gamma = \dfrac{(p_1 - p_0)V_0}{(V_1 - V_0)p_0}$。

5.69　将 500 J 的热量传给标准状态下 2 mol 的氢。

(1) 若体积不变,问这热量变为什么?氢的温度变为多少?

(2) 若温度不变,问这热量变为什么?氢的压强及体积各变为多少?

(3) 若压强不变,问这热量变为什么?氢的温度及体积各变为多少?

5.70　一热机每秒从高温热源($T_1 = 600$ K)吸收热量 $Q_1 = 3.34 \times 10^4$ J,做功后向低温热源($T_1 = 300$ K)放出热量 $Q_2 = 2.09 \times 10^4$ J。

（1）问它的效率是多少？它是不是可逆机？

（2）如果尽可能地提高了热机的效率，若每秒从高温热源吸热 3.34×10^4 J，则每秒最多做多少功？

5.71　如果利用海水不同深度的温度差来制造热机，已知表层海水的温度为25 ℃，300 m 深的海水温度为 5 ℃，那么：（1）在这两个温度之间工作的卡诺热机的效率为多大？（2）设想一电站在此最大理论效率下工作时获得的机械功率是 1 MW，则它将以多大的速率排出废热？

5.72　将一压强为 1.0×10^5 Pa，体积为 1.0×10^{-3} m³ 的氧气自 0 ℃ 加热到 100 ℃，问：当压强不变时，需要多少热量？当体积不变时，需要多少热量？

五、习题答案

5.1　（C）

5.2　（D）

5.3　（B）

5.4　（A）

5.5　（D）

5.6　（A）

5.7　（A）

5.8　（D）

5.9　（D）

5.10　（B）

5.11　（C）

5.12　（A）

5.13　（A）

5.14　（D）

5.15　（C）

5.16　（A）

5.17　（B）

5.18　（D）

5.19　（A）

5.20　（B）

5.21　（A）

5.22　（B）

5.23　（D）

5.24　（B）

5.25　（D）

5.26　（D）

5.27　（B）

5.28　(C)

5.29　(C)

5.30　(C)

5.31　(B)

5.32　(C)

5.33　(A)

5.34　(C)

5.35　V_2，$(V_1/V_2)^{\gamma-1}T_1$，$(RT_1/V_2)(V_1/V_2)^{\gamma-1}$

5.36　AM，AM 和 BM

5.37　等压,等压,等压

5.38　40 J,140 J

5.39　做功,传热,始末状态,过程

5.40　理想气体的热力学能,对外做功

5.41　绝热,等温,热源温度,小于

5.42　115 J,500 J,615 J

5.43　$\dfrac{2}{7}$，$\dfrac{5}{7}$

5.44　功,负

5.45　500 K

5.46　7.8

5.47　吸热,放热,吸热

5.48　146.3 J·K^{-1}，　−142.7 J·K^{-1}

5.49　166 J

5.50　等于

5.51　大于

5.52　大于

5.53　热力学状态,过程

5.54　$-|W_1|$

5.55　$|W_2|-|W_1|$

5.56　等压过程吸热使系统温度升高的同时还要对外做功,而等容过程吸热只用来提高系统温度。

5.57　等压,绝热

5.58　AM，BM 和 CM

5.59　变大

5.60　等压

5.61　等压

5.62　等压

5.63　等压

5.64　(1)5.35×10^3J　(2)1.35×10^3J　(3)4.0×10^3J

5.65　(1)$T_C = 100$ K,$T_B = 300$ K

(2)$A \rightarrow B$　400 J,$B \rightarrow C$　-200 J,$C \rightarrow A$　0

(3)200 J

5.66　(1)800 J　(2)100 J　(3)略

5.67　(1)$\frac{5}{2}R$,$\frac{3}{2}R$　(2)1.35×10^4J

5.68　略

5.69　(1)吸收的热量变为热力学能的增量;285 K

(2)吸收的热量全部用来对外做功;9.1×10^4Pa;5.0×10^{-2}m³

(3)热量一部分使热力学能增加,另一部分用来对外做功;281.6 K;4.62×10^{-2}m³

5.70　(1)37.4%,不是可逆热机　(2)1.67×10^4J

5.71　(1)6.71%　(2)1.39×10^7J·s^{-1}

5.72　128.1 J,91.5 J

第 6 章

气体动理论

一、基本要求

1. 了解气体分子热运动的图像。

2. 理解理想气体的压强公式和温度公式,通过推导气体压强公式,了解从提出模型、进行统计平均、建立宏观量与微观量的联系,到阐明宏观量的微观本质的思想和方法,能从宏观和微观两方面理解压强和温度的概念,了解系统的宏观性质是微观运动的统计表现。

3. 了解自由度概念,理解能量均分定理,会计算理想气体(刚性分子模型)的摩尔定容热容、摩尔定压热容和热力学能。

4. 了解麦克斯韦速率分布率、速率分布函数和速率分布曲线的物理意义。了解气体分子热运动的三种统计速率。了解玻耳兹曼能量分布速率和重力场中气压公式。

5. 了解气体分子平均碰撞次数和平均自由程。

6. 了解热力学第二定律的统计意义及玻耳兹曼熵关系式。

二、基本概念及规律

1. 气体分子热运动的统计规律性

当气体处于平衡态时,个别分子的运动状态具有偶然性,而大量分子的整体表现都是有规律的,这种规律性来自大量偶然事件的集合,这就是所谓的统计规律性。

2. 理想气体的压强公式

$p = \dfrac{2}{3} n \overline{\epsilon_k}$,其中 n 为分子数密度;而 $\overline{\epsilon_k}$ 就是分子的平均平动动能,即 $\overline{\epsilon_k} = \dfrac{1}{2} m \overline{v^2}$。

理想气体的温度公式:$\overline{\epsilon_k} = \dfrac{3}{2} kT$

3. 能量均分定理

气体处于平衡态时,分子在任何一个自由度(可能的一种运动方式)对应的平均能量均为 $\dfrac{1}{2} kT$。若某分子有 i 个自由度,则其平均能量为 $\overline{\epsilon} = \dfrac{i}{2} kT$。

4.理想气体的热力学能和摩尔热容

理想气体的热力学能:$E = \dfrac{m}{M} \dfrac{i}{2} RT$

摩尔定容热容和摩尔定压热容分别为

$$C_V = \dfrac{i}{2}R, \quad C_p = \dfrac{i+2}{2}R$$

摩尔热容比为:$\gamma = \dfrac{C_p}{C_V} = \dfrac{i+2}{i}$

5.分子速率分布函数

$$f(v) = \dfrac{\mathrm{d}N}{N\mathrm{d}v}$$

其物理意义是:分布函数表示分布在 v 附近单位速率区间的分子数占总分子数的百分比。

满足归一化条件:$\displaystyle\int_0^{+\infty} f(v)\,\mathrm{d}v = 1$

它表示速率分布曲线下的总面积是 1,即表示分子在整个速率区间$(0, +\infty)$的分子数的百分率总和为 1。

6.麦克斯韦速率分布率

理想气体在平衡态下,分子速率在 $v \rightarrow v + \mathrm{d}v$ 区间内的分子数占总分子数的比例:

$$\dfrac{\mathrm{d}N}{N} = 4\pi \left(\dfrac{m}{2\pi kT}\right)^{\frac{3}{2}} \mathrm{e}^{-\frac{mv^2}{2kT}} v^2 \mathrm{d}v = f(v)\,\mathrm{d}v$$

7.三种特征速率

最概然速率:$v_p = \sqrt{\dfrac{2kT}{m}} = \sqrt{\dfrac{2RT}{M}} \approx 1.41\sqrt{\dfrac{RT}{M}}$

平均速率:$\bar{v} = \sqrt{\dfrac{8kT}{\pi m}} = \sqrt{\dfrac{8RT}{\pi M}} \approx 1.60\sqrt{\dfrac{RT}{M}}$

方均根速率:$\sqrt{\overline{v^2}} = \sqrt{\dfrac{3kT}{m}} = \sqrt{\dfrac{3RT}{M}} \approx 1.73\sqrt{\dfrac{RT}{M}}$

8.玻耳兹曼分布率

重力场中气体分子数密度(或实物微粒)随高度的分布式:$n = n_0 \mathrm{e}^{-\frac{mgh}{kT}}$,其中 n_0 为高度为 0 处的气体分子数密度,n 为高度为 h 处的气体分子数密度。

等温气压公式为:$p = p_0 \mathrm{e}^{-\frac{mgh}{kT}}$,式中 p_0 和 p 分别表示高度为 0 和高度为 h 处大气的压强。

9.分子平均碰撞次数(碰撞频率)和平均自由程

$$\bar{z} = \sqrt{2}\,\pi d^2 \bar{v} n$$

$$\bar{\lambda} = \dfrac{\bar{v}}{\bar{z}} = \dfrac{1}{\sqrt{2}\,\pi d^2 n} = \dfrac{kT}{\sqrt{2}\,\pi d^2 p}$$

三、解题指导

例 6.1　如果将 1.0×10^{-3} kg 的水分子均匀地分布在地球表面上,则单位面积上将有多少个水分子？

解 地球半径 $R = 6.37 \times 10^6$ m，1.0×10^{-3} kg 的水分子的个数为

$$N = \frac{m}{M} N_A$$

所以单位面积上水分子的个数为

$$n = N/S = \frac{mN_A}{4\pi R^2 M} = 6.56 \times 10^7 \text{ 个} \cdot \text{米}^{-2}$$

例 6.2 设想太阳是由氢原子组成的理想气体，其密度可认为是均匀的。若此理想气体的压强为 1.35×10^{14} Pa，试估计太阳的温度。（已知氢原子的质量 $m_H = 1.67 \times 10^{-27}$ kg，太阳半径 $R_s = 6.96 \times 10^8$ m，太阳质量 $m_s = 1.99 \times 10^{30}$ kg）

解 太阳体积 $V = \frac{4}{3}\pi R_s^3$，氢原子的分子数密度 $n = \frac{m_s}{m_H} \cdot \frac{1}{V}$

因为 $p = nkT$，所以 $T = \frac{P}{nk} = \frac{P}{k} \cdot \frac{m_H}{m_s} \cdot \frac{4\pi R_s^3}{3} \approx 1.16 \times 10^7$ K

例 6.3 一容器内储有氧气，其压强为 1.01×10^5 Pa，温度为 27.0 ℃。求：(1)气体的分子数密度；(2)氧气的密度；(3)分子的平均平动动能；(4)分子间的平均距离。（设分子间均匀等距排列）

解

(1) 由 $p = nkT$，得 $n = \frac{p}{kT} = 2.44 \times 10^{25}$ 个·米$^{-2}$

(2) 由 $pV = \frac{m}{M}RT$，得 $\rho = \frac{m}{V} = \frac{pM}{RT} = 1.30$ kg·m^{-3}

(3) $\overline{\varepsilon_k} = 3kT/2 = 6.21 \times 10^{-21}$ J

(4) 设分子间的平均距离为 $\overline{d}$，则 $\overline{d}^3 n = 1$ m^3，所以 $\overline{d} = n^{-\frac{1}{3}} \approx 3.45 \times 10^{-9}$ m

例 6.4 求温度为 127.0 ℃ 的氢气分子和氧气分子的平均速率、方均根速率及最概然速率。

解 $\overline{v} = \sqrt{\frac{8RT}{\pi M}}$；$\sqrt{\overline{v^2}} = \sqrt{\frac{3RT}{M}}$；$v_p = \sqrt{\frac{2RT}{M}}$

$T = 127 + 273 = 400$ K，$M_{H_2} = 2 \times 10^{-3}$ kg·mol^{-1}，$M_{O_2} = 32 \times 10^{-3}$ kg·mol^{-1}

所以氢气分子

$$\overline{v} = \sqrt{\frac{8RT}{\pi M_{H_2}}} = 2.06 \times 10^3 \text{ m·s}^{-1}$$

$$\sqrt{\overline{v^2}} = \sqrt{\frac{3RT}{M_{H_2}}} = 2.23 \times 10^3 \text{ m·s}^{-1}$$

$$v_p = \sqrt{\frac{2RT}{M_{H_2}}} = 1.82 \times 10^3 \text{ m·s}^{-1}$$

氧气分子

$$\overline{v} = \sqrt{\frac{8RT}{\pi M_{O_2}}} = 5.15 \times 10^2 \text{ m·s}^{-1}$$

$$\sqrt{\overline{v^2}}=\sqrt{\frac{3RT}{M_{O_2}}}=5.575\times10^2\ \mathrm{m\cdot s^{-1}}$$

$$v_p=\sqrt{\frac{2RT}{M_{O_2}}}=4.55\times10^2\ \mathrm{m\cdot s^{-1}}$$

例 6.5　图中 Ⅰ，Ⅱ 两条曲线是两种不同气体(氢气和氧气)在同一温度下的麦克斯韦分子速率分布曲线。试由图中数据求：(1)氢气分子和氧气分子的最概然速率；(2)两种气体所处的温度。

解　(1) 由 $v_p=\sqrt{\frac{2RT}{M}}$ 可知在同温度下

$(v_p)_{H_2}>(v_p)_{O_2}$。

所以曲线 Ⅱ 为氢气的麦克斯韦分子速率分布曲线。

所以

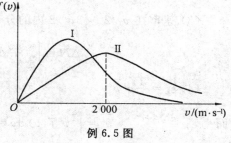

例 6.5 图

$$(v_p)_{H_2}=\sqrt{\frac{2RT}{M_{H_2}}}=2\,000\ \mathrm{m\cdot s^{-1}}$$

又因为 $M_{O_2}=16M_{H_2}$，所以

$$(v_p)_{O_2}=\frac{1}{4}(v_p)_{H_2}=500\ \mathrm{m\cdot s^{-1}}$$

(2) 由 $(v_p)_{H_2}=\sqrt{\frac{2RT}{M_{H_2}}}=2\,000\ \mathrm{m\cdot s^{-1}}$

所以 $T=4.81\times10^2\mathrm{K}$。

例 6.6　在万有引力一章中,曾介绍过质点离开地球引力作用所需的逃逸速率为 $v=\sqrt{2gr}$,其中 r 为地球半径。(1)若使氢气分子和氧气分子的平均速率分别与逃逸速率相等,它们各自应有多高的温度? (2)说明大气层中为什么氢气比氧气要少？（取 $r=6.40\times10^6$ m）

解　(1) 地球半径 $r=6.40\times10^6$ m

由题意知 $v=\bar{v}$，即 $\sqrt{2gr}=\sqrt{\frac{8RT}{\pi M}}$

所以 $T=\frac{\pi grM}{4R}$，$T_{H_2}=\frac{\pi grM_{H_2}}{4R}=1.18\times10^4\mathrm{K}$，$T_{O_2}=\frac{\pi grM_{O_2}}{4R}=1.89\times10^5\mathrm{K}$

(2) 由(1)中结果可知,当温度相同时,$(\bar{v})_{H_2}>(\bar{v})_{O_2}$

达到逃逸速率的氢分子数多于氧分子数,所以大气中氢气要比氧气少。

例 6.7　有 N 个质量均为 m 的同种气体分子,它们的速率分布如图所示。

(1)说明曲线与横坐标所包围面积的含义；

(2)由 N 和 v_0 求 a 值；

(3)求在速率 $v_0/2$ 到 $3v_0/2$ 间隔内的分子数；

(4)求分子的平均平动动能。

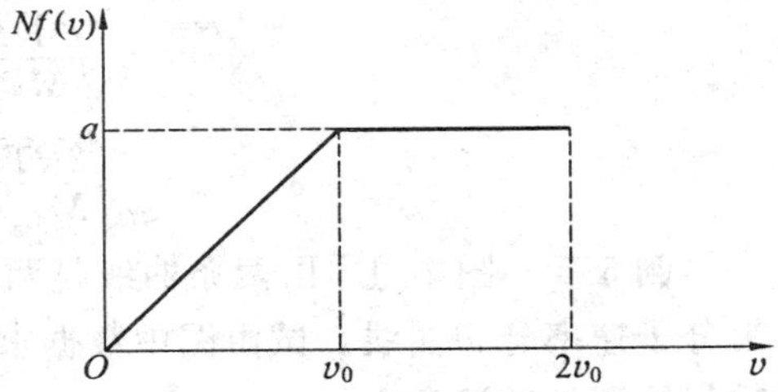

解

(1) $S = \int_0^{2v_0} Nf(v)\,dv = \int dN = N$

所以曲线下面积表示总分子数 N。

(2) 由图可知

$$S = a(2v_0 - v_0) + av_0/2 = N$$

所以 $a = \dfrac{2N}{3v_0}$。

例 6.7 图

(3) 速率在 $v_0/2 \sim 3v_0/2$ 内的分子数

$$\Delta N = \int_{\frac{v_0}{2}}^{v_0} \frac{av}{v_0}dv + \int_{v_0}^{\frac{3v_0}{2}} a\,dv = \frac{7}{8}av_0 = \frac{7N}{12}$$

(4) $\overline{\varepsilon_k} = \dfrac{1}{2}m\overline{v^2}$

而

$$\overline{v^2} = \int_0^{\infty} v^2 f(v)\,dv = \int_0^{v_0} \frac{av^3}{Nv_0}dv + \int_{v_0}^{2v_0} \frac{av^2}{N}dv = \frac{31}{18}v_0^2$$

所以

$$\overline{\varepsilon_k} = \frac{1}{2}m\overline{v_2} = \frac{31}{36}mv_0^2$$

例 6.8　一飞机在地面时机舱中的压力计指示为 $1.01 \times 10^5\,\mathrm{Pa}$，到高空后压强降为 $8.11 \times 10^4\,\mathrm{Pa}$。设大气的温度均为 $27.0\ ^\circ\mathrm{C}$。问此时飞机距地面的高度为多少？（设空气的摩尔质量为 $2.89 \times 10^{-2}\,\mathrm{kg \cdot mol^{-1}}$）

解　因为 $p = p_0 \mathrm{e}^{-\frac{mgh}{kT}}$，所以

$$h = \frac{kT}{mg}\ln\frac{p_0}{p} = \frac{RT}{Mg}\ln\frac{p_0}{p} = 1.93 \times 10^3\,\mathrm{m}$$

例 6.9　目前实验室获得的极限真空约为 $1.33 \times 10^{-11}\,\mathrm{Pa}$，这与距地球表面 $1.0 \times 10^4\,\mathrm{km}$ 处的压强大致相等。试求在 $27.0\ ^\circ\mathrm{C}$ 时单位体积中的分子数及分子的平均自由程。（设气体分子的有效直径 $d = 3.0 \times 10^{-8}\,\mathrm{cm}$）

解　因为 $p = nkT$

所以　　　　　$n = \dfrac{p}{kT}3.21 \times 10^9$ 个 $/\mathrm{m}^3$，　　$\overline{\lambda} = \dfrac{1}{\sqrt{2}\pi d^2 n} = 7.8 \times 10^8\,\mathrm{m}$

例 6.10　如果理想气体的温度保持不变，当压强降为原来的一半时，分子的平均碰撞频率和平均自由程如何变化？

解　由 $\overline{\lambda} = \dfrac{1}{\sqrt{2}\pi d^2 n} = \dfrac{kT}{\sqrt{2}\pi d^2 p}$ 可知：

当 $p = p_0/2$ 时，$\overline{\lambda} = 2\overline{\lambda_0}$。

而由 $\overline{z} = \sqrt{2}\pi d^2 \overline{v} n = \dfrac{\sqrt{2}\pi d^2 \overline{v} p}{kT}$ 可知：

当 $p = p_0/2$ 时，$\overline{z} = \overline{z_0}/2$。

例 6.11　$1\ \mathrm{mol}$ 的氢，在压强为 $1.0 \times 10^5\,\mathrm{Pa}$，温度为 $20\ ^\circ\mathrm{C}$ 时，其体积为 V_0。今使它经以下两种过程达到同一状态：(1) 先保持体积不变，加热使其温度升高到 $80\ ^\circ\mathrm{C}$，然后令

它做等温膨胀，体积变为原体积的 2 倍；(2) 先使它做等温膨胀至原体积的 2 倍，然后保持体积不变，加热使其温度升到 80 ℃。试分别计算以上两种过程中吸收的热量，气体对外做的功和热力学能的增量。

解　(1)　$\Delta E = C_V \Delta T = \dfrac{5}{2} R \Delta T = \dfrac{5}{2} \times 8.31 \times 60 = 1\,246.5 (\text{J})$

$$A = RT \ln \frac{V_2}{V_1} = 8.31 \times (273 + 80) \ln 2 = 2\,033.3 (\text{J})$$

$$Q = A + \Delta E = 3\,279.8 \text{ J}$$

(2)　$$A = RT \ln \frac{V_2}{V_1} = 8.31 \times (273 + 20) \ln 2 = 1\,687.7 (\text{J})$$

$$\Delta E = C_V \Delta T = \frac{5}{2} R \Delta T = \frac{5}{2} \times 8.31 \times 60 = 1\,246.5 (\text{J})$$

$$Q = A + \Delta E = 2\,934.2 (\text{J})$$

例 6.12　有单原子理想气体，若绝热压缩使其容积减半，问气体分子的平均速率变为原来的速率的几倍？若为双原子理想气体，又为几倍？

解　由绝热方程 $V_1^{\gamma-1} T_1 = V_2^{\gamma-1} T_2$，得

$$\frac{T_2}{T_1} = \left(\frac{V_2}{V_1}\right)^{\gamma-1} = 2^{\gamma-1}$$

由平均速率公式 $\bar{v} = \sqrt{\dfrac{8kT}{\pi m}}$，得

$$\frac{\bar{v}_2}{\bar{v}_1} = \sqrt{\frac{T_2}{T_1}} = 2^{\frac{\gamma-1}{2}}$$

(1) 单原子理想气体的绝热指数 $\gamma_{单} = \dfrac{C_p}{C_V} = \dfrac{5}{2}$

$$\frac{\bar{v}_2}{\bar{v}_1} = \sqrt{\frac{T_2}{T_1}} = 2^{\frac{\gamma-1}{2}} = 2^{\frac{\frac{5}{3}-1}{2}} = \sqrt[3]{2} \approx 1.26$$

(2) 双原子理想气体的绝热指数 $\gamma_{双} = \dfrac{C_p}{C_V} = \dfrac{7}{2}$

$$\frac{\bar{v}_2}{\bar{v}_1} = \sqrt{\frac{T_2}{T_1}} = 2^{\frac{\gamma-1}{2}} = 2^{\frac{\frac{7}{5}-1}{2}} = \sqrt[5]{2} \approx 1.15$$

例 6.13　有 1 mol 刚性多原子分子的理想气体，原来的压强为 1.0 atm，温度为 27 ℃，若经过一绝热过程，使其压强增加到 16 atm。试求：(1) 气体热力学能的增量；(2) 在该过程中气体所做的功；(3) 终态时，气体的分子数密度。

(1 atm = 1.013×10^5 Pa，玻耳兹曼常量 $k = 1.38 \times 10^{-23}$ J·K^{-1}，普适气体常量 $R = 8.31$ J·mol^{-1}·K^{-1})

解　(1) 因为刚性多原子分子 $i = 6$，$\gamma = \dfrac{i+2}{i} = 4/3$

所以　$$T_2 = T_1 (p_2/p_1)^{\frac{\gamma-1}{\gamma}} = 600 \text{ K}$$

$$\Delta E=(M/M_{mol})\frac{1}{2}iR(T_2-T_1)=7.48\times10^3\text{ J}$$

(2) 因为绝热 $W=-\Delta E=-7.48\times10^3\text{J}$（外界对气体做功）

(3) $$p_2=nkT_2$$

所以 $$n=p_2/(kT_2)=1.96\times10^{26}\text{个}\cdot\text{米}^{-3}$$

例 6.14 气缸内有一种刚性双原子分子的理想气体,若经过准静态绝热膨胀后气体的压强减少了一半,则变化前后气体的热力学能之比 $E_1:E_2=?$

解 据 $$E=(M/M_{mol})\frac{1}{2}iRT,\quad pV=(M/M_{mol})RT$$

得 $$E=\frac{1}{2}ipV$$

变化前 $E_1=\frac{1}{2}ip_1V_1$,变化后 $E_2=\frac{1}{2}ip_2V_2$

绝热过程 $$p_1V_1^\gamma=p_2V_2^\gamma$$

即 $$(V_1/V_2)^\gamma=p_2/p_1$$

题设 $p_2=\frac{1}{2}p_1$,则 $(V_1/V_2)^\gamma=\frac{1}{2}$

即 $$V_1/V_2=(\frac{1}{2})^{1/\gamma}$$

所以 $$E_1/E_2=\frac{1}{2}ip_1V_1/(\frac{1}{2}ip_2V_2)=2\times(\frac{1}{2})^{1/\gamma}=2^{1-\frac{1}{\gamma}}=1.22$$

例 6.15 温度为 0 ℃ 和 100 ℃ 时理想气体分子的平均平动动能各为多少? 欲使分子的平均平动动能等于 1 eV,气体的温度需多高?

解 平均平动动能公式为 $\varepsilon_{kt}=\frac{3}{2}kT$。

(1) 当 $T_1=273$ K 时,$\varepsilon_1=\frac{3}{2}kT_1=\frac{3}{2}\times1.38\times10^{-23}\times273=5.65\times10^{-21}$(J);

(2) 当 $T_2=373$ K 时,$\varepsilon_2=\frac{3}{2}kT_2=\frac{3}{2}\times1.38\times10^{-23}\times373=7.72\times10^{-21}$(J);

(3) 若 $\varepsilon_3=1$ eV$=1.6\times10^{-19}$J 时,$T_3=\frac{2\varepsilon_3}{3k}=\frac{2\times1.6\times10^{-19}}{3\times1.38\times10^{-23}}=7.73\times10^3$(K)。

例 6.16 某些恒星的温度可达到约 1.0×10^8K,这是发生聚变反应(也称热核反应)所需的温度。通常在此温度下恒星可视为由质子组成。求:(1)质子的平均平动动能是多少?(2)质子的方均根速率为多大?

解 平均平动动能公式为 $\varepsilon_{kt}=\frac{3}{2}kT$;方均根速率公式为 $\sqrt{\overline{v^2}}=\sqrt{\frac{3RT}{M}}$。

(1) 当 $T=1.0\times10^8$ K 时,$\varepsilon=\frac{3}{2}kT=\frac{3}{2}\times1.38\times10^{-23}\times10^8=2.07\times10^{-15}$(J);

(2) 由 $\sqrt{\overline{v^2}}=\sqrt{\frac{3RT}{M}}$,有 $\sqrt{\overline{v^2}}=\sqrt{\frac{3\times8.31\times10^8}{10^{-3}}}=\sqrt{2.493\times10^{12}}=1.58\times10^6$

(m·s^{-1})。

例 6.17　在容积为 2.0×10^{-3} m³ 的容器中,有热力学能为 675 J 的刚性双原子分子的理想气体。(1)求气体的压强;(2)若容器中分子总数为 5.4×10^{22} 个,求分子平均平动动能及气体的温度。

解　热力学能公式为 $E = \nu \dfrac{i}{2} RT$,理想气体满足方程 $pV = \nu RT$。刚性双原子分子 $i = 5$。

(1)$E = \dfrac{i}{2} pV$,有 $p = \dfrac{2E}{5V} = \dfrac{2 \times 675}{5 \times 2 \times 10^{-3}} = 1.35 \times 10^5 \,(\text{Pa})$;

(2)由 $p = nkT$,$n = \dfrac{N}{V}$ 知,$T = \dfrac{pV}{Nk} = \dfrac{1.35 \times 10^5 \cdot 2.0 \times 10^{-3}}{5.4 \times 10^{22} \cdot 1.38 \times 10^{-23}} = 362 \,(\text{K})$;

再由 $\overline{\varepsilon}_{kt} = \dfrac{3}{2} kT$ 有:$\overline{\varepsilon}_{kt} = \dfrac{3}{2} \times 1.38 \times 10^{-23} \times 362 = 7.49 \times 10^{-21} \,(\text{J})$。

例 6.18　储有 1 mol 氧气,容积为 1 m³ 的容器以 $v = 10$ m/s 的速度运动,设容器突然停止,其中氧气的 80% 的机械运动动能转化为气体分子热运动动能。求气体的温度和压强各升高了多少?

解　1 mol 氧气质量为 32×10^{-3} kg,转化的气体分子热运动动能为

$$\Delta E_k = \frac{1}{2} \times 32 \times 10^{-3} \times 10^2 \times 80\% = 1.28 \,(\text{J})$$

由 $E_k = \nu \dfrac{5}{2} RT$ 有:$\Delta T = \dfrac{2\Delta E_k}{5R} = \dfrac{2 \times 1.28}{5 \times 8.31} = 6.16 \times 10^{-2} \,(\text{K})$;

再由 $pV = \nu RT$ 有:$\Delta p = \dfrac{\nu R \Delta T}{V} = \dfrac{8.31 \times 6.16 \times 10^{-2}}{1} = 0.51 \,(\text{Pa})$。

例 6.19　导体中自由电子的运动类似于气体分子的运动,所以常常称导体中的电子为电子气。设导体中共有 N 个自由电子。电子气中电子的最大速率 v_F 叫作费米速率。电子的速率在 v 与 $v + dv$ 之间的概率为

$$\frac{dN}{N} = \begin{cases} \dfrac{4\pi v^2 A dv}{N} & v_F > v > 0 \\ 0 & v > v_F \end{cases}$$

式中 A 为归一化常量。(1)由归一化条件求 A。(2)证明电子气中电子的平均动能 $\overline{\varepsilon} = \dfrac{3}{5} \left(\dfrac{1}{2} m v_F^2 \right) = \dfrac{3}{5} \varepsilon_F$,此处 $\varepsilon_F = \dfrac{1}{2} m v_F^2$ 称为费米能级。

解　(1)由 $\displaystyle\int_0^\infty f(v) dv = 1$,得 $\displaystyle\int_0^{v_F} \frac{4\pi v^2 A}{N} dv = 1$,即 $\dfrac{4\pi v_F^3 A}{3N} = 1$,$A = \dfrac{3N}{4\pi v_F^3}$;

(2)$\overline{\varepsilon} = \displaystyle\int_0^\infty \varepsilon f(v) dv = \int_0^{v_F} \frac{1}{2} m v^2 \times \frac{4\pi v^2}{N} \times \frac{3N}{4\pi v_F^3} dv =$

$$\int_0^{v_F} \frac{3}{2} m v^4 \times \frac{1}{v_F^3} dv = \frac{3}{5} \left(\frac{1}{2} m v_F^2 \right) = \frac{3}{5} \varepsilon_F$$

例 6.20　设想每秒有 10^{23} 个氧分子(质量为 32 原子质量单位)以 500 m·s⁻¹ 的速度沿着与器壁法线成 45° 角的方向撞在面积为 2×10^{-4} m³ 的器壁上,求这群分子作用在器壁上的压强。

解 如图所示，$p = \dfrac{F}{S}$

所有分子对器壁的冲量为

$$F\Delta t = N \cdot 2mv\cos\theta$$

式中 $N = 10^{23}$。取 $\Delta t = 1$ s，则

$$F = N \cdot 2mv\cos\theta$$

$$p = \frac{F}{S} = \frac{N \cdot 2mv\cos 45°}{S} = 1.88 \times 10^4 \text{ Pa}$$

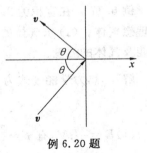

例 6.20 题

例 6.21 设氢气的温度为 300 ℃。求速度大小在 3 000 m·s^{-1} 到 3 010 m·s^{-1} 之间的分子数 N_1 与速度大小在 v_p 到 $v_p + 10$ m·s^{-1} 之间的分子数 N_2 之比。

解

$$f(v) = 4\pi \left(\frac{m}{2\pi kT}\right)^{\frac{3}{2}} e^{-\frac{mv^2}{2kT}} v^2$$

$$v_p = \sqrt{\frac{2RT}{M}} = \sqrt{\frac{2 \times 8.31 \times (273 + 300)}{2 \times 10^{-3}}} = 2\,182 \ (\text{m} \cdot \text{s}^{-1})$$

$$N_1 = Nf(v)\Delta v_1, \quad N_2 = Nf(v_p)\Delta v_2$$

$$\frac{N_1}{N_2} = \frac{f(v)\Delta v_1}{f(v_p)\Delta v_p} = \frac{f(v)}{f(v_p)} = \frac{e^{-\frac{mv^2}{2kT}} v^2}{e^{-\frac{mv_p^2}{2kT}} v_p^2} = \frac{v^2}{v_p^2} e^{-\frac{M(v^2 - v_p^2)}{2RT}} = 0.78$$

例 6.22 将 1 mol 温度为 T 的水蒸气分解为同温度的氢气和氧气，试求氢气和氧气的热力学能（热力学能）之和比水蒸气的热力学能增加了多少？（所有气体分子均视为刚性分子）

解 1 mol 理想气体的热力学能为 $U = \dfrac{i}{2}RT$，分解前水蒸气的热力学能为

$$U_1 = \frac{i}{2}RT = \frac{6}{2}RT = 3RT$$

1 mol 的水蒸气可以分解为 1 mol 的氢气和 0.5 mol 的氧气，因为温度没有改变，所以分解后，氢气和氧气所具有的热力学能分别为

$$U_2 = \frac{i}{2}RT = \frac{5}{2}RT \quad \text{和} \quad U_3 = \nu\frac{i}{2}RT = \frac{1}{2} \times \frac{5}{2}RT = \frac{5}{4}RT$$

所以分解前后热力学能的增量为

$$\Delta U = (U_2 + U_3) - U_1 = \left(\frac{5}{2}RT + \frac{5}{4}RT\right) - 3RT = \frac{3}{4}RT$$

例 6.23 在半径为 R 的球形容器里贮有分子有效直径为 d 的气体，试求该容器中最多可以容纳多少个分子，才能使气体分子间不至于相碰？

解 为使气体分子不相碰，则必须使得分子的平均自由程不小于容器的直径，即满足

$$\lambda \geqslant 2R$$

由分子的平均自由程 $\lambda = \dfrac{1}{\sqrt{2}\pi d^2 n}$，可得

$$n = \frac{1}{\sqrt{2}\pi d^2 \bar{\lambda}} \leqslant \frac{1}{\sqrt{2}\pi d^2 (2R)}$$

上式表明,为了使分子之间不相碰,容器中可容许的最大分子数密度为

$$n_{\max} = \frac{1}{2\sqrt{2}\pi d^2 R}$$

因此在容积 $V = \frac{4}{3}\pi R^3$ 的容器中,最多可容纳的分子数 N 为

$$N = n_{\max} \cdot V = \frac{1}{2\sqrt{2}\pi d^2 R} \cdot \frac{4}{3}\pi R^3 = \frac{\sqrt{2}R^2}{3d^2} = 0.47\frac{R^2}{d^2}$$

例 6.24 质量为 50.0 g、温度为 18.0 ℃ 的氦气装在容积为 10.0 L 的封闭容器内,容器以 $v = 200 \text{ m} \cdot \text{s}^{-1}$ 的速率做匀速直线运动。若容器突然停止,定向运动的动能全部转化为分子热运动的动能,则平衡后氦气的温度将增加到多少 K? 压强将增加多少 Pa?

解 定向运动的动能全部转化为分子热运动的动能,所以

$$\Delta U = -\Delta\left(\frac{1}{2}mv^2\right) = \frac{1}{2}\frac{M}{N_A}v^2 - \frac{1}{2}\frac{M}{N_A} \cdot 0 =$$

$$\frac{1}{2} \times \frac{4 \times 10^{-3}}{6.02 \times 10^{23}} \times 200^2 = 13.3 \times 10^{-23} (\text{J})$$

$$\Delta T = \frac{2\Delta U}{3k} = \frac{2 \times 13.3 \times 10^{-23}}{3 \times 1.38 \times 10^{-23}} = 6.42 \text{ (K)}$$

$$\Delta p = \frac{m_0 R \Delta T}{MV} = \frac{50 \times 10^{-3} \times 8.21 \times 10^{-2}}{4 \times 10^{-3} \times 10} \times 6.42 = 0.67 \times 10^5 (\text{Pa})$$

四、习　题

6.1 关于温度的意义,有下列几种说法:

(1) 气体的温度是分子平均平动动能的量度。

(2) 气体的温度是大量气体分子热运动的集体表现,具有统计意义。

(3) 温度的高低反映物质内部分子热运动剧烈程度的不同。

(4) 从微观上看,气体的温度表示每个气体分子的冷热程度。

上述说法中正确的是(　　)

(A)(1),(2),(4)

(B)(1),(2),(3)

(C)(2),(3),(4)

(D)(1),(3),(4)

6.2 一瓶氦气和一瓶氮气密度相同,分子平均平动动能相同,而且它们都处于平衡状态,则它们(　　)

(A) 温度相同,压强相同

(B) 温度、压强都不相同

(C) 温度相同,但氦气的压强大于氮气的压强

(D) 温度相同,但氮气的压强大于氦气的压强

6.3 图示两条曲线分别表示在相同的温度下氧气和氢气分子速率分布曲线,$(v_p)_{O_2}$ 和 $(v_p)_{H_2}$ 分别表示氧气和氢气的最概然速率,则( )

(A) 图中 a 表示氧气分子的速率分布曲线:$(v_p)_{O_2} / (v_p)_{H_2} = 4$

(B) 图中 a 表示氧气分子的速率分布曲线:$(v_p)_{O_2} / (v_p)_{H_2} = 1/4$

(C) 图中 b 表示氧气分子的速率分布曲线:$(v_p)_{O_2} / (v_p)_{H_2} = 1/4$

(D) 图中 b 表示氧气分子的速率分布曲线:$(v_p)_{O_2} / (v_p)_{H_2} = 4$

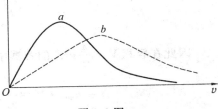

题 6.3 图

6.4 三个容器 A,B,C 中装有同种理想气体,其分子数密度 n 相同,而方均根速率之比为 $\sqrt{\overline{v_A^2}} : \sqrt{\overline{v_B^2}} : \sqrt{\overline{v_C^2}} = 1 : 2 : 4$,则气体的压强之比 $p_A : p_B : p_C$ 为( )

(A) $1 : 2 : 4$

(B) $4 : 2 : 1$

(C) $1 : 4 : 16$

(D) $1 : 4 : 8$

6.5 在一密封容器中盛有 1 mol 氢气(视为理想气体),这时分子无规则运动的平均自由程仅决定于( )

(A) 压强 p

(B) 体积 V

(C) 温度 T

(D) 平均碰撞频率 $\overline{Z}$

6.6 若室内升起炉子后温度从 15 ℃ 升高到 27 ℃,而室内气压不变,则此时室内的分子数减少了( )

(A) 0.5%

(B) 4%

(C) 9%

(D) 21%

6.7 若氧分子(O_2)气体离解为氧原子(O)气体后,其热力学温度提高一倍,则氧原子的平均速率是氧分子的平均速率的( )

(A) 4 倍

(B) $\sqrt{2}$ 倍

(C) 2 倍

(D) $1/\sqrt{2}$ 倍

6.8 容器中储有一定量的处于平衡状态的理想气体,温度为 T,分子质量为 m,则分子速度在 x 方向的分量平均值为(根据理想气体分子模型和统计假设讨论)( )

(A) $\overline{v_x} = \dfrac{1}{3}\sqrt{\dfrac{8kT}{\pi m}}$

(B) $\bar{v}_x = \sqrt{\dfrac{8kT}{3\pi m}}$

(C) $\bar{v}_x = \sqrt{\dfrac{3kT}{2m}}$

(D) $\bar{v}_x = 0$

6.9　若理想气体的体积为 V，压强为 p，温度为 T，一个分子的质量为 m，k 为玻耳兹曼常量，R 为摩尔气体常量，则该理想气体的分子数为（　　　）

(A) pV/m

(B) $pV/(kT)$

(C) $pV/(RT)$

(D) $pV/(mT)$

6.10　根据气体动理论，单原子理想气体的温度正比于（　　　）

(A) 气体的体积

(B) 气体分子的压强

(C) 气体分子的平均动量

(D) 气体分子的平均平动动能

6.11　有两个容器，一个盛氢气，另一个盛氧气，如果两种气体分子的方均根速率相等，那么由此可以得出下列结论正确的是（　　　）

(A) 氧气的温度比氢气的高

(B) 氢气的温度比氧气的高

(C) 两种气体的温度相同

(D) 两种气体的压强相同

6.12　在一定速率 v 附近麦克斯韦速率分布函数 $f(v)$ 的物理意义是：一定量的气体在给定温度下处于平衡态时的（　　　）

(A) 速率为 v 的分子数

(B) 分子数随速率 v 的变化

(C) 速率为 v 的分子数占总分子数的百分比

(D) 速率在 v 附近单位速率区间内的分子数占总分子数的百分比

6.13　已知 n 为单位体积分子数，$f(v)$ 为麦克斯韦速率分布函数，则 $nf(v)dv$ 表示（　　　）

(A) 速率在 v 附近 dv 区间内的分子数

(B) 单位体积内速率在 $v \sim v+dv$ 区间内的分子数

(C) 速率在 v 附近 dv 区间内的分子数占总分子数的百分比

(D) 单位时间内碰到单位器壁上，速率在 $v \sim v+dv$ 区间内的分子数

6.14　如果氢气和氦气的温度相同，摩尔数也相同，则（　　　）

(A) 这两种气体的平均动能相同

(B) 这两种气体的平均平动动能相同

(C) 这两种气体的热力学能相等

(D) 这两种气体的势能相等

6.15 已知氢气和氧气的温度相同,摩尔数也相同,则( )

(A) 氧分子的质量比氢分子大,所以氧气的压强一定大于氢气的压强

(B) 氧分子的质量比氢分子大,所以氧气的分子数密度一定大于氢气的分子数密度

(C) 氧分子的质量比氢分子大,所以氢分子的速率一定大于氧分子的速率

(D) 氧分子的质量比氢分子大,所以氢分子的方均根速率一定大于氧分子的方均根速率

6.16 两种不同的理想气体,若它们的最概然速率相等,则它们的( )

(A) 平均速率相等,方均根速率相等

(B) 平均速率相等,方均根速率不相等

(C) 平均速率不相等,方均根速率相等

(D) 平均速率不相等,方均根速率不相等

6.17 在 20 ℃ 时,单原子理想气体的热力学能为( )

(A) 部分势能和部分动能

(B) 全部势能

(C) 全部转动动能

(D) 全部平动动能

6.18 一摩尔双原子刚性分子理想气体,在 1 atm 下从 0 ℃ 上升到 100 ℃ 时,热力学能的增量为( )

(A) 23 J

(B) 46 J

(C) 2 077.5 J

(D) 1 246.5 J

6.19 一容器内装有 N_1 个单原子理想气体分子和 N_2 个刚性双原子理想气体分子,当系统处在温度为 T 的平衡态时,其热力学能为( )

(A) $(N_1 + N_2)(\frac{3}{2}kT + \frac{5}{2}kT)$

(B) $\frac{1}{2}(N_1 + N_2)(\frac{3}{2}kT + \frac{5}{2}kT)$

(C) $N_1 \frac{3}{2}kT + N_2 \frac{5}{2}kT$

(D) $N_1 \frac{5}{2}kT + N_2 \frac{3}{2}kT$

6.20 用分子质量 m,总分子数 N,分子速率 v 和速率分布函数 $f(v)$ 表示的分子平动动能平均值为( )

(A) $\int_0^\infty Nf(v)\mathrm{d}v$

(B) $\int_0^\infty \frac{1}{2}mv^2 f(v)\mathrm{d}v$

(C) $\int_0^\infty \frac{1}{2}mv^2Nf(v)\mathrm{d}v$

(D) $\int_0^\infty \frac{1}{2}mvf(v)\mathrm{d}v$

6.21　下列对最概然速率 v_p 的表述中,不正确的是(　　)

(A) v_p 是气体分子可能具有的最大速率

(B) 就单位速率区间而言,分子速率取 v_p 的概率最大

(C) 分子速率分布函数 $f(v)$ 取极大值时所对应的速率就是 v_p

(D) 在相同速率间隔条件下分子处在 v_p 所在的那个间隔内的分子数最多

6.22　如图所示,若在某个过程中,一定量的理想气体的热力学能(热力学能)U 随压强 p 的变化关系为一直线(其延长线过 U—p 图的原点),则该过程为(　　)

(A) 等温过程

(B) 等压过程

(C) 等容过程

(D) 绝热过程

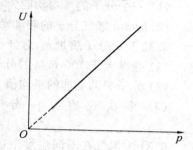

题 6.22 图

6.23　有 A,B 两种容积不同的容器,A 中装有单原子理想气体,B 中装有双原子理想气体,若两种气体的压强相同,则这两种气体的单位体积的热力学能(热力学能)$\left(\dfrac{U}{V}\right)_A$ 和 $\left(\dfrac{U}{V}\right)_B$ 的关系为(　　)

(A) $\left(\dfrac{U}{V}\right)_A < \left(\dfrac{U}{V}\right)_B$

(B) $\left(\dfrac{U}{V}\right)_A > \left(\dfrac{U}{V}\right)_B$

(C) $\left(\dfrac{U}{V}\right)_A = \left(\dfrac{U}{V}\right)_B$

(D) 无法判断

6.24　氢分子的质量为 3.3×10^{-24} g,如果每秒有 10^{23} 个氢分子沿着与容器器壁的法线成 $45°$ 角的方向以 10^5 cm·s^{-1} 的速率撞击在 2.0 cm^2 面积上(碰撞为完全弹性的),则此氢气的压强为_____。

6.25　用总分子数 N、气体分子速率 v 和速率分布函数 $f(v)$ 表示下列各量:

(1) 速率大于 v_0 的分子数 =_____;

(2) 速率大于 v_0 的那些分子的平均速率 =_____;

(3) 多次观察某一分子的速率,发现其速率大于 v_0 的概率 =_____。

6.26　容器中储有 1 mol 的氮气,压强为 1.33 Pa,温度为 7 ℃,则

(1) 1 m^3 的氮气的分子数为_____;

(2) 容器中氮气的密度为_____;

(3) 1 m^3 中氮分子的总平均动能为_____。

6.27 在容器为 V 的容器内,同时盛有质量为 M_1 和质量为 M_2 的两种单原子分子理想气体。已知此混合气体处于平衡状态时它们的热力学能相等,且均为 E。则混合气体压强 $p =$ _____;两种分子的平均速率之比 $\overline{v_1} : \overline{v_2} =$ _____。

6.28 一定量的理想气体储存于某一容器中,温度为 T,气体分子质量为 m,根据理想气体分子模型和统计假设,分子速度在 x 方向的分量的下列平均值为:$\overline{v_x} =$ _____;$\overline{v_x^2} =$ _____。

6.29 由能量按自由度均分原理,设气体分子为刚性分子,自由度为 i,则当温度为 T 时:

(1) 一个分子的平均动能为_____;

(2) 1 mol 氧气分子的转动动能总和为_____。

6.30 用分子质量 m,总分子数 N,分子速率 v 和速率分布函数 $f(v)$ 表示下列各量:

(1) 速率大于 100 m/s 的分子数_____;

(2) 分子平动动能的平均值_____;

(3) 多次观察某一分子速率,发现其速率大于 100 m/s 的概率_____。

6.31 氢气在不同温度下的速率分布曲线如图所示,则其中曲线 1 所示温度 T_1 与曲线 2 所示温度 T_2 的高低为 T_1 _____ T_2(填"大于""小于"或"等于")。

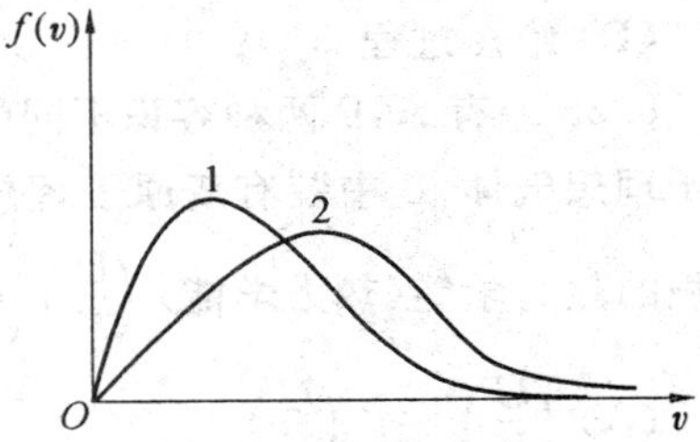

6.32 同一温度下的氢气和氧气的速率分布曲线如右图所示,其中曲线 1 为_____的速率分布曲线,_____的最概然速率较大(填"氢气"或"氧气")。若图中曲线表示同一种气体不同温度时的速率分布曲线,温度分别为 T_1 和 T_2 且 $T_1 < T_2$;则曲线 1 代表温度为_____的分布曲线(填 T_1 或 T_2)。

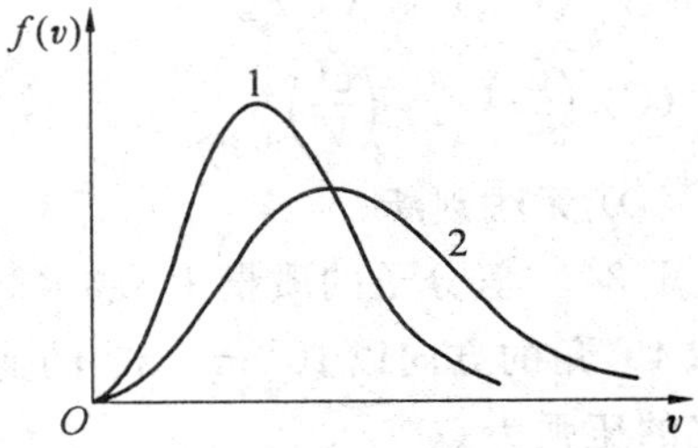

题 6.31 图

题 6.32 图

6.33 温度为 T 的热平衡态下,物质分子的每个自由度都具有的平均动能为_____;温度为 T 的热平衡态下,每个分子的平均总能量为_____;温度为 T 的热平衡态下,ν mol($\nu = m_0/M$ 为摩尔数)分子的平均总能量为_____;温度为 T 的热平衡态下,每个分子的平均平动动能为_____。

6.34 一定量的理想气体,在温度不变的情况下,当压强降低时,分子的平均碰撞次数 z 的变化情况是 z _____(填"减小""增大"或"不变"),平均自由程 λ 的变化情况是 λ _____(填"减小""增大"或"不变")。

6.35 在 7 ℃ 时,一封闭的刚性容器内空气的压强为 4.0×10^5 Pa,温度变化到 37 ℃ 时,该容器内空气的压强为_____。

6.36 湖面下 50 m 深处(温度为 4 ℃),有一体积为 1.0×10^{-5} m³ 的空气泡升到湖面

上,若湖面的温度为 17 ℃,气泡升到湖面上的体积为_____。

6.37　一容器内的氧气的压强为 $1.01 \times 10^5\,\text{Pa}$,温度为 37 ℃,则气体的分子数密度 $n=$_____;氧气的密度 $\rho=$_____;氧气分子的平均平动动能为_____,分子间的平均距离 $\bar{d}=$_____。

6.38　设氮气为刚性分子组成的理想气体,其分子的平动自由度数为_____,转动自由度为_____;分子内原子间的振动自由度为_____,总的自由度 $i=$_____。

6.39　某刚性双原子分子理想气体,处于温度为 T 的平衡态,则其分子的平均平动动能为_____,平均转动动能为_____,平均总能量为_____,1 mol 气体的热力学能为_____。

6.40　1 mol 氮气(看作理想气体)由状态 $A(p_1,V)$ 变化至状态 $B(p_2,V)$,其热力学能的增量为_____。

6.41　有 2 mol 氢气,在温度为 27 ℃ 时,它的分子平动动能为_____,分子转动动能为_____。

6.42　温度相同的氢气和氧气,若氢气分子的平均平动动能为 $6.21 \times 10^{-21}\,\text{J}$,那么,氧气分子的平均平动动能为_____,温度为_____;氧气分子的最概然速率 $v_p=$_____。

6.43　星际空间温度可达 2.7 K,则氢分子的平均速率为_____,方均根速率为_____,最概然速率为_____。

6.44　有 $2 \times 10^{-3}\,\text{m}^3$ 刚性双原子分子理想气体,其热力学能为 $6.75 \times 10^2\,\text{J}$。

(1)试求气体的压强;

(2)设分子总数为 5.4×10^{22} 个,求分子的平均平动动能及气体的温度。

6.45　已知某理想气体分子的方均根速率为 400 m·s^{-1},当其压强为 $1.013 \times 10^5\,\text{Pa}$ 时,求气体的密度。

6.46　容积 $V=1\,\text{m}^3$ 的容器内混有 $N_1=1.0 \times 10^{25}$ 个氢分子和 $N_2=4.0 \times 10^{25}$ 个氧分子,混合气体的温度为 400 K,求:

(1)气体分子的平动动能总和;

(2)混合气体的压强。

6.47　容积 $V=1\,\text{m}^3$ 的容器内混有 $N_1=1.0 \times 10^{25}$ 个氧分子和 $N_2=4.0 \times 10^{25}$ 个氮分子,混合气体的压强是 $2.76 \times 10^5\,\text{Pa}$,求:

(1)分子的平均平动动能;

(2)混合气体的温度。

6.48　实验测得常温下距海平面不太高处,每升高 10 m,大气压约降低 1 mmHg,试用恒温度气压公式证明此结果。(海平面处大气压取 760 mmHg,温度取 273 K)

6.49　重力场中粒子按高度的分布为 $n=n_0 \text{e}^{-\frac{mgh}{kT}}$。设大气中温度随高度的变化忽略不计,在 27.0 ℃ 时,升高多大高度,大气压强减为原来的一半?

6.50　一打足气的自行车内胎,在 $t_1=7.0$ ℃,轮胎中空气的压强为 $p_1=4.0 \times$

10^5 Pa,则当温度变为 $t_2 = 37.0$ ℃ 时,轮胎内空气的压强为多少(设内胎容积不变)?

6.51 2.0×10^{-2} kg 氢气装在 4.0×10^{-3} m³ 的容器内,当容器内的压强为 3.90×10^5 Pa 时,氢气分子的平均平动动能为多大?

6.52 1 mol 氢气,在温度为 27 ℃ 时,它的分子平动动能和转动动能各为多少?

6.53 容器内贮有 1 mol 的某种气体,今从外界输入 2.09×10^2 J 的热量,测得其温度升高 10 K,求该气体分子的自由度。

6.54 计算在 300 K 的温度下,氧气的平均平动动能、平均转动动能和平均动能。

五、习题答案

6.1 (B)

6.2 (C)

6.3 (B)

6.4 (C)

6.5 (B)

6.6 (B)

6.7 (C)

6.8 (D)

6.9 (B)

6.10 (D)

6.11 (A)

6.12 (D)

6.13 (B)

6.14 (B)

6.15 (D)

6.16 (A)

6.17 (D)

6.18 (C)

6.19 (C)

6.20 (B)

6.21 (A)

6.22 (C)

6.23 (A)

6.24 2.33×10^3 Pa

6.25 $\int_{v_0}^{\infty} N f(v)\, \mathrm{d}v$, $\dfrac{\int_{v_0}^{\infty} v f(v)\, \mathrm{d}v}{\int_{v_0}^{\infty} f(v)\, \mathrm{d}v}$, $\int_{v_0}^{\infty} f(v)\, \mathrm{d}v$

6.26 3.44×10^{20}, 1.6×10^{-5} kg·m⁻³, 2 J

6.27　$\dfrac{4E}{3V}$, $\sqrt{M_2/M_1}$

6.28　0, KT/m

6.29　$\dfrac{i}{2}kT$, RT

6.30　$\displaystyle\int_{100}^{\infty} f(v)N\mathrm{d}v$, $\displaystyle\int_{0}^{\infty}\dfrac{1}{2}mv^2 f(v)\mathrm{d}v$, $\displaystyle\int_{100}^{\infty} f(v)\mathrm{d}v$

6.31　小于

6.32　氧气, 氢气, T_1

6.33　$\dfrac{1}{2}kT$, $\dfrac{i}{2}kT$, $\dfrac{i}{2}\nu RT$, $\dfrac{3}{2}kT$

6.34　减小, 增大

6.35　$4.43\times10^5\,\mathrm{Pa}$

6.36　$6.11\times10^{-5}\,\mathrm{m}^3$

6.37　$2.44\times10^{25}\,\mathrm{m}^{-3}$, $1.30\,\mathrm{kg}\cdot\mathrm{m}^{-3}$, $6.21\times10^{-21}\,\mathrm{J}$; $3.45\times10^{-9}\,\mathrm{m}$

6.38　3, 2, 0, 5

6.39　$\dfrac{3}{2}kT$, kT, $\dfrac{5}{2}kT$, $\dfrac{5}{2}RT$

6.40　$\Delta E=\dfrac{i}{2}R\Delta T$

6.41　$\nu\dfrac{3}{2}RT$, νRT

6.42　$6.21\times10^{-21}\,\mathrm{J}$, $300\,\mathrm{K}$, $3.95\times10^2\,\mathrm{m}\cdot\mathrm{s}^{-1}$

6.43　$1.69\times10^2\,\mathrm{m}\cdot\mathrm{s}^{-1}$, $1.83\times10^2\,\mathrm{m}\cdot\mathrm{s}^{-1}$, $1.50\times10^2\,\mathrm{m}\cdot\mathrm{s}^{-1}$

6.44　(1)$1.35\times10^5\,\mathrm{Pa}$　(2)$7.5\times10^{-21}\,\mathrm{J}$, $362\,\mathrm{K}$

6.45　$1.90\,\mathrm{kg}\cdot\mathrm{m}^{-3}$

6.46　(1)$4.14\times10^5\,\mathrm{J}$　(2)$2.76\times10^5\,\mathrm{Pa}$

6.47　(1)$8.28\times10^{-21}\,\mathrm{J}$　(2)$400\,\mathrm{K}$

6.48　略

6.49　$6\,080\,\mathrm{m}$

6.50　$4.43\times10^5\,\mathrm{Pa}$

6.51　$3.89\times10^{-22}\,\mathrm{J}$

6.52　$6.21\times10^{-21}\,\mathrm{J}$, $4.14\times10^{-21}\,\mathrm{J}$

6.53　5

6.54　$6.21\times10^{-21}\,\mathrm{J}$, $4.14\times10^{-21}\,\mathrm{J}$, $1.035\times10^{-20}\,\mathrm{J}$

第 7 章

静 电 场

一、基本要求

1. 掌握描述静电场的两个基本物理量 —— 电场强度和电势的概念。

2. 理解高斯定理和静电场的环路定理,两定理分别揭示了静电场的有源性和无旋性。

3. 掌握运用叠加原理及在特定条件下用高斯定理求电场强度的方法。了解用场强与电势之间关系求电场强度的方法。

4. 掌握运用叠加原理和电势的定义求电势的方法。

二、基本概念及规律

1. 库仑定律: $F = \dfrac{1}{4\pi\varepsilon_0} \dfrac{q_1 q_2}{r^2} e_r$

2. 电场强度: $E = \dfrac{F}{q_0}$,为单位试验电荷所受的电场力。

点电荷场强: $E = \dfrac{q}{4\pi\varepsilon_0 r^2} e_r$

3. 场强叠加原理: $E = \sum_i E_i$, $E = \displaystyle\int \mathrm{d}E$

4. 电通量: $\Phi_e = \displaystyle\int_s E \cdot \mathrm{d}s$,为通过某面积的电力线数。

5. 高斯定理: $\displaystyle\oint_L E \cdot \mathrm{d}s = \dfrac{\sum q_i}{\varepsilon_0}$,揭示静电场是有源场,在特殊情况下,可以用来计算场强。

6. 静电场的环路定理: $\displaystyle\oint_L E \cdot \mathrm{d}l = 0$,揭示静电场是无旋场(是保守力场)。

7. 电势的定义: $U_a = \dfrac{E_{pa}}{q_0} = \displaystyle\int_a^{零势点} E \cdot \mathrm{d}l$

点电荷电势: $U = \dfrac{q}{4\pi\varepsilon_0 r}$

8. 电势叠加原理：$U = \sum_i U_i, U = \int dU$

9. 电势差：$U_{ab} = U_a - U_b = \int_a^b \boldsymbol{E} \cdot d\boldsymbol{l}$

10. 场强 $\boldsymbol{E}$ 与电势 U 的关系：$\boldsymbol{E} = -\operatorname{grad} U$

三、解题指导

例 7.1　一半径为 R 的半圆细环上均匀分布电荷 Q，求环心处的电场强度。

解　如图，建立坐标系，在细环上取一线元电荷 dq

$$dq = \lambda dl, \quad \lambda = \frac{Q}{\pi R} \quad (\lambda \text{ 为线电荷密度})$$

则 $dE = \dfrac{1}{4\pi\varepsilon_0}\dfrac{\lambda dl}{R^2}$，方向如图所示。

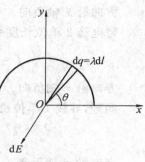

由对称性分析可知，带电半圆环产生的电场在 x 方向的分量抵消，只有 y 方向分量

$$dE_y = -dE\sin\theta$$

$$E = \int dE_y = -\int \frac{1}{4\pi\varepsilon_0}\frac{\lambda dl \sin\theta}{R^2}$$

其中 $dl = Rd\theta$。

则

$$E = -\frac{\lambda}{4\pi\varepsilon_0 R}\int_0^\pi \sin\theta d\theta = -\frac{\lambda}{2\pi\varepsilon_0 R} = -\frac{Q}{2\pi^2\varepsilon_0 R^2}$$

因此

$$\boldsymbol{E} = -\frac{Q}{2\pi^2\varepsilon_0 R^2}\boldsymbol{j}$$

例 7.1 图

例 7.2　一半径为 R 的半球壳，均匀地带有电荷，电荷面密度为 σ。求球心处电场强度的大小。

解　将半球壳分割为许多窄圆环，任一圆环带电量为

$$dq = \sigma ds = \sigma 2\pi R\sin\theta dl = \sigma 2\pi R\sin\theta R d\theta = \sigma 2\pi R^2\sin\theta d\theta$$

窄圆环在点 O 激发的场强为

$$dE = \frac{dq\cos\theta}{4\pi\varepsilon_0 R^2} = \frac{\sigma}{2\varepsilon_0}\sin\theta\cos\theta d\theta$$

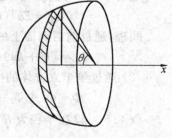

方向沿 x 正向，则整个球面在点 O 激发的场强为

$$E = \int dE = \frac{\sigma}{2\varepsilon_0}\int_0^{\frac{\pi}{2}}\sin\theta\cos\theta d\theta = \frac{\sigma}{4\varepsilon_0}$$

因此

$$\boldsymbol{E} = \frac{\sigma}{4\varepsilon_0}\boldsymbol{i}$$

例 7.2 图

例 7.3　两条无限长平行直线相距为 r，均匀带有等量异号电荷，电荷线密度为 λ。(1)求两导线构成的平面上任意一点的电场强度(设该点到其中一线的垂直距离为 x)；(2)求每一根导线上单位长度导线受到另一导线上电荷作用的电场力。

解　(1)带电线 1 在点 P 的电场 $E_1 = \dfrac{\lambda}{2\pi\varepsilon_0 x}$，方向沿 x 轴正向。

带电线 2 在点 P 的电场 $E_2 = \dfrac{\lambda}{2\pi\varepsilon_0(r_0-x)}$，方向沿 x 轴正向。

则点 P 的总场强为

$$E = E_1 + E_2 = \frac{\lambda}{2\pi\varepsilon_0}\left(\frac{1}{x} + \frac{1}{r_0-x}\right)，\text{方向沿 } x \text{ 轴正向。}$$

（2）在 2 上取线元 $\mathrm{d}l$，它上面的电荷元受带电线 1 的作用力为

$$\mathrm{d}F = \frac{\lambda}{2\pi\varepsilon_0 r_0}\lambda\mathrm{d}l$$

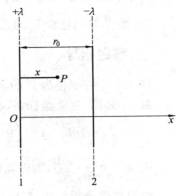

方向沿 x 轴负向。

带电线 2 单位长度受力为

$$f = \frac{\mathrm{d}F}{\mathrm{d}l} = \frac{\lambda^2}{2\pi\varepsilon_0 r_0}$$

方向沿 x 轴负向。

同理，导线 1 单位长度受力为

$$f' = \frac{\lambda^2}{2\pi\varepsilon_0 r_0}$$

例 7.3 图

方向沿 x 轴正向。

显然它们之间相互作用的力大小相等，方向相反，为吸引力。

例 7.4 如图所示，边长为 a 的立方体，其表面分别为平行于 xOy，yOz 和 zOx 的平面，立方体的一个顶点为坐标原点。现将立方体置于电场强度为 $\boldsymbol{E}=(E+kx)\boldsymbol{i}+E\boldsymbol{j}$ 的非均匀电场中，求立方体各表面及立方体的电场强度通量。

解 （1）因为 $\boldsymbol{E}=(E+kx)\boldsymbol{i}+E\boldsymbol{j}$，电场只有 x,y 方向分量，因此立方体上下表面没有电通量。

通过 $y=0$ 的面上（左面）的电通量为

$$\Phi_1 = -Ea^2（\text{电力线穿入}）$$

通过 $y=a$ 的面上（右面）的电通量为

$$\Phi_2 = Ea^2（\text{电力线穿出}）$$

同理，通过前后两面上的电通量分别为

$$\Phi_3 = (E+ka)a^2，\quad \Phi_4 = -Ea^2$$

（2）通过整个立方体的电通量为

$$\Phi = \Phi_1 + \Phi_2 + \Phi_3 + \Phi_4 = ka^3$$

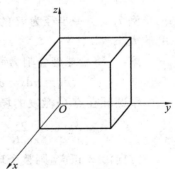

例 7.4 图

例 7.5 设在半径为 R 的球体内，其电荷为对称分布，电荷体密度为

$$\begin{cases} \rho = kr & (0 \leqslant r \leqslant R) \\ \rho = 0 & (r > R) \end{cases}$$

k 为一常量，试用高斯定理求电场强度 E 与 r 的函数关系。

解 （1）$r \leqslant R$ 时，在球内做一半径为 r 的高斯面，由高斯定理可得

$$4\pi r^2 E_1 = \frac{\sum q}{\varepsilon_0}$$

$$\sum q = \int \rho dV = \int_0^r kr \, 4\pi r^2 \, dr$$

得 $E_1 = \dfrac{kr^2}{4\varepsilon_0}$，方向沿径向，即

$$\boldsymbol{E} = \frac{kr^2}{4\varepsilon_0}\boldsymbol{e}_r$$

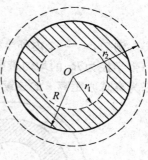

(2) $r > R$ 时，在球外做一半径为 r 的高斯面，则 $4\pi r^2 E_2 = \dfrac{1}{\varepsilon_0}\int_0^R kr \, 4\pi r^2 \, dr$

得 $E_2 = \dfrac{kR^4}{4\varepsilon_0 r^2}$，方向沿径向，即

$$\boldsymbol{E}_2 = \frac{kR^4}{4\varepsilon_0 r^2}\boldsymbol{e}_r$$

例 7.5 图

例 7.6 如图所示，一无限大均匀带电薄平板，电荷面密度为 σ，在平板中部有一个半径为 a 的小圆孔，求圆孔中心轴线上与平板相距为 x 的一点 P 的电场强度。

解 取以 O 为圆心、r 为半径、宽为 dr 的窄圆环，环上带电量为 $dq = \sigma 2\pi r dr$，在 P 处产生的场强为

$$dE = \frac{\sigma 2\pi r dr \cdot x}{4\pi\varepsilon_0 \, (x^2 + r^2)^{3/2}}$$

方向沿 x 轴正向，则

$$E = \int dE = \frac{\sigma x}{2\varepsilon_0}\int_a^\infty \frac{r dr}{(x^2 + r^2)^{3/2}} = \frac{\sigma}{2\varepsilon_0}\frac{x}{\sqrt{x^2 + a^2}}$$

方向沿 x 轴正向。

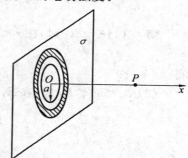

例 7.7 如图所示，在电荷体密度为 ρ 的均匀带电球体中，有一个球形空腔。如将带电体球心 O 指向球形空腔，球心 O' 的矢量用 $\boldsymbol{a}$ 表示，试证明球形空腔中任意点的电场强度为 $\boldsymbol{E} = \dfrac{\rho}{3\varepsilon_0}\boldsymbol{a}$。

例 7.6 图

证 （分析）本题带电体的电荷分布不满足球对称性，其电场分布也不是球对称分布，因此无法直接利用高斯定理求电场的分布，但可用补偿法求解。

挖去球形空腔的带电球体在电学上等效于一个完整的、电荷体密度为 ρ 的均匀带电球体和一个电荷体密度为 $-\rho$、球心在 O' 的带电小球体（半径等于空腔球体的半径）。大小球体在点 P 产生的电场强度分别为 $\boldsymbol{E}_1$，$\boldsymbol{E}_2$。

因为电荷体密度为 ρ 的均匀带电球体，其内部某点的电场分布为

$$\boldsymbol{E} = \frac{\rho r}{3\varepsilon_0}\boldsymbol{e}_r$$

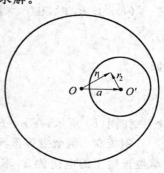

所以 $\quad \boldsymbol{E}_1 = \dfrac{\rho \boldsymbol{r}_1}{3\varepsilon_0}, \quad \boldsymbol{E}_2 = -\dfrac{\rho \boldsymbol{r}_2}{3\varepsilon_0}$

例 7.7 图

则点 P 的电场为

$$E = E_1 + E_2 = \frac{\rho}{3\varepsilon_0}(r_1 - r_2) = \frac{\rho}{3\varepsilon_0}a$$

例 7.8 一个内外半径分别为 R_1 和 R_2 的均匀带电球壳，总电荷为 Q_1，球壳外同心罩一个半径为 R_3 的均匀带电球面，球面电荷为 Q_2，如图（a）所示，求电场分布。电场强度是否为离球心距离 r 的连续函数？试分析。

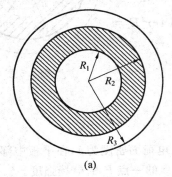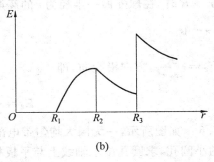

例 7.8 图

解 （1）$r < R_1$ 时，在 $r < R_1$ 区做半径为 r 的球形高斯面，则由高斯定理

$$E \cdot 4\pi r^2 = 0$$

得

$$E = 0$$

（2）$R_1 < r < R_2$ 时，在 $R_1 < r < R_2$ 区做高斯面，则

$$E \cdot 4\pi r^2 = \frac{1}{\varepsilon_0} \frac{Q_1(r^3 - R_1{}^3)}{R_2{}^3 - R_1{}^3}$$

$$E = \frac{Q_1}{4\pi\varepsilon_0 r^2} \frac{(r^3 - R_1{}^3)}{R_2{}^3 - R_1{}^3} e_r$$

（3）$R_2 < r < R_3$ 时，在 $R_2 < r < R_3$ 区做高斯面，则

$$E \cdot 4\pi r^2 = \frac{Q_1}{\varepsilon_0}$$

$$E = \frac{Q_1}{4\pi\varepsilon_0 r^2} e_r$$

（4）$r > R_3$ 时，在 $r > R_3$ 区做高斯面，由高斯定理可得

$$E \cdot 4\pi r^2 = \frac{1}{\varepsilon_0}(Q_1 + Q_2)$$

即

$$E = \frac{Q_1 + Q_2}{4\pi\varepsilon_0 r^2} e_r$$

如图（b）所示，在 $r = R_3$ 球面上的电场强度有跃变，电场强度不是 r 的连续函数。

例 7.9 两个带等量异号电荷的无限长同轴圆柱面，半径分别为 R_1 和 $R_2(R_1 < R_2)$，单位长度上的电荷为 λ，求离轴线为 r 处的某点电场强度：（1）$r < R_1$（2）$R_1 < r < R_2$（3）$r > R_2$。

解 （1）$r < R_1$ 时，在内筒中做半径为 r，高为 l 的圆柱形高斯面，由高斯定理得

$$E \cdot 2\pi rl = 0, \quad E = 0$$

（2）$R_1 < r < R_2$ 时，在两筒间做半径为 r，高为 l 的圆柱形高斯面，则

$$E \cdot 2\pi rl = \frac{1}{\varepsilon_0} l\lambda$$

即

$$E = \frac{\lambda}{2\pi\varepsilon_0 r} e_r$$

（3）$r > R_2$ 时，在两筒外做半径为 r，高为 l 的圆柱形高斯面，则

$$E \cdot 2\pi rl = 0, \quad E = 0$$

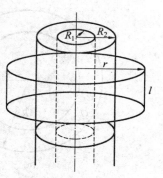

例 7.9 图

例 7.10　如图所示，有一金属环，其内外半径分别为 R_1 和 R_2，圆环均匀带电，电荷面密度为 $\sigma(\sigma > 0)$。（1）计算通过环心垂直环面的轴线上一点的电势；（2）若有一质子沿轴线从无限远处射向带正电的圆环，要使质子能穿过圆环，它的初速度至少是多少？

解　（1）在环上取半径为 r、宽为 $\mathrm{d}r$ 的带电细圆环，其所带电荷为 $\mathrm{d}q = \sigma 2\pi r \mathrm{d}r$，在点 P 的电势为

$$\mathrm{d}U = \frac{\sigma 2\pi r \mathrm{d}r}{4\pi\varepsilon_0 (x^2 + r^2)^{\frac{1}{2}}}$$

则整个圆环在点 P 的电势为

$$U = \int \mathrm{d}U = \frac{\sigma}{2\varepsilon_0} \int_{R_1}^{R_2} \frac{r \mathrm{d}r}{(x^2 + r^2)^{\frac{1}{2}} } =$$

$$\frac{\sigma}{2\varepsilon_0} \left(\sqrt{R_2{}^2 + x^2} - \sqrt{R_1{}^2 + x^2} \right)$$

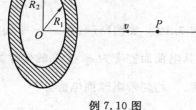

（2）根据能量守恒定律，为使质子在圆环中心处的动能 $E_k \geqslant 0$，开始时质子的初速率应满足

$$\frac{1}{2} mv_0{}^2 \geqslant e(U_0 - U_\infty)$$

例 7.10 图

可得 $v_0 \geqslant \sqrt{\dfrac{e\sigma}{\varepsilon_0 m}(R_2 - R_1)}$，其中 m 是质子的质量。

例 7.11　两个同心球面的半径分别为 R_1 和 R_2，各自带有电荷 Q_1 和 Q_2，如图（a）所示。求：（1）各区域电势的分布，并画出分布曲线；（2）两球面上的电势差为多少？

解　（1）均匀带电球壳内外的电势分布为

$$U = \frac{Q}{4\pi\varepsilon_0 R} \quad (r \leqslant R)$$

$$U = \frac{Q}{4\pi\varepsilon_0 r} \quad (r > R)$$

由此得 $r \leqslant R_1$ 时，

$$U = U_1 + U_2 = \frac{Q_1}{4\pi\varepsilon_0 R_1} + \frac{Q_2}{4\pi\varepsilon_0 R_2}$$

$R_1 < r \leqslant R_2$ 时，

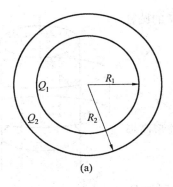 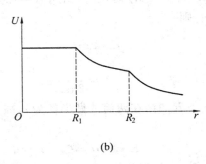

(a)   (b)

例 7.11 图

$$U = U_1 + U_2 = \frac{Q_1}{4\pi\varepsilon_0 r} + \frac{Q_2}{4\pi\varepsilon_0 R_2}$$

$r > R_2$ 时，

$$U = U_1 + U_2 = \frac{Q_1}{4\pi\varepsilon_0 r} + \frac{Q_2}{4\pi\varepsilon_0 r} = \frac{Q_1 + Q_2}{4\pi\varepsilon_0 r}$$

电势分布曲线如图（b）所示。

(2) $U_{内壳面} = \dfrac{Q_1}{4\pi\varepsilon_0 R_1} + \dfrac{Q_2}{4\pi\varepsilon_0 R_2}$

$U_{外壳面} = \dfrac{Q_1 + Q_2}{4\pi\varepsilon_0 R_2}$

则 $\qquad\qquad \Delta U = U_{内壳面} - U_{外壳面} = \dfrac{Q_1}{4\pi\varepsilon_0}\left(\dfrac{1}{R_1} - \dfrac{1}{R_2}\right)$

例 7.12 如图所示，在 xOy 平面上倒扣着半径为 R 的半球面，在半球面上电荷均匀分布，其电荷面密度为 σ，点 A 的坐标为 $(0, \frac{R}{2})$，点 B 的坐标为 $(\frac{3R}{2}, 0)$，求电势差 U_{AB}。

解 均匀带电球面电势分布

$$\begin{cases} U = \dfrac{Q}{4\pi\varepsilon_0 R} & (r \leqslant R) \\[2mm] U = \dfrac{Q}{4\pi\varepsilon_0 r} & (r > R) \end{cases}$$

假设将半球面扩展为带有相同电荷密度为 σ 的一个完整球面，此时在 A, B 两点的电势分别为

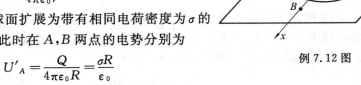

例 7.12 图

$$U'_A = \frac{Q}{4\pi\varepsilon_0 R} = \frac{\sigma R}{\varepsilon_0}$$

$$U'_B = \frac{Q}{4\pi\varepsilon_0 r} = \frac{\sigma R^2}{\varepsilon_0 r} = \frac{2\sigma R}{3\varepsilon_0}$$

半球面在点 A 的电势 $U_A = \frac{1}{2}U_A'$，在点 B 的电势 $U_B = \frac{1}{2}U_B'$，则

$$U_{AB} = \frac{1}{2}(U_A' - U_B') = \frac{\sigma R}{6\varepsilon_0}$$

四、习　　题

7.1　半径为 R 的均匀带电球体的静电场中各点的电场强度的大小 E 与距球心的距离 r 的关系曲线为（　　）

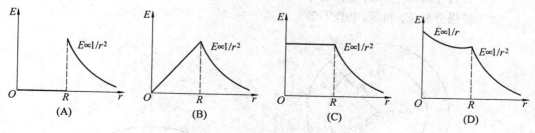

题 7.1 图

7.2　如图所示,半径为 R 的均匀带电球面,总电量为 Q,设无穷远处电势为零,则该带电体所产生的电场的电势 U 随离球心的距离 r 变化的分布曲线为（　　）

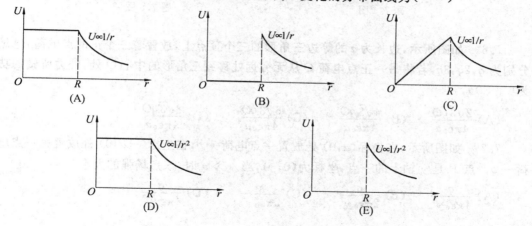

题 7.2 图

7.3　如图所示,一个带电量为 q 的点电荷位于立方体的角 A 上,则通过侧面 $abcd$ 的电场强度通量等于（　　）

(A) $\dfrac{q}{6\varepsilon_0}$　　(B) $\dfrac{q}{12\varepsilon_0}$　　(C) $\dfrac{q}{24\varepsilon_0}$　　(D) $\dfrac{q}{48\varepsilon_0}$

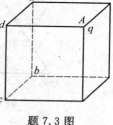

题 7.3 图

7.4　如图所示,两个同心的均匀带电球面,内球面半径为 R_1、带电量为 Q_1,外球面半径为 R_2、带电量为 Q_2。设无穷远处为电势零点,则在内球面里面,距离球心为 r 处的 P 点电势 U 为（　　）

(A) $\dfrac{Q_1+Q_2}{4\pi\varepsilon_0 r}$　　(B) $\dfrac{Q_1}{4\pi\varepsilon_0 R_1}+\dfrac{Q_2}{4\pi\varepsilon_0 R_2}$

(C) 0　　(D) $\dfrac{Q_1}{4\pi\varepsilon_0 R_1}$

7.5　有 N 个电量均为 q 的点电荷,以两种方式分布在相同半径的圆周上。一种是无规则的分布,另一种是均匀分布,比较这两种情况下在过圆心 O 并垂直于圆平面的 z 轴上

任一点 P 的场强与电势,则有(　　)

(A) 场强相等,电势相等

(B) 场强不等,电势不等

(C) 场强分量 E_z 相等,电势相等

(D) 场强分量 E_z 相等,电势不等

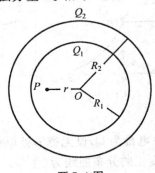

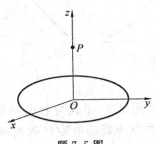

<table>
<tr><td>题 7.4 图</td><td>题 7.5 图</td></tr>
</table>

7.6　如图所示,边长为 a 的等边三角形的三个顶点上,放置着三个正的点电荷,电量分别为 $q,2q,3q$,若将另一正点电荷 Q 从无穷远处移到三角形的中心 O 处,外力所做的功为(　　)

(A) $\dfrac{2\sqrt{3}\,qQ}{4\pi\varepsilon_0 a}$　　(B) $\dfrac{4\sqrt{3}\,qQ}{4\pi\varepsilon_0 a}$　　(C) $\dfrac{6\sqrt{3}\,qQ}{4\pi\varepsilon_0 a}$　　(D) $\dfrac{8\sqrt{3}\,qQ}{4\pi\varepsilon_0 a}$

7.7　如图所示,在坐标 $(a,0)$ 处放置一点电荷 $+q$,在坐标 $(-a,0)$ 处放置另一点电荷 $-q$。点 P 是 y 轴上的一点,坐标为 $(0,y)$,当 $y \gg a$ 时,该点场强的大小为(　　)

(A) $\dfrac{q}{4\pi\varepsilon_0 y^2}$　　(B) $\dfrac{q}{2\pi\varepsilon_0 y^2}$　　(C) $\dfrac{qa}{2\pi\varepsilon_0 y^3}$　　(D) $\dfrac{q}{4\pi\varepsilon_0 y^3}$

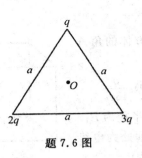

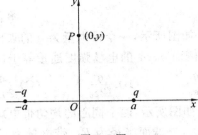

<table>
<tr><td>题 7.6 图</td><td>题 7.7 图</td></tr>
</table>

7.8　设有一"无限大"均匀带正电荷的平面,取 x 轴垂直带电平面,坐标原点在带电平面上,则其周围空间各点的电场强度 E 随距离平面的位置坐标 x 的变化关系曲线为(规定场强方向沿 x 轴正方向为正,反之为负)(　　)

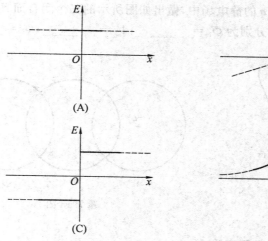

题 7.8 图

7.9　图中所示曲线表示某种球对称性静电场的场强大小 E 随径向距离 r 变化的关系,请指出该电场是由下列哪一种带电体产生的(　　)

（A）半径为 R 的均匀带电球面

（B）半径为 R 的均匀带电球体

（C）点电荷

（D）外半径为 R,内半径为 $R/2$ 的均匀带电球壳体

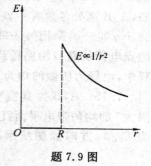

题 7.9 图

7.10　真空中一半径为 R 的球面均匀带电 Q,在球心 O 处有一带电量为 q 的点电荷,如图所示。设无穷远处为电势零点,则在球内离球心 O 为 r 的点 P 处的电势为(　　)

（A）$\dfrac{q}{4\pi\varepsilon_0 r}$

（B）$\dfrac{1}{4\pi\varepsilon_0}\left(\dfrac{q}{r}+\dfrac{Q}{R}\right)$

（C）$\dfrac{q+Q}{4\pi\varepsilon_0 r}$

（D）$\dfrac{1}{4\pi\varepsilon_0}\left(\dfrac{q}{r}+\dfrac{Q+q}{R}\right)$

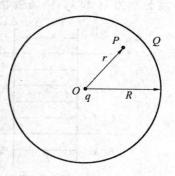

题 7.10 图

7.11　把一个均匀带电量为 $+Q$ 的球形肥皂泡由半径 r_1 吹胀到 r_2,则半径为 $R(r_1<R<r_2)$ 的高斯球面上任一点的场强大小 E 由_____变为_____;电势 U 由_____变为_____(选无穷远为电势零点)。

7.12　点电荷 q_1,q_2,q_3 和 q_4 在真空中的分布如图所示,图中 S 为闭合曲面,则通过该闭合曲面的电通量 $\oint \boldsymbol{E} \cdot \mathrm{d}\boldsymbol{S}=$ _____,式中的 $\boldsymbol{E}$ 是点电荷_____在闭合曲面上任一点产生的场强的矢量和。

7.13 在点电荷 $+q$ 和 $-q$ 的静电场中,做出如图所示的三个闭合面 S_1,S_2,S_3,则通过这些闭合面的电场强度通量分别为 $\Phi_1=$ _____;$\Phi_2=$ _____;$\Phi_3=$ _____。

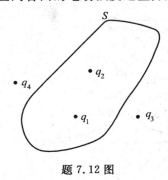

题 7.12 图

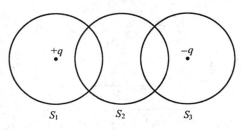

题 7.13 图

7.14 如图,点 A 与点 B 间距离为 $2l$,OCD 是以 B 为中心,以 l 为半径的半圆路径,A,B 两处各放有一点电荷,带电量分别为 $+q$ 和 $-q$,则把另一带电量为 $Q(Q<0)$ 的点电荷从点 D 沿路径 DCO 移到点 O 的过程中,电场力所做的功为 _____。

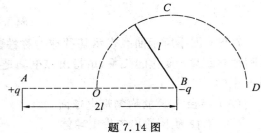

题 7.14 图

7.15 A,B 为真空中两个平行的"无限大"的均匀带电平面,已知两平面间的电场强度大小为 E_0,两平面外侧电场强度大小都为 $E_0/3$,方向如图所示,则 A,B 两平面上的电荷面密度分别为 $\sigma_A=$ _____;$\sigma_B=$ _____。

7.16 如图,两根相互平行的"无限长"均匀带正电直线 1 和 2,相距为 d,其电荷线密度分别为 λ_1 和 λ_2,则场强等于零的点与直线 1 的距离为 _____。

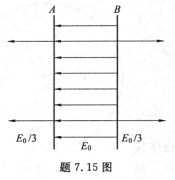

题 7.15 图

题 7.16 图

7.17 两个平行的"无限大"均匀带电平面,其面电荷密度分别为 $+\sigma$ 和 $+2\sigma$,如图所示,则 A,B,C 三个区域的电场强度分别为:$E_A=$ _____;$E_B=$ _____;$E_C=$ _____。(设方向向右为正)

7.18 图中虚线所示为一立方体形的高斯面,已知空间的场强分布为 $E_x=bx$,$E_y=E_z=0$,高斯面边长 $a=0.1$ m,常数 $b=1\,000$ N·C^{-1}·m^{-1}。试求该闭合面中包含的净电荷。

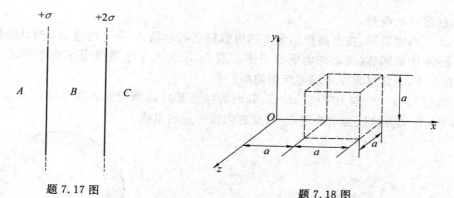

题 7.17 图　　　　　　　　　　　题 7.18 图

7.19　一细玻璃棒被弯成半径为 R 的半圆形,沿其上半部分均匀分布有电量 $+Q$,沿其下半部分均匀分布有电量 $-Q$,如图所示,试求圆心 O 处的电场强度。

7.20　在真空中有一长为 $l=10$ cm 的细杆,杆上均匀分布着电荷,已知其电荷线密度为 $\lambda=1.0\times10^{-5}$ C·m^{-1}。在杆的延长线上,距杆的一端距离 $d=10$ cm 的一点上,有一电量 $q_0=2.0\times10^{-5}$ C 的点电荷,如图所示,试求该电荷所受的电场力。

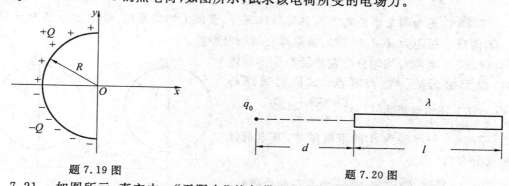

题 7.19 图　　　　　　　　　　　题 7.20 图

7.21　如图所示,真空中一"无限大"均匀带电平面,平面附近有一质量为 m、电量为 q 的粒子,在电场力作用下,由静止开始沿电场方向运动一段距离 l,获得速度大小为 v。试求平面上的面电荷密度。设重力影响可忽略不计。

7.22　如图所示为一沿 x 轴放置的长度为 l 的不均匀带电细棒,已知其电荷线密度为 $\lambda=\lambda_0(x-a)$,λ_0 为一常量,取无穷远处为电势零点,求坐标原点 O 处的电势。

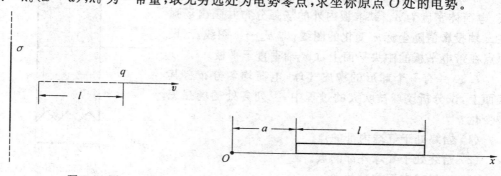

题 7.21 图　　　　　　　　　　　题 7.22 图

7.23　一半径为 R 的均匀带电圆盘,电荷面密度为 σ,设无穷远处为电势零点。计算

圆盘中心点 O 的电势。

7.24 如图所示,在电偶极矩为 P 的电偶极子的电场中,将一电量为 q 的点电荷从点 A 沿半径为 R 的圆弧(圆心与电偶极子中心重合,R 远大于电偶极子正负电荷之间的距离)移到点 B,求此过程中电场力所做的功。

7.25 图为一个均匀带电的球壳,其电荷体密度为 ρ,球壳内表面半径为 R_1,外表面半径为 R_2,设无穷远处为电势零点,求空腔内任一点的电势。

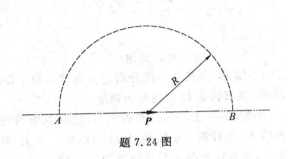

题 7.24 图

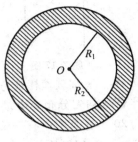

题 7.25 图

7.26 图为两个半径均为 R 的非导体球壳,表面上均匀带电,带电量分别为 $+Q$ 和 $-Q$,两球心相距为 $d(d \gg 2R)$,求两球心间的电势差。

7.27 电荷 Q 均匀分布在半径为 R 的球体内,设无穷远处为电势零点,试证明离球心 $r(r<R)$ 处的电势为:$U = \dfrac{Q(3R^2 - r^2)}{8\pi\varepsilon_0 R^3}$。

7.28 一半径为 R 的带电球体,其电荷体密度分布为

$$\begin{cases} \rho = \dfrac{qr}{\pi R^4} & (r \leqslant R) \quad (q \text{ 为一正的常数}) \\ \rho = 0 & (r > R) \end{cases}$$

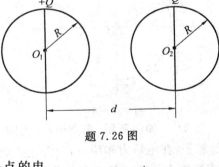

题 7.26 图

试求:(1)带电球体的总电量;(2)球内、外各点的电场强度;(3)球内、外各点的电势。

7.29 图示为一厚度为 d 的"无限大"均匀带电平板,电荷体密度为 ρ。试求板内外的场强分布并画出场强在 x 轴投影值随坐标 x 变化的图线,即 $E_x - x$ 图线。(设原点在带电平板的中央平面上,Ox 轴垂直于平板)

7.30 有一个球形的橡皮气球,电荷均匀分布在其表面上,试分析该球被吹大的过程中,下列各处的场强怎样变化?

(1)始终处于气球内部的点。

(2)始终处于气球外部的点。

(3)被气球表面掠过的点。

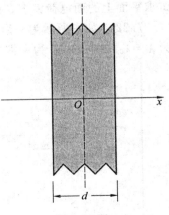

题 7.29 图

7.31 在半径为 r,高为 $2r$ 的圆柱中心放置一点电荷 Q,求通过此圆柱侧面的电场强

度通量。

7.32　带电量 Q 相同、半径 R 相同的均匀带电球面和非均匀带电球面,其球心处的电势是否相同(以无穷远处为电势零点)? 二者球内空间的场强、电势分布有何区别?

7.33　试用静电场的环路定理证明,如图所示的电场线为一系列不均匀分布的平行直线的静电场不存在。

7.34　两个无限长均匀带电、半径为 a 的圆柱筒,轴间距为 $2d$,线电荷密度分别为 $\pm\lambda$,求:

（1）圆柱筒外任一点的电势。

（2）两圆柱筒内侧二表面之间的电势差。

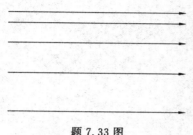

题 7.33 图

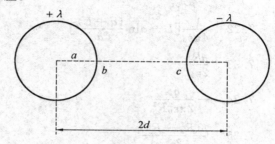

题 7.34 图

五、习题答案

7.1　(B)

7.2　(A)

7.3　(C)

7.4　(B)

7.5　(C)

7.6　(C)

7.7　(C)

7.8　(C)

7.9　(A)

7.10　(B)

7.11　$\dfrac{Q}{4\pi\varepsilon_0 R^2}, 0, \dfrac{Q}{4\pi\varepsilon_0 R}, \dfrac{Q}{4\pi\varepsilon_0 r_2}$

7.12　$\dfrac{(q_1+q_2)}{\varepsilon_0}; q_1, q_2, q_3, q_4$

7.13　$\dfrac{q}{\varepsilon_0}, 0, -\dfrac{q}{\varepsilon_0}$

7.14　$-\dfrac{Qq}{6\pi\varepsilon_0 l}$

7.15　$-\dfrac{2}{3}\varepsilon_0 E_0, \dfrac{4}{3}\varepsilon_0 E_0$

7.16 $\dfrac{\lambda_1 d}{\lambda_1 + \lambda_2}$

7.17 $-\dfrac{3\sigma}{2\varepsilon_0}, -\dfrac{\sigma}{2\varepsilon_0}, \dfrac{3\sigma}{2\varepsilon_0}$

7.18 $8.85 \times 10^{-12} \mathrm{C}$

7.19 $-\dfrac{Q}{\pi^2 \varepsilon_0 R^2} \boldsymbol{j}$

7.20 $9.0\mathrm{N}$, 沿 x 轴负向

7.21 $\dfrac{\varepsilon_0 m v^2}{qL}$

7.22 $\dfrac{\lambda_0}{4\pi\varepsilon_0}\left[L - a\ln\dfrac{(a+L)}{a}\right]$

7.23 $\dfrac{\sigma R}{2\varepsilon_0}$

7.24 $-\dfrac{qp}{2\pi\varepsilon_0 R^2}$

7.25 $\dfrac{\rho(R_2^2 - R_1^2)}{2\varepsilon_0}$

7.26 $\dfrac{Q(d-R)}{2\pi\varepsilon_0 Rd}$

7.27   略

7.28   (1) q

         (2) $E = \begin{cases} \dfrac{qr^2}{4\pi\varepsilon_0 R^4} & (r < R) \\[2mm] \dfrac{q}{4\pi\varepsilon_0 r^2} & (r > R) \end{cases}$

         (3) $U = \begin{cases} \dfrac{q}{3\pi\varepsilon_0 R} - \dfrac{qr^3}{12\pi\varepsilon_0 R^4} & (r < R) \\[2mm] \dfrac{q}{4\pi\varepsilon_0 r} & (r > R) \end{cases}$

7.29   略

7.30   略

7.31 $\dfrac{\sqrt{2}\,q}{2\varepsilon_0}$

7.32   略

7.33   略

7.34   (1) $\dfrac{\lambda}{4\pi\varepsilon_0}\ln\dfrac{(x-d)^2 + y^2}{(x+d)^2 + y^2}$

         (2) $\dfrac{\lambda}{\pi\varepsilon_0}\ln\dfrac{2d-a}{a}$

第 **8** 章

静电场中的导体与电介质

一、基本要求

1. 理解静电场中导体处于静电平衡时的条件,掌握在静电平衡条件下导体上电荷的分布规律。

2. 了解电介质极化的微观机理,电位移矢量 D 引入的意义,D 与 E 之间的关系。了解电介质中的高斯定理,并会用来计算电介质中的场强。

3. 理解电容的定义,计算几种特定结构电容器的电容。了解电容器串并联电容的计算。

4. 了解静电能量是储存在场中,静电场是静电能量的携带者。会计算静电场能量。

二、基本概念及规律

1. 导体的静电平衡条件

$$E_内 = 0, \quad E_{表面} = \frac{\sigma}{\varepsilon_0} e_n$$

或导体是等势体,表面是等势面。二者等价。

2. 介质内的高斯定理

$$\int_S D \cdot dS = \sum_i q_i, q_i \text{ 为闭合曲面 } S \text{ 内的自由电荷}$$

在各向同性介质中:$D = \varepsilon E = \varepsilon_0 \varepsilon_r E$

3. 电容器电容

$$C = \frac{Q}{U}, \quad C_并 = \sum_i C_i, \quad \frac{1}{C_串} = \sum_i \frac{1}{C_i}$$

4. 电容器储存的能量

$$W_e = \frac{Q^2}{2C} = \frac{1}{2}CU^2 = \frac{1}{2}QU$$

5. 电场能量密度

$$\omega_e = \frac{1}{2}\varepsilon_0 \varepsilon_r E^2 = \frac{1}{2}DE$$

电场的能量：$W_e = \int_V \frac{1}{2}\varepsilon E^2 \mathrm{d}V$

三、解题指导

例 8.1 如图所示，在真空中将半径为 R 的金属球接地，在与球心 O 相距 $r(r>R)$ 处放一点电荷 q，不计接地导线上电荷的影响，求金属球表面上感应电荷总量。

解 设金属球表面上的感应电荷为 Q，则球心电势

$$U_0 = \frac{Q}{4\pi\varepsilon_0 R} + \frac{q}{4\pi\varepsilon_0 r} = 0$$

$$Q = -\frac{R}{r}q$$

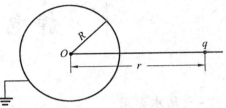

例 8.2 两输电线的线径为 3.26 mm，两线中心相距 0.50 m。输电线位于地面上空很高处，因而大地影响可以忽略。求输电线单位长度的电容。

例 8.1 图

解 设两输电线单位长度带电 $\pm\lambda$，则线间 x 处的电场强度

$$E = \frac{\lambda}{2\pi\varepsilon_0 x} + \frac{\lambda}{2\pi\varepsilon_0 (d-x)}$$

两线间电势差

$$U = \int_R^{d-R} E\,\mathrm{d}x = \frac{\lambda}{\pi\varepsilon_0}\ln\frac{d-R}{R}$$

两输电线单位长度电容

$$C = \frac{\lambda}{U} = \frac{\pi\varepsilon_0}{\ln\dfrac{d-R}{R}} = 4.86\times10^{-12}\,\mathrm{F}$$

例 8.3 如图所示，设有两个薄导体同心球壳 A 与 B，它们的半径分别为 $R_1 = 10$ cm 与 $R_3 = 20$ cm，并分别带有电荷 -4.0×10^{-8}C 与 1.0×10^{-7}C。球壳间有两层介质，内层介质的 $\varepsilon_{r1} = 4.0$，外层介质 $\varepsilon_{r2} = 2.0$，其分界面的半径为 $R_2 = 15$ cm，球壳 B 外的介质为空气。求：(1) 两球间的电势差 U_{AB}；(2) 离球心 30 cm 处的电场强度；(3) 球 A 的电势。

解 (1) 由高斯定理有

$$D = \frac{Q_A}{4\pi r^2}$$

$$E_1 = \frac{D}{\varepsilon_0 \varepsilon_{r1}} \quad (R_1 < r < R_2)$$

$$E_2 = \frac{D}{\varepsilon_0 \varepsilon_{r2}} \quad (R_2 < r < R_3)$$

$$U_{AB} = \int_{R_1}^{R_2} E_1\,\mathrm{d}r + \int_{R_2}^{R_3} E_2\,\mathrm{d}r =$$

$$\frac{Q_A}{4\pi\varepsilon_0\varepsilon_{r1}}\left(\frac{1}{R_1}-\frac{1}{R_2}\right) + \frac{Q_A}{4\pi\varepsilon_0\varepsilon_{r2}}\left(\frac{1}{R_2}-\frac{1}{R_3}\right) =$$

$$6.0\times10^2\,\mathrm{V\cdot m^{-1}}$$

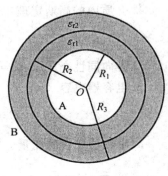

例 8.3 图

(2) $r = 30$ cm 处在空气中，由高斯定理得

$$E=\frac{Q_A+Q_B}{4\pi\varepsilon_0 r^2}=6.0\times10^3\,\text{V}\cdot\text{m}^{-1}$$

$$(3)U_A=U_{AB}+\int_B^{+\infty}E_3\,\mathrm{d}r=U_{AB}+\frac{Q_A+Q_B}{4\pi\varepsilon_0 R_3}=2.1\times10^3\,\text{V}$$

例 8.4　如图,有一空气平板电容器极板面积为 S,间距为 d,现将该电容器接在端电压为 U 的电源上充电。当(1)充足电后;(2)然后平行插入一块面积相同,厚度为 $\delta(\delta<d)$,相对电容率为 ε_r 的电介质板;(3)将上述电介质换为相同大小的导体板时;分别求极板上的电荷 Q、极板间的电场强度 E 和电容器的电容 C。

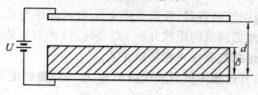

例 8.4 图

解　$(1)C_0=\dfrac{\varepsilon_0 S}{d}$,$Q_0=C_0U=\dfrac{\varepsilon_0 SU}{d}$,$E_0=\dfrac{U}{d}$

(2)由介质中的高斯定理 $DS=\sigma S$,得 $D=\sigma$

所以
$$E_1=\frac{\sigma}{\varepsilon_0},\quad E'_1=\frac{\sigma}{\varepsilon_0\varepsilon_r}$$
$$U=E_1(d-\delta)+E'_1\delta$$
$$C_1=\frac{Q}{U}=\frac{\sigma S}{\frac{\sigma}{\varepsilon_0}(d-\delta)+\frac{\sigma}{\varepsilon_0\varepsilon_r}\delta}$$

因此
$$Q_1=C_1U=\frac{\varepsilon_0\varepsilon_r SU}{\delta+\varepsilon_r(d-\delta)}$$
$$D=\frac{Q_1}{S}=\frac{\varepsilon_0\varepsilon_r U}{\delta+\varepsilon_r(d-\delta)}$$

介质中 $E'_1=\dfrac{D}{\varepsilon_0\varepsilon_r}=\dfrac{U}{\delta+\varepsilon_r(d-\delta)}$,空气中 $E'_1=\dfrac{D}{\varepsilon_0}=\dfrac{\varepsilon_r U}{\delta+\varepsilon_r(d-\delta)}$。

$(3)C_2=\dfrac{\varepsilon_0 S}{d-\delta}$

$Q_2=C_2U=\dfrac{\varepsilon_0 SU}{d-\delta}$,空气中 $E_2=\dfrac{U}{d-\delta}$,导体中 $E'_2=0$。

例 8.5　如图所示,在平板电容器中填入两种介质,每一种介质各占一半体积。试证其电容为:$C=\dfrac{\varepsilon_{r1}+\varepsilon_{r2}}{2}\cdot\dfrac{\varepsilon_0 S}{d}$。

解　此电容器可等效看作两电容器并联
$$C=C_1+C_2=\frac{\varepsilon_0\varepsilon_{r1}S}{2d}+\frac{\varepsilon_0\varepsilon_{r2}S}{2d}=\frac{\varepsilon_0 S}{d}\cdot\frac{\varepsilon_{r1}+\varepsilon_{r2}}{2}$$

得证。

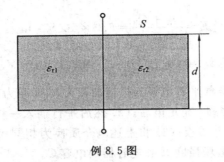

例 8.5 图

例 8.6 一平行板空气电容器,极板面积为 S,极板间距为 d,充电至带电 Q 后与电源断开,然后用外力缓缓地把两极间距拉开到 $2d$。求:(1)电容器能量的改变;(2)在此过程中外力所做的功,并讨论此过程中功能转换关系。

解 (1)两极板拉开过程中极板间场强不变,电场能量密度不变

$$\omega_e = \frac{1}{2}\varepsilon_0 E^2 = \frac{Q^2}{2\varepsilon_0 S^2}$$

电容器体积变大,能量变大

$$\Delta W_e = \omega_e \Delta V = \frac{Q^2 d}{2\varepsilon_0 S}$$

(2)由能量守恒与转换,外力所做的功等于电容器能量的增加

$$A = \Delta W_e = \frac{Q^2 d}{2\varepsilon_0 S}$$

例 8.7 一导体球半径为 R_1,外罩一半径为 R_2 的同心薄导体球壳,外球壳所带总电荷为 Q,而内球的电势为 U_0,求此系统的电势和电场分布。

解 设导体球带电 Q_0,则它的电势

$$U_0 = \frac{Q_0}{4\pi\varepsilon_0 R_1} + \frac{Q}{4\pi\varepsilon_0 R_2}$$

$$Q_0 = 4\pi\varepsilon_0 R_1 U_0 - \frac{QR_1}{R_2}$$

$r < R_1$ 时,$E = 0$,$U = U_0$

$R_1 < r < R_2$ 时,$E = \dfrac{Q_0}{4\pi\varepsilon_0 r^2} = \dfrac{R_1 U_0}{r^2} - \dfrac{R_1 Q}{4\pi\varepsilon_0 R_2 r^2}$

$$U = \frac{Q_0}{4\pi\varepsilon_0 r} + \frac{Q}{4\pi\varepsilon_0 R_2} = \frac{R_1 U_0}{r} + \frac{(r - R_1)Q}{4\pi\varepsilon_0 R_2 r}$$

$r > R_2$ 时,$E = \dfrac{Q_0 + Q}{4\pi\varepsilon_0 r^2} = \dfrac{R_1 U_0}{r^2} + \dfrac{(R_2 - R_1)Q}{4\pi\varepsilon_0 R_2 r^2}$

$$U = \frac{Q_0 + Q}{4\pi\varepsilon_0 r} = \frac{R_1 U_0}{r} + \frac{(R_2 - R_1)Q}{4\pi\varepsilon_0 R_2 r}$$

例 8.8 如图所示,三块平行导体平板 A,B,C 的面积均为 S,其中 A 板带电 Q,B 和 C 板不带电,A 和 B 相距为 d_1,A 和 C 间相距为 d_2。求:(1)各导体板上的电荷分布和导体板间的电势差;(2)将 B,C 导体板接地,再求导体板上的电荷分布和导体板间的电势差。

解 (1)由静电感应,从左到右电荷分布为

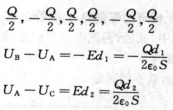

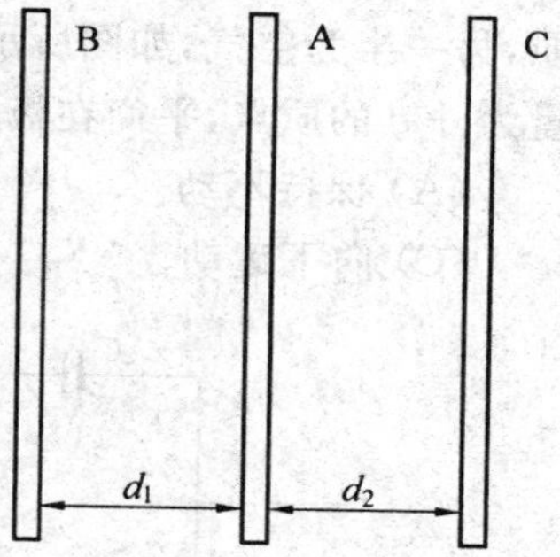

$$\frac{Q}{2}, -\frac{Q}{2}, \frac{Q}{2}, \frac{Q}{2}, -\frac{Q}{2}, \frac{Q}{2}$$

$$U_B - U_A = -Ed_1 = -\frac{Qd_1}{2\varepsilon_0 S}$$

$$U_A - U_C = Ed_2 = \frac{Qd_2}{2\varepsilon_0 S}$$

(2)B,C 接地,$U_B = U_C = 0$

电荷重新分布,由静电感应从左向右为

$$0, -Q_1, Q_1, Q_2, -Q_2, 0$$

其中
$$Q_1 + Q_2 = Q \tag{1}$$

例 8.8 图

$$U_A = E_1 d_1 = E_2 d_2 \tag{2}$$

$$E_1 = \frac{Q_1}{\varepsilon_0 S}, \quad E_2 = \frac{Q_2}{\varepsilon_0 S} \tag{3}$$

联立(1),(2),(3) 得

$$Q_1 = \frac{d_2}{d_1 + d_2} Q, \quad Q_2 = \frac{d_1}{d_1 + d_2} Q, \quad U_A = \frac{Q}{\varepsilon_0 S} \frac{d_1 d_2}{d_1 + d_2}$$

$$U_B - U_A = 0 - U_A = -\frac{Q}{\varepsilon_0 S} \frac{d_1 d_2}{d_1 + d_2}$$

$$U_A - U_C = U_A - 0 = \frac{Q}{\varepsilon_0 S} \frac{d_1 d_2}{d_1 + d_2}$$

四、习　　题

8.1　A,B 为两导体大平板,面积均为 S,平行放置,如图所示,A 板带电荷 $+Q_1$,B 板带电荷 $+Q_2$,如果使 B 板接地,则 AB 间电场强度的大小 E 为(　　)

(A) $\dfrac{Q_1}{2\varepsilon_0 S}$ 　　　　(B) $\dfrac{Q_1 - Q_2}{2\varepsilon_0 S}$

(C) $\dfrac{Q_1}{\varepsilon_0 S}$ 　　　　(D) $\dfrac{Q_1 + Q_2}{2\varepsilon_0 S}$

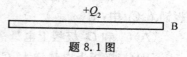

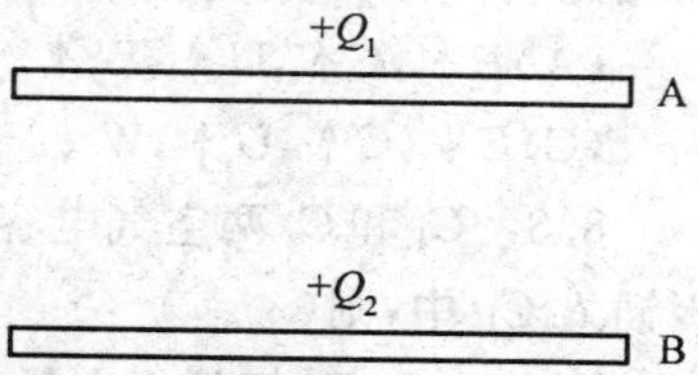

题 8.1 图

8.2　C_1 和 C_2 两个电容器,其上分别标明 200 pF(电容量),500 V(耐压值) 和 300 pF,900 V。把它们串联起来在两端加上 1 000 V 电压,则(　　)

(A)C_1 被击穿,C_2 不被击穿

(B)C_2 被击穿,C_1 不被击穿

(C) 两者都被击穿

(D) 两者都不被击穿

8.3　三个电容器连接如图。已知电容 $C_1 = C_2 = C_3$,而 C_1, C_2, C_3 的耐压值分别为 100 V,200 V,300 V,则此电容器组的耐压值为(　　)

(A)500 V 　　　　(B)400 V

(C)300 V 　　　　(D)150 V 　　　　(E)600 V

8.4　一个大平行板电容器水平放置,两极板间的一半空间充有各向同性均匀电介

质,另一半为空气,如图所示。当两极板带上恒定的等量异号电荷时,有一质量为 m、带电量为 $+q$ 的质点,平衡在极板间的空气区域中,此后,若把电介质抽去,则该质点( )

(A) 保持不动   (B) 向上运动

(C) 向下运动   (D) 是否运动不能确定

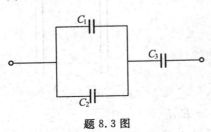

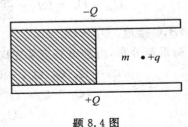

题 8.3 图   题 8.4 图

8.5 一个平行板电容器充电后与电源断开,当用绝缘手柄将电容器两极板间距离拉大,则两极板间的电势差 U_{12}、电场强度的大小 E、电场能量 W 将发生的变化是( )

(A) U_{12} 减小,E 减小,W 减小   (B) U_{12} 增大,E 增大,W 增大

(C) U_{12} 增大,E 不变,W 增大   (D) U_{12} 减小,E 不变,W 不变

8.6 一个平行板电容器充电后仍与电源连接,若用绝缘手柄将电容器两极板间距离拉大,则极板上的电量 Q、电场强度的大小 E、电场能量 W 将发生的变化是( )

(A) Q 增大,E 增大,W 增大   (B) Q 减小,E 减小,W 减小

(C) Q 增大,E 减小,W 增大   (D) Q 增大,E 增大,W 减小

8.7 一个空气平行板电容器充电后与电源断开,然后在两极板间充满某种各向同性、均匀电介质,则电场强度大小 E、电容 C、电压 U、电场能量 W 四个量各自与充入介质前相比较,增大(↑)或减小(↓)的情形为( )

(A) $E\uparrow$,$C\uparrow$,$U\uparrow$,$W\uparrow$ (B) $E\downarrow$,$C\uparrow$,$U\downarrow$,$W\downarrow$

(C) $E\downarrow$,$C\uparrow$,$U\uparrow$,$W\downarrow$ (D) $E\uparrow$,$C\downarrow$,$U\downarrow$,$W\uparrow$

8.8 C_1 和 C_2 两空气电容器并联起来接上电源充电,然后将电源断开,再把一电介质板插入 C_1 中,则( )

(A) C_1 和 C_2 极板上电量都不变

(B) C_1 极板上电量增大,C_2 极板上电量不变

(C) C_1 极板上电量增大,C_2 极板上电量减少

(D) C_1 极板上电量减少,C_2 极板上电量增大

8.9 两个薄金属同心球壳,半径各为 R_1 和 R_2($R_1 < R_2$),分别带有电荷 q_1 和 q_2,二者电势分别为 U_1 和 U_2,设无穷远为电势零点。现用导线将二球壳连起来,则它们的电势为( )

(A) U_1 (B) U_2

(C) $U_1 + U_2$ (D) $(U_1 + U_2)/2$

8.10 一个平行板电容器充满相对介电常数为 ε_r 的各向同性均匀电介质,已知介质表面极化电荷面密度为 $\pm\sigma'$,则极化电荷在电容器中产生的电场强度的大小为( )

(A) $\dfrac{\sigma'}{\varepsilon_0}$　　　(B) $\dfrac{\sigma'}{\varepsilon_0 \varepsilon_r}$　　　(C) $\dfrac{\sigma'}{2\varepsilon_0}$　　　(D) $\dfrac{\sigma'}{\varepsilon_r}$

8.11　两块面积均为 S 的金属板 A 和 B 彼此平行放置,板间距离为 d(d 远小于板的线度),设 A 板带电为 q_1,B 板带电为 q_2,则 AB 两板间的电势差为(　　)

(A) $\dfrac{q_1+q_2}{2\varepsilon_0 Sd}$ 　　　　　　　　　(B) $\dfrac{q_1+q_2}{4\varepsilon_0 Sd}$

(C) $\dfrac{q_1-q_2}{2\varepsilon_0 Sd}$ 　　　　　　　　　(D) $\dfrac{q_1-q_2}{4\varepsilon_0 Sd}$

8.12　一个空气平行板电容器,两极板间距离为 d,充电后板间电压为 U。然后将电源断开,在两板间平行地插入一厚度为 $d/3$ 的金属板,则板间电压变成 $U'=$_____。

8.13　A,B 为两个电容值都等于 C 的电容器,已知 A 带电量为 Q,B 带电量为 $2Q$,现将 A,B 并联后,系统电场能量的增量 $\Delta W=$_____。

8.14　一个空气平行板电容器,其电容值为 C_0,充电后电场能量为 W_0。在保持与电源连接的情况下在两极板间充满相对介电常数为 ε_r 的各向同性均匀电介质,则此时电容值 $C=$_____,电场能量 $W=$_____。

8.15　半径为 0.1 m 的孤立带电导体球,其电势为 300 V,则离导体球体中心 30 cm 处的电势为 $U=$_____(无穷远为电势零点)。

8.16　半径为 R_1 和 R_2 的两个同轴金属圆筒,其间充满着相对介电常数为 ε_r 的均匀介质。设两筒上单位长度带电量分别为 $+\lambda$ 和 $-\lambda$,则介质中的电位移矢量的大小为:$D=$_____,电场强度的大小为 $E=$_____。

8.17　两个半径相同的金属球相距很远。证明:该导体组的电容等于各孤立导体球的电容值的一半。

8.18　证明:半径为 R 的孤立球形导体,带电量为 $2Q$,其电场能量恰与半径为 $R/4$、带电量为 Q 的孤立球形导体的电场能量相等。

8.19　两块"无限大"平行导体板,相距为 $2d$,都与地连接。在板间均匀充满着正离子气体(与导体板绝缘),离子数密度为 n,每个离子的带电量为 q,如果忽略气体中的极化现象,可以认为电场分布相对中心平面 OO' 是对称的。试求两板间的场强分布和电势分布。

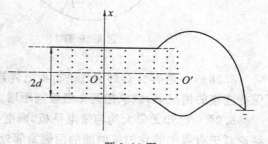

题 8.19 图

8.20　两根平行"无限长"均匀带电直导线,相距为 d,导线半径都是 R($R\ll d$)。导线上电荷线密度分别为 $+\lambda$ 和 $-\lambda$,试求该导体单位长度的电容。

8.21　电容器由两个同轴圆筒组成,内筒半径为 a,外筒半径为 b,筒长都是 L,中间充满相对介电常数为 ε_r 的各向同性均匀电介质,若内、外筒分别有等量异号电荷 $+Q$ 和 $-Q$。设 $(b-a)\ll a,L\gg b$,可以忽略边缘效应。求:(1)圆柱形电容器的电容;(2)电容器储存的能量。

8.22　半径为 R 的金属球,球上带电荷 $-Q$,球外充满介电常数为 ε 的各向同性均匀电介质,求电场中储存的能量。

8.23 半径分别为 1.0 cm 与 2.0 cm 的两个球形导体,各带电量 1.0×10^{-8} C,两球心间相距很远。若用细导线将两球相连接。求:(1) 每个球所带的电量;(2) 每球的电势。

8.24 两电容器的电容之比为 $C_1 : C_2 = 1 : 2$

(1) 把它们串联后接到电压一定的电源上充电,它们的电能之比是多少?

(2) 如果是并联充电,电能之比是多少?

(3) 在上述两种情况下电容器系统的总电能之比是多少?

8.25 一圆柱形电容器,外柱的直径为 4 cm,内柱的直径可以适当选择,若其间充满各向同性的均匀介质,该介质的击穿电场强度大小为 $E_0 = 200$ kV·cm^{-1},试求该电容器可能承受的最高电压。

8.26 图示为一球形电容器,在外球壳的半径 b 及内外导体间电势差 U 维持恒定的条件下,内球半径 a 为多大时才能使内球表面附近的电场强度最小? 并求这个最小电场强度的大小。

8.27 图示为两个同轴带电长直金属圆筒,内、外筒半径分别为 R_1 和 R_2,两筒间为空气,内、外筒电势分别为 $U_1 = 2U_0$,$U_2 = U_0$,U_0 为一已知常量。求两金属筒之间的电势分布。

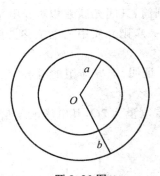

题 8.26 图

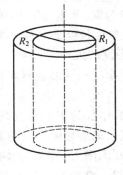

题 8.27 图

8.28 一电容为 C 的空气平行板电容器,接上端电压 U 为定值的电源充电。在电源保持连接的情况下,试求把两个极板间距增大至 n 倍时外力所做的功。

8.29 已知无限大均匀带电平板,面电荷密度为 σ。其两侧的场强为 $E = \sigma/2\varepsilon_0$,这个结论对于有限大的均匀带电面的两侧紧邻处的电场强度也成立。又已知静电平衡的导体表面某处面电荷密度为 σ,在表面外紧靠该处的场强等于 σ/ε_0。为什么前者比后者小一半? 分析说明。

8.30 均匀电场 E_0 中放入一各向同性均匀介质球半径为 R,其相对介电常数为 ε_r,如图所示。求介质球内电场强度及介质球上极化电荷分布。

题 8.30 图

五、习题答案

8.1 (C)

8.2　(C)

8.3　(C)

8.4　(B)

8.5　(C)

8.6　(B)

8.7　(B)

8.8　(C)

8.9　(B)

8.10　(A)

8.11　(C)

8.12　$\dfrac{2U}{3}$

8.13　$-\dfrac{Q^2}{4C}$

8.14　$\varepsilon_r C_0$，$\varepsilon_r W_0$

8.15　100 V

8.16　$\dfrac{\lambda}{2\pi r}$，$\dfrac{\lambda}{2\pi\varepsilon_0\varepsilon_r r}$

8.17　略

8.18　略

8.19　$\dfrac{nqx}{\varepsilon_0}$，$\dfrac{nq(d^2-x^2)}{2\varepsilon_0}$

8.20　$\dfrac{\pi\varepsilon_0}{\ln[(d-R)/R]}$

8.21　(1) $\dfrac{2\pi\varepsilon_0\varepsilon_r L}{\ln(b/a)}$　(2) $\dfrac{Q^2}{4\pi\varepsilon_0\varepsilon_r L}\ln(b/a)$

8.22　$\dfrac{Q^2}{8\pi\varepsilon R}$

8.23　(1)$q_1=0.67\times10^{-8}$C，$q_2=1.33\times10^{-8}$C　(2)$U_1=U_2=6.0\times10^3$V

8.24　(1)$W_1:W_2=2:1$　(2)$W_1:W_2=1:2$　(3)$W_s:W_p=2:9$

8.25　147 kV

8.26　$a=\dfrac{b}{2}$，$E_{\min}=\dfrac{4U}{b}$

8.27　$U=2U_0-\dfrac{U_0}{\ln(R_2/R_1)}\ln\dfrac{r}{R_1}$ 或 $U=U_0+\dfrac{U_0}{\ln(R_2/R_1)}\ln\dfrac{R_2}{r}$

8.28　$\dfrac{1}{2}CU^2[(n-1)/n]$

8.29　略

8.30　略

第 9 章

稳恒磁场

一、基本要求

1. 掌握磁感应强度的概念。

2. 理解毕奥-莎伐尔定律,并利用其计算磁感应强度。

3. 理解磁场中高斯定理反映了磁场的无源性;磁场中的安培环路定理揭示了磁场的有旋性。能利用安培环路定理计算磁感应强度。

4. 理解洛伦兹力和安培力计算式。分析运动电荷在磁场中受力及运动;了解磁矩的概念,计算通电导线在磁场中受力及通电线圈在磁场中受到的磁力矩。

二、基本概念及规律

1. 磁感应强度 B

B 的大小为 $B = \dfrac{f_{max}}{qv}$,B 的方向为该点小磁针北极的指向。

2. 毕奥-莎伐尔定律

电流元 Idl 在真空某点激发磁场的磁感应强度 dB 为 $dB = \dfrac{\mu_0 Idl \times r}{4\pi r^3} = \dfrac{\mu_0 Idl \times e_r}{4\pi r^2}$,其中 r 表示从电流元到该点的距离,e_r 表示从电流元到该点的单位矢量,μ_0 是真空中磁导率。

3. 安培环路定理

$$\oint B \cdot dl = \mu_0 \sum_i I_i$$

4. 磁通量及高斯定理

$$\Phi_m = \int_S B \cdot dS$$

$\oint_S B \cdot dS = 0$,表面磁场是无源场。

5. 几种典型载流导线所产生的磁感应强度

有限长载流直导线：$B = \dfrac{\mu_0 I}{4\pi r}(\cos \alpha_1 - \cos \alpha_2)$

圆电流轴线上：$B=\dfrac{\mu_0 IR^2}{2\,(R^2+x^2)^{\frac{3}{2}}}$，圆心处（左式 $x=0$）：$B=\dfrac{\mu_0 I}{2R}$

一段圆弧在圆心处：$B=\dfrac{\mu_0 I}{2R}\dfrac{l}{2\pi R}=\dfrac{\mu_0 I}{2R}\dfrac{\theta}{2\pi}$

载流长直螺线管：$B_内=\mu_0 nI$，$B_外=0$

6. 安培定律

$$d\boldsymbol{F}=I d\boldsymbol{l}\times\boldsymbol{B},\quad \boldsymbol{F}=\int_L I d\boldsymbol{l}\times\boldsymbol{B}$$

7. 载流平面线圈在匀强磁场中受磁力矩

$$\boldsymbol{M}=\boldsymbol{P}_{\mathrm m}\times\boldsymbol{B}$$

8. 洛伦兹力

$$\boldsymbol{F}=q\boldsymbol{v}\times\boldsymbol{B}$$

9. 霍尔电势差

$$U_{\mathrm H}=R_{\mathrm H}\dfrac{IB}{d},\quad R_{\mathrm H}=\dfrac{1}{nq}$$

其中 $R_{\mathrm H}$ 为霍尔系数，n 为载流子数密度，q 为载流子电量，d 为磁场穿过霍尔件的厚度。

三、解题指导

例 9.1　如图（a）所示，两根长直导线互相平行放置，导线内电流大小相等均为 $I=10$ A，方向相同，求图中 M,N 两点的磁感应强度 $\boldsymbol{B}$ 的大小和方向（图中 $r_0=0.020$ m）。

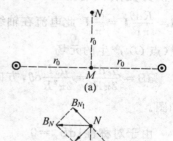

解　如图（b）所示，对点 M

I_1 在点 M 单独产生的磁场 $B_{M_1}=\dfrac{\mu_0 I}{2\pi r_0}$

I_2 在点 M 单独产生的磁场 $B_{M_2}=\dfrac{\mu_0 I}{2\pi r_0}$

两者等大而反向，所以 $\boldsymbol{B}_M=\boldsymbol{B}_{M_1}+\boldsymbol{B}_{M_2}=0$

对点 N，I_1 与 I_2 在点 N 产生的磁场大小均为

$\dfrac{\mu_0 I}{2\pi\sqrt2\,r_0}$，但二者方向夹角为 $\alpha=90°$，因此 $\boldsymbol{B}_N$ 大小为 $B_N=$

$\sqrt{{B_{N_1}}^2+{B_{N_2}}^2}=\sqrt2 B_{N_1}=\dfrac{\mu_0 I}{2\pi r_0}$，方向水平向左。

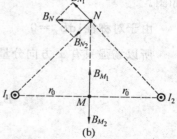

例 9.1 图

例 9.2　如图所示，有两根导线沿半径方向接到铁环的 a,b 两点，并与很远处的电源相接，求环心 O 的磁感应强度。

解　如图所示，①，② 两段电流在点 O 产生的磁场均为零，即 $\boldsymbol{B}_1=\boldsymbol{B}_2=0$。

设 ③ 占圆周长的 $1/n$，则 ④ 占圆周长的 $\dfrac{n-1}{n}$，两段电阻之比为

$$\dfrac{R_3}{R_4}=\dfrac{1}{n}\Big/\dfrac{n-1}{n}=\dfrac{1}{n-1}$$

两段电流之比为

$$\frac{I_3}{I_4} = \frac{R_4}{R_3} = n-1$$

所以 $I_3 = (n-1)I_4$，故

$$B_3 = \frac{1}{n} \cdot \frac{\mu_0 I_3}{2R} = \frac{n-1}{n} \cdot \frac{\mu_0 I_4}{2R}$$

$\boldsymbol{B}_3$ 的方向为 $\odot$

$$B_4 = \frac{n-1}{n} \cdot \frac{\mu_0 I_4}{2R}$$

$\boldsymbol{B}_4$ 的方向为 $\otimes$

所以 $\boldsymbol{B}_3 + \boldsymbol{B}_4 = 0$，因此 $\boldsymbol{B}_0 = \boldsymbol{B}_1 + \boldsymbol{B}_2 + \boldsymbol{B}_3 + \boldsymbol{B}_4 = 0$。

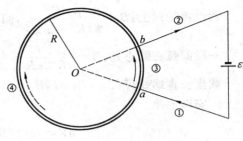

例9.2 图

例 9.3 如图(a)所示，一个半径为 R 的无限长半圆柱面导体沿长度方向的电流 I 在柱面上均匀分布，求半圆柱面轴线 OO' 的磁感应强度。

解 沿电流流动方向看去，系统截面如图(b)。

在柱面上沿母线方向取宽为 $dl = Rd\theta$ 的窄条无限长面元，可视为无限长电流 dI，其电流 $dI = \dfrac{Rd\theta}{\pi R}I = \dfrac{d\theta}{\pi}I$，此电流在轴线上（点 O）产生的元场

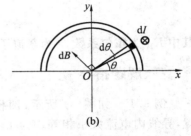

例9.3 图

$$dB = \frac{\mu_0 dI}{2\pi R} = \frac{\mu_0 I}{2\pi^2 R}d\theta，方向$$

如图。

由于对称性 $\int dB_y = 0$

所以场强只有 x 方向分量

$$dB_x = dB\sin\theta$$

$$B_x = \int dB_x = -\int_0^\pi \frac{\mu_0 I}{2\pi^2 R}\sin\theta d\theta =$$

$$\frac{\mu_0 I}{2\pi^2 R}\cos\theta \Big|_0^\pi = -\frac{\mu_0 I}{\pi^2 R}$$

所以

$$\boldsymbol{B}_0 = B_x \boldsymbol{i} = -\frac{\mu_0 I}{\pi^2 R}\boldsymbol{i}$$

例 9.4 如图所示，一宽为 b 的金属薄板，其电流为 I，试求在薄板的平面上距板的一边为 r 的点 P 的磁感应强度。

解 以点 P 为原点，建立图示坐标系，在 x 处取宽为 dx 的沿电流方向的无限长面元，其元电流 $dI = \dfrac{I}{b}dx$，在点 P 产生的元场

$$dB_P = \frac{\mu_0 dI}{2\pi x} = \frac{\mu_0 I}{2\pi bx}dx，方向为 \otimes$$

所以整个载流板在点 P 产生的磁场

$$B_P = \int dB_P = \frac{\mu_0 I}{2\pi b} \int_r^{r+b} \frac{dx}{x}$$

$$= \frac{\mu_0 I}{2\pi b} \ln \frac{r+b}{r}, 方向为 \otimes$$

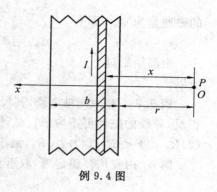

例 9.4 图

例 9.5　实验室中常用所谓亥姆霍兹线圈在局部区域内获得一近似均匀磁场,其装置简图如图(a)所示。一对完全相同、彼此平行的线圈,它们的半径均为 R,通过的电流均为 I,且两线圈中电流流向相同。试证明当两线圈中心间的距离 d 等于线圈的半径 R 时,在两线圈中心连线的中点附近区域,磁场可以是均匀磁场。

证明　选两线圈中心连线为 x 轴,并以连线中点 O 为坐标原点,在 $-\dfrac{R}{2} < x < \dfrac{R}{2}$ 内任取一点 P,坐标为 x,则点 P 的磁感应强度为

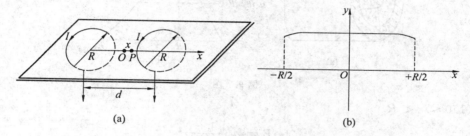

(a)　　　　　　　　　　(b)

例 9.5 图

$$B(x) = \frac{\mu_0 I R^2}{2\left[R^2 + \left(\dfrac{R}{2}+x\right)^2\right]^{\frac{3}{2}}} + \frac{\mu_0 I R^2}{2\left[R^2 + \left(\dfrac{R}{2}-x\right)^2\right]^{\frac{3}{2}}}$$

$B(x)$ 对 x 的一阶导数

$$\frac{dB(x)}{dx} = \frac{\mu_0 I R^2}{2}\left\{-\frac{3}{2}\frac{2\left(\dfrac{R}{2}+x\right)}{\left[R^2 + \left(\dfrac{R}{2}+x\right)^2\right]^{\frac{5}{2}}} + \frac{3}{2}\frac{2\left(\dfrac{R}{2}-x\right)}{\left[R^2 + \left(\dfrac{R}{2}-x\right)^2\right]^{\frac{5}{2}}}\right\}$$

当 $x = 0$ 时,$\dfrac{dB}{dx} = 0$。

点 O 处 B 的一阶导数为零,这说明对两个线圈的特定距离 $(d = R)$,点 O 附近的磁场具有均匀性,这从图(b)中 $B(x) - x$ 的曲线可以明显看出。

例 9.6　如图,在磁感应强度为 $\boldsymbol{B}$ 的均匀磁场中,有一半径为 R 的半球面,$\boldsymbol{B}$ 与半球面的轴线夹角为 α,求通过半球面的磁通量。

解　设通过半球面的磁通量为 Φ_{m1},通过半径为 R 的圆面

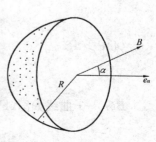

例 9.6 图

的磁通量为 Φ_{m2}，即

$$\Phi_{m2} = \boldsymbol{B} \cdot \boldsymbol{S}_2 = BS_2 \cos \alpha = B\pi R^2 \cos \alpha$$

由高斯定理 $$\Phi_{m1} + \Phi_{m2} = 0$$

所以 $$\Phi_{m1} = -\Phi_{m2} = -B\pi R^2 \cos \alpha$$

例 9.7　有一同轴电缆,其尺寸如图(a)所示。两导线中的电流均为 I 但电流的流向相反,导线的磁性可不考虑。试计算以下各处的磁感应强度:(1)$r < R_1$;(2)$R_1 < r < R_2$;(3)$R_2 < r < R_3$;(4)$r > R_3$,画出 $B(r) - r$ 图线。

解　由安培环路定理,取垂直于轴线且中心在轴线上,半径为 r 的圆形环路 L,则

$$\oint_L \boldsymbol{B} \cdot \mathrm{d}\boldsymbol{l} = \mu_0 \sum_i I_i$$

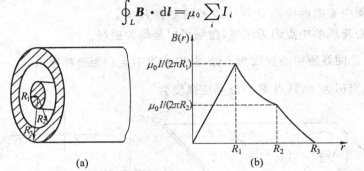

例 9.7 图

(1)$0 \leqslant r < R_1$

$$2\pi r B = \mu_0 \frac{1}{\pi R_1^2} \pi r^2$$

$$B = \frac{\mu_0 I r}{2\pi R_1^2}$$

(2)$R_1 \leqslant r < R_2$

$$2\pi r B = \mu_0 I$$

$$B = \frac{\mu_0 I}{2\pi r}$$

(3)$R_2 \leqslant r < R_3$

$$2\pi r B = \mu_0 \left[I - \frac{\pi(r^2 - R_2^2)}{\pi(R_3^2 - R_2^2)} I \right]$$

$$B = \frac{\mu_0 I}{2\pi r} \left[1 - \frac{(r^2 - R_2^2)}{(R_3^2 - R_2^2)} \right]$$

(4)$r > R_3$

$$2\pi r B = \mu_0 (I - I) = 0$$
$$B = 0$$

$B(r) - r$ 曲线如图(b)所示。

例 9.8 设电流均匀流过无限大导电平面,其电流密度为 j,求导电平面两侧的磁感应强度。

解 [分析]无限大载流平面两侧磁场具有对称性:① 都垂直于电流方向且与载流平面平行;② 与平面等距处的磁场大小相同;③ 两侧场的方向相反。

设载流平面电流方向垂直于纸面向里,在纸面内取矩形环路 L,使 L 的 ab 边和 cd 边对平面等距,如图所示。

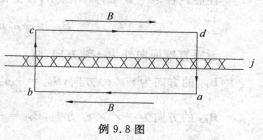

例 9.8 图

由安培环路定理

$$\oint_L \boldsymbol{B} \cdot \mathrm{d}\boldsymbol{l} = \mu_0 \sum_i I_i,\ 即 \int_a^b \boldsymbol{B} \cdot \mathrm{d}\boldsymbol{l} + \int_b^c \boldsymbol{B} \cdot \mathrm{d}\boldsymbol{l} + \int_c^d \boldsymbol{B} \cdot \mathrm{d}\boldsymbol{l} + \int_d^a \boldsymbol{B} \cdot \mathrm{d}\boldsymbol{l} = \mu_0 j\, \overline{ab}$$

显然由于 bc 边和 da 边上处处有 $\boldsymbol{B} \cdot \mathrm{d}\boldsymbol{l} = 0$,因此上式左端第二、第四项积分为零。所以

$$B\,\overline{ab} + B\,\overline{cd} = \mu_0 j\,\overline{ab}, \quad 2B\,\overline{ab} = \mu_0 j\,\overline{ab}, \quad B = \frac{1}{2}\mu_0 j$$

注:平面上下两侧的磁感应强度大小都等于 $\frac{1}{2}\mu_0 j$,而与距平面的距离无关,都是均匀场。本例平面上部的场方向向右,下部的场方向向左。

例 9.9 如图所示,一根半径为 R 的无限长载流直导体内有一半径为 R' 的圆柱形空腔,其轴与直导体的轴平行,两轴相距为 d,电流 I 沿轴向流过,并均匀分布在横截面上,试由安培环路定理求空腔中心的磁感应强度。你能证明空腔中的磁场是均匀磁场吗?

解 [分析]这是一个非对称的电流分布,其磁场分布不满足轴对称性,因而不能直接用安培环路定理来求解。但可以用补偿法求空腔内磁场的分布。将载流体系看成由两个沿轴方向,截面半径分别为 R 和 R' 的无限长实心圆柱导体构成,只不过两者电流流向相反,电流密度相同。这样就可以由安培环路定理方便地求出它们各自的磁场分布,空间任一点的磁场应该是它们各自产生场的叠加。

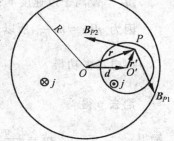

例 9.9 图

设电流密度(通过单位截面积的电流强度)为 j,则

$$j = \frac{I}{\pi(R^2 - R'^2)}$$

半径为 R 的完整长直电流在 O' 处的磁场

$$B_1 = \frac{\mu_0 j}{2\pi d}\pi d^2 = \frac{1}{2}\mu_0 jd$$

半径为 R' 的完整长直电流在 O' 处(相当于其轴线上)的磁场 $B_2 = 0$,因此

$$\boldsymbol{B}_O = \boldsymbol{B}_1 + \boldsymbol{B}_2 = \boldsymbol{B}_1$$

即

$$B_O = B_1 = \frac{1}{2}\mu_0 jd = \frac{\mu_0 Id}{2\pi(R^2 - R'^2)}$$

下面证明腔内磁场是均匀的。

在腔内任取一点 P，如图所示，按上面的思路可以求得

$$B_{P1} = \frac{1}{2}\mu_0 jr, \quad B_{P2} = \frac{1}{2}\mu_0 jr'$$

设垂直纸面向外为 z 轴方向，则

$\boldsymbol{B}_{P1}$ 的方向为 $\boldsymbol{r} \times \boldsymbol{e}_z$ 方向，$\boldsymbol{B}_{P1} = \frac{1}{2}\mu_0 j\boldsymbol{r} \times \boldsymbol{e}_z$

$\boldsymbol{B}_{P2}$ 的方向为 $-\boldsymbol{r}' \times \boldsymbol{e}_z$ 方向，$\boldsymbol{B}_{P2} = -\frac{1}{2}\mu_0 j\boldsymbol{r}' \times \boldsymbol{e}_z$

$$\boldsymbol{B}_P = \boldsymbol{B}_{P1} + \boldsymbol{B}_{P2} = \frac{1}{2}\mu_0 j(\boldsymbol{r} - \boldsymbol{r}') \times \boldsymbol{e}_z$$

$$\boldsymbol{r} - \boldsymbol{r}' = \boldsymbol{d}$$

所以 $\qquad \boldsymbol{B}_P = \frac{1}{2}\mu_0 j\boldsymbol{d} \times \boldsymbol{e}_z$

$\boldsymbol{B}_P$ 大小为 $\qquad B_P = \frac{1}{2}\mu_0 jd$

$\boldsymbol{B}_P$ 方向垂直于 OO' 向下，所以空腔内的磁场是均匀场。

例 9.10 测定离子治疗的质谱仪原理图如图所示，离子源 S 产生质量为 m、电荷为 q 的离子，离子的初速很小，可看作是静止的。经电势差 U 加速后离子进入磁感应强度为 B 的均匀磁场，并沿一半圆形轨道到达与入口处距离 x 的感光底板上，试证明该离子的质量为 $m = \frac{B^2 q}{8U}x^2$。

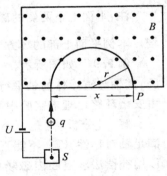

例 9.10 图

解 设离子以速度 v 进入均匀磁场。

因为 $qBv = m\frac{v^2}{R}$，所以 $R = \frac{mv}{qB}$

由电场做功得 $\qquad qU = \frac{1}{2}mv^2$

消去 v 得 $\qquad x = 2R = \frac{2m}{qB}\sqrt{\frac{2qU}{m}}$

解得 $\qquad m = \frac{B^2 q}{8U}x^2$

例 9.11 试证明霍尔电场强度与稳恒电场强度之比 $E_H/E_C = B/(ne\rho)$，这里 ρ 为材料电阻率，n 为载流子数密度。

证明 如图

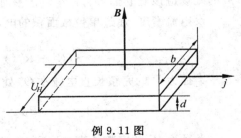

例 9.11 图

霍尔电势差 $U_H = \frac{1}{ne} \cdot \frac{BI}{d}$

霍尔电场 $\qquad E_H = \frac{U_H}{b} = \frac{1}{ne} \cdot \frac{BI}{bd}$ （1）

$$I = \frac{U}{\rho \frac{l}{bd}} = \frac{1}{\rho} \frac{U}{l} bd = \frac{1}{\rho} E_c bd \qquad (2)$$

将式(2)代入式(1)得 $\dfrac{E_H}{E_c} = \dfrac{B}{ne\rho}$。

例 9.12　如图所示，一根长直导线载有电流 $I_1 = 30$ A，矩形回路载有电流 $I_2 = 20$ A。试计算作用在回路上的合力。已知 $d = 1.0$ cm，$b = 8.0$ cm，$l = 0.12$ m。

解　如图，已知 2～3 段和 4～1 段电流受力等大反向，两者合力为零，即

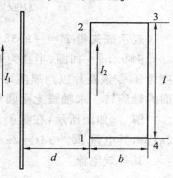

1～2 段受力 $F_{12} = I_2 \dfrac{\mu_0 I_1}{2\pi d} l = \dfrac{\mu_0 I_1 I_2 l}{2\pi d}$

F_{12} 的方向向左。

3～4 段受力 $F_{34} = I_2 \dfrac{\mu_0 I_1}{2\pi(d+b)} l = \dfrac{\mu_0 I_1 I_2 l}{2\pi(d+b)}$

F_{34} 的方向向右。

回路合力 $F = F_{12} - F_{34} = \dfrac{\mu_0 I_1 I_2 l}{2\pi}\left(\dfrac{1}{d} - \dfrac{1}{d+b}\right) =$

$$\frac{\mu_0 I_1 I_2 l}{2\pi} \frac{b}{d(d+b)} = 1.28 \times 10^{-3} \text{N}$$

例 9.12 图

合力方向水平向左。

例 9.13　将一电流均匀分布的无限大载流平面放入磁感应强度为 $\boldsymbol{B}_0$ 的均匀磁场中，电流方向与磁场垂直，放入后，平面两侧磁场的磁感应强度分别为 $\boldsymbol{B}_1$ 和 $\boldsymbol{B}_2$。求该截流平面上单位面积所受的磁场力的大小和方向。

解　[分析]把无限大载流平面放入原来均匀场 $\boldsymbol{B}_0$ 中后，磁场分布不再均匀，空间各点的磁场将是原来场 $\boldsymbol{B}_0$ 和平面磁场的叠加。

设载流平面单独产生的磁场为 B'，$B' = \dfrac{1}{2}\mu_0 j$，显然平面右侧 $\boldsymbol{B}'$

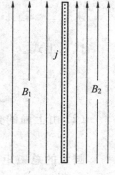

与 $\boldsymbol{B}_0$ 同向，平面左侧 $\boldsymbol{B}'$ 与 $\boldsymbol{B}_0$ 反向，因此

$$B_1 = B_0 - B' = B_0 - \frac{1}{2}\mu_0 j, \quad B_2 = B_0 + B' = B_0 + \frac{1}{2}\mu_0 j$$

解得　　　$j = \dfrac{1}{\mu_0}(B_2 - B_1), \quad B_0 = \dfrac{1}{2}(B_1 + B_2)$

单位面积载流平面受到的安培力

例 9.13 图

$$f_0 = IBl = jB_0 = \frac{1}{2\mu_0}(B_2^2 - B_1^2)$$

例 9.14　通有电流 $I_1 = 50$ A 的无限长直导线，放在如图所示的弧形线圈的 Oz 轴上，线圈中的电流 $I_2 = 20$ A，线圈高 $h = 7R/3$，求作用在线圈上的力。

解　由图可以看出上下两半圆形电流段上各电流元 $I_2 \mathrm{d}l$ 与 I_1 产生的磁场 $\boldsymbol{B}$ 处处平行或反向平行，因此它们受到的安培力均为零，仅考虑两个平行于 z 方向的直电流段受的力即可。

I_1 在两直电流 I_2 处产生的磁场大小为 $B_{21} = \dfrac{\mu_0 I_1}{2\pi R}$，① 段和 ② 段受力等大同向，所以线圈受到的总力

$$F = 2f = 2I_2 B_{21} h =$$

$$2 \cdot \frac{\mu_0 I_1}{2\pi R} \cdot I_2 \cdot \frac{7}{3} R =$$

$$\frac{7\mu_0 I_1 I_2}{3\pi} = 9.33 \times 10^{-4}\,\mathrm{N}$$

表示成矢量 $\boldsymbol{F} = -9.33 \times 10^{-4} \boldsymbol{i}\,\mathrm{N}$。

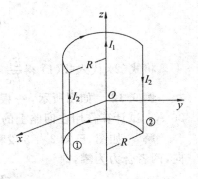

例 9.14 图

例 9.15 如图，半径为 R 的圆片均匀带电，电荷面密度为 σ，令该圆片以角速度 ω 绕通过其中心且垂直于圆平面的轴旋转。求轴线上距圆片中心为 x 的点 P 的磁感应强度和旋转圆片的磁矩。

解 如图所示，在盘上取中心在点 O、半径为 r、宽为 dr 的环形面元，其面积 $ds = 2\pi r\,dr$，其电量 $dq = \sigma ds = 2\pi \sigma r\,dr$。

其等效电流

$$dI = \frac{dq}{T} = \frac{\sigma 2\pi r\,dr}{2\pi/\omega} = \sigma \omega r\,dr$$

该环电流在点 P 的元磁场

$$dB = \frac{\mu_0 dI r^2}{2(r^2+x^2)^{\frac{3}{2}}} = \frac{\mu_0 \sigma \omega r^3\,dr}{2(r^2+x^2)^{\frac{3}{2}}}$$

点 P 的磁场

$$B = \int dB = \frac{1}{2}\mu_0 \sigma \omega \int_0^R \frac{r^3\,dr}{(r^2+x^2)^{\frac{3}{2}}}$$

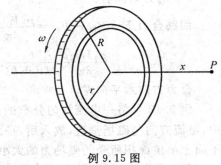

例 9.15 图

令 $u = x^2 + r^2$，则 $du = 2r\,dr$，$r^2 = u^2 - x^2$

代入上式

$$B = \frac{1}{4}\mu_0 \sigma \omega \int_{x^2}^{x^2+R^2} \frac{u^2 - x^2}{u^{\frac{3}{2}}}\,du =$$

$$\frac{1}{2}\mu_0 \sigma \omega \left[\frac{R^2 + 2x^2}{\sqrt{x^2+R^2}} - 2x\right]$$

(2) 由上面的分析，圆环电流的磁矩

$$dP_m = \pi r^2\,dI = \pi \sigma \omega r^3\,dr$$

圆盘的总磁矩

$$P_m = \int dP_m = \pi \sigma \omega \int_0^R r^3\,dr = \frac{1}{4}\pi \sigma \omega R^4$$

四、习　题

9.1　无限长载流空心圆柱导体的内外半径分别为 a 和 b，电流在导体截面上均匀分布，则空间各处的 $\boldsymbol{B}$ 的大小与场点到圆柱中心轴线的距离 r 的关系定性地如图所示。正确的图是（　　）

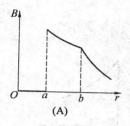 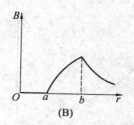 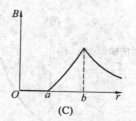 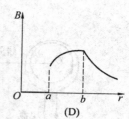

题 9.1 图

9.2　如图,一个电量为 $+q$、质量为 m 的质点,以速度 v 沿轴射入磁感应强度为 $\boldsymbol{B}$ 的均匀磁场中,磁场方向垂直纸面向里,其范围从 $x=0$ 延伸到无限远,如果质点在 $x=0$ 和 $y=0$ 处进入磁场,则它将以速度 $-v$ 从磁场中某一点出来,这点的坐标是 $x=0$ 和(　　)

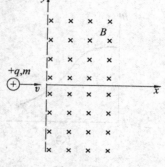

(A) $y=+\dfrac{mv}{qB}$ 　　(B) $y=+\dfrac{2mv}{qB}$

(C) $y=-\dfrac{2mv}{qB}$ 　　(D) $y=-\dfrac{mv}{qB}$

题 9.2 图

9.3　通有电流 I 的无限长直导线弯成如图所示的三种形状,则 P,Q,O 各点磁感应强度的大小 B_P,B_Q,B_O 间的关系为(　　)

(A) $B_P>B_Q>B_O$ 　(B) $B_Q>B_P>B_O$

(C) $B_Q>B_O>B_P$ 　(D) $B_O>B_Q>B_P$

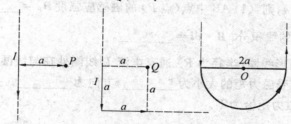

题 9.3 图

9.4　如图所示,一固定的载流大平板,在其附近有一载流小线框能自由转动或平动,线框平面与大平板垂直,大平板的电流与线框中电流方向如图所示,则通电线框运动情况从大平板向外看是(　　)

(A) 顺时针转动　　(B) 靠近大平板

(C) 逆时针转动　　(D) 离开大平板向外运动

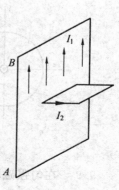

9.5　哪一幅曲线图能确切描述载流圆线圈在其轴线上任意点所产生的 B 随 x 的变化关系?(x 坐标轴垂直于圆线圈平面,原点在圆线圈中心 O)

题 9.4 图

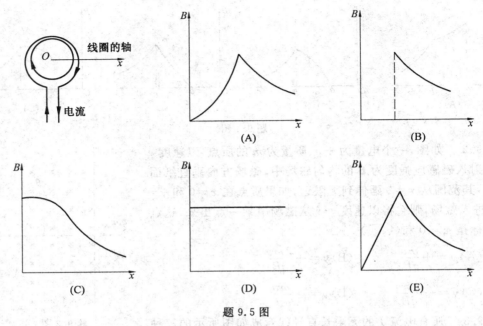

题 9.5 图

9.6　两根无限长直导线互相垂直地放着,相距 $d = 2.0 \times 10^2$ m,其中一根导线与 z 轴重合,另一根导线与 x 轴平行且在 xOy 平面内。设两导线中皆通过 $I = 10$ A 的电流,则在 y 轴上离两根导线等距的点 P 处的磁感应强度的大小为 $B =$ _____。

9.7　如图,平行的无限长直载流导线 A 和 B,电流强度均为 I,垂直纸面向外,两根载流导线之间相距为 a,则:(1) $\overline{AB}$ 中点(点 P)的磁感应强度 $\boldsymbol{B}_P =$ _____。(2)磁感应强度 $\boldsymbol{B}$ 沿图中环路 l 的线积分 $\oint_l \boldsymbol{B} \cdot \mathrm{d}\boldsymbol{l} =$ _____。

9.8　如图,半圆形线圈(半径为 R)通有电流 I,线圈处在与线圈平面平行向右的均匀磁场 $\boldsymbol{B}$ 中。线圈所受磁力矩的大小为_____,方向为_____。把线圈绕 OO' 轴转过角度_____时,磁力矩恰为零。

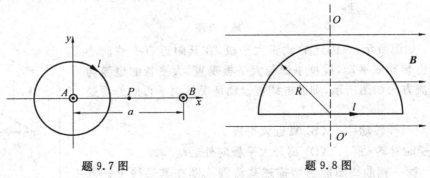

题 9.7 图　　　　　　题 9.8 图

9.9　在匀强磁场 $\boldsymbol{B}$ 中取一半径为 R 的圆,圆面的法线 $\boldsymbol{n}$ 与 $\boldsymbol{B}$ 成 $60°$ 角,如图所示,则通过以该圆周为边线的如右图所示的任意曲面 S 的磁通量 $\Phi_m = \int_S \boldsymbol{B} \cdot \mathrm{d}\boldsymbol{S} =$ _____。

9.10　如图所示,均匀电场 E 沿 x 轴正方向,均匀磁场 B 沿 z 轴正方向,有一电子在 yOz 平面沿着与 y 轴正方向成 135° 角的方向以恒定速度 v 运动,则电场 E 与磁场 B 在数值上应满足的关系式是_____。

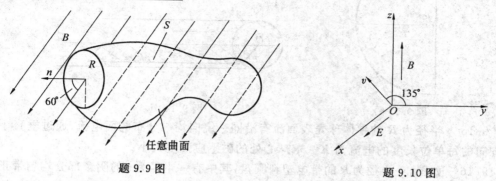

题 9.9 图　　　　　　　　题 9.10 图

9.11　如图,在无限长直载流导线的右侧有面积为 S_1 和 S_2 的两个矩形回路。两个回路与长直载流导线在同一平面,且矩形回路的一边与长直载流导线平行。则通过面积为 S_1 的矩形回路的磁通量与通过面积为 S_2 的矩形回路的磁通量之比为_____。

9.12　两根长直导线通有电流 I,如图所示有三种环路,在每种情况下,$\oint_L \boldsymbol{B} \cdot \mathrm{d}\boldsymbol{l}$ 等于:

_____(对环路 a)。

_____(对环路 b)。

_____(对环路 c)。

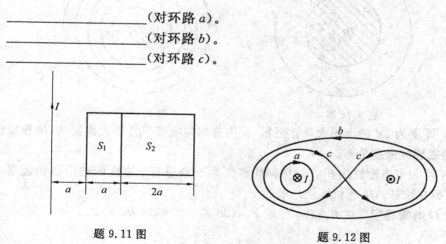

题 9.11 图　　　　　　　　题 9.12 图

9.13　如图所示,在真空中有一半圆形闭合线圈,半径为 a,流过的稳恒电流为 I,则圆心 O 处的电流元 $I\mathrm{d}\boldsymbol{l}$ 所受的安培力 $\mathrm{d}\boldsymbol{F}$ 的大小为_____,方向为_____。

9.14　一根半径为 R 的长直导线均匀载有电流 I,做一宽为 R、长为 l 的假想平面 S,如图。若假想平面 S 可在导线直径与轴 OO' 所确定的平面内离开 OO' 轴移动至远处。试求当通过 S 面的磁通量最大时 S 平面的位置。

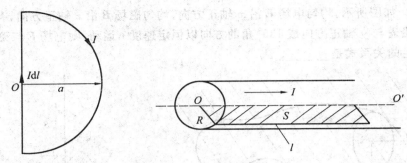

题 9.13 图　　　　　　　　题 9.14 图

9.15　半径为 R 的导体球壳表面流有沿同一绕向均匀分布的面电流,通过垂直于电流方向的每单位长度的电流为 K。求球心处的磁感应强度大小。

9.16　如图,一半径为 R 的带电塑料圆盘,其中有一半径为 r 的阴影部分均匀带正电荷,面电荷密度为 $+\sigma$,其余部分均匀带负电荷,面电荷密度为 $-\sigma$,当圆盘以角速度 ω 旋转时,测得圆盘中心点 O 的磁感应强度为零,问 R 与 r 满足什么关系?

9.17　如图,有一密绕平面螺旋线圈,其上通有电流 I,总匝数为 N,它被限制在半径为 R_1 和 R_2 的两个圆周之间。求此螺旋线中心 O 处的磁感应强度。

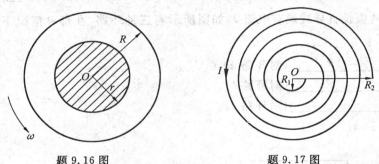

题 9.16 图　　　　　　　　题 9.17 图

9.18　厚度为 $2d$ 的无限大导体平板,其内有均匀电流平行于表面流动,电流密度为 j,求空间的磁感应强度分布。

9.19　均匀带电刚性细杆 AB,电荷线密度为 λ,绕垂直于直线的轴 O 以角速度 ω 匀速转动(点 O 在细杆 AB 延长线上),求:

(1)点 O 的磁感应强度 B_0;(2)磁矩 P_m;(3)若 $a \gg b$,求 B_0 及 P_m。

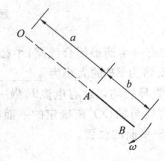

题 9.19 图

9.20 一圆线圈的半径为 R,载有电流 I,置于均匀外磁场 B 中(如图所示),在不考虑载流圆线圈本身所激发的磁场的情况下,求线圈导线上的张力。(已知载流圆线圈的法线方向与 B 的方向相同)

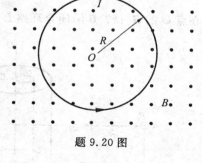

题 9.20 图

9.21 试证明任一闭合载流平面线圈在均匀磁场中所受的合磁力恒等于零。

9.22 有一无限大平面导体薄板,自下而上均匀通有电流,已知其面电流密度为 i(即单位宽度上通有的电流强度)。

(1)试求板外空间任一点磁感应强度的大小和方向;

(2)有一质量为 m、带正电量为 q 的粒子,以速度 v 沿平板法线方向向外运动(如图),求:

① 带电粒子最初至少在距板什么位置处才不与大平板碰撞?

② 需经多长时间,才能回到初始位置(不计粒子重力)?

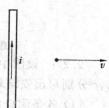

题 9.22 图

9.23 半径为 R 的圆盘带有正电荷,其电荷面密度 $\sigma = kr$,k 是常数,r 为圆盘上一点到圆心的距离,圆盘放在一均匀磁场 B 中,其法线方向与 B 垂直。当圆盘以角速度 ω 绕过圆心点 O 且垂直于圆盘平面的轴做逆时针旋转时,求圆盘所受磁力矩的大小和方向。

9.24 如图所示,载有电流 I_1 和 I_2 的长直导线 ab 和 cd 相互平行,相距为 $3r$,今有载有电流 I_3 的导线 $MN = r$,水平放置,且其两端 MN 分别与 I_1,I_2 的距离都是 r。ab,cd 和 MN 共面,求导线 MN 所受的磁力大小和方向。

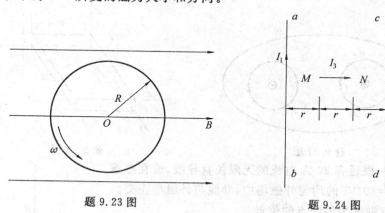

题 9.23 图　　　　　　　　　题 9.24 图

9.25 空气中有一半径为 r 的"无限长"直圆柱金属导体,竖直线 OO' 为其中心轴线,在圆柱体内挖一个直径为 $r/2$ 的圆柱空洞,空洞侧面与 OO' 相切,在未挖洞部分通以均匀分布的电流 I,方向沿 OO' 向下,如图所示。在距轴线 $3r$ 处有一电子(电量为 $-e$)沿平行于 OO' 轴方向,在中心轴线 OO' 和空洞轴线所决定的平面内,向下以速度 v 飞经点 P,求电子经 P 时所受的磁场力。

9.26 长直导线 aa' 与半径为 R 的均匀导体圆环相切于点 a,另一直导线 bb' 沿半径

方向与圆环接于点 b，如图所示。现有稳恒电流 I 从 a 端流入而从 b 端流出。（1）求圆环中心点 O 的 $\mathbf{B}_0$；（2）$\mathbf{B}$ 沿闭合环路 L 的环流 $\oint_L \mathbf{B} \cdot d\mathbf{l}$ 等于什么？

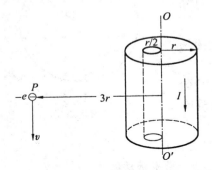

题 9.25 图　　　　　　　　　　题 9.26 图

9.27　设图中两导线中的电流 I_1，I_2 均为 8 A，对在它们的磁场中的三条闭合曲线 a，b，c 分别写出安培环路定理等式右边电流的代数和。并说明：

（1）各条闭合曲线上，各点的磁感应强度 B 的量值是否相等？

（2）在闭合曲线 c 上各点的 B 值是否为零？为什么？

9.28　一块半导体的体积为 $a \times b \times c$，如图所示，沿 x 轴方向通有电流 I，在 z 方向有均匀磁场 $\mathbf{B}$。这时实验测得的数据为 $a = 0.10$ cm，$b = 0.35$ cm，$c = 1.0$ cm，$I = 1.0$ mA，$B = 0.30$ T 半导体两侧的霍耳电势差 $U_{AA'} = 6.55$ mV。（1）问这块半导体是 P 型还是 N 型？（2）求载流子浓度。

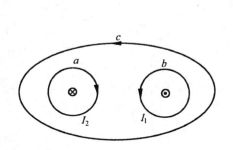

题 9.27 图　　　　　　　　　　题 9.28 图

9.29　一根通有 20 A 电流的无限长直导线，放在磁感应强度为 $B_0 = 10^{-3}$ T 的均匀外磁场中，导线与外磁场正交。试确定磁感应强度为零的点的位置。

9.30　一电子束以速度 v 沿 x 轴方向射出，如图所示，在 y 轴方向有电场强度为 E 的电场。为了使电子束不发生偏转，假设只能提供磁感应强度大小为 $B = \dfrac{2E}{v}$ 的均匀磁场，试问该磁场应加在什么方向？

9.31　将一电流均匀分布、面电流密度为 i 的无限大载

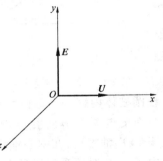

题 9.30 图

流平面放入均匀磁场中,如图所示。放入后平面两侧的磁感应强度分别为 B_1 和 B_2,都与板面平行,并垂直于 i。求该载流平面上单位面积所受的磁场力的大小及方向。

9.32　有一圆线圈直径 $D=8$ cm,共 12 匝,通有电流 $I=5$ A,将此线圈置于磁感应强度为 $B=0.6$ T 的均匀磁场中(设线圈横断面远小于 D),试求:

(1) 作用在线圈上的最大磁力矩;

(2) 线圈平面在什么位置时磁力矩是最大值的一半?

9.33　有一电子射入磁感应强度为 B 的均匀磁场中,其速度 v_0 与 B 成 α 角。试证明它沿螺旋线运动一周,在磁场方向前进的距离 $l=\dfrac{2\pi m_e v_0 \cos\alpha}{eB}$。

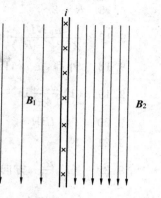

题 9.31 图

9.34　在霍耳效应实验中,宽 1 cm、长 4 cm、厚 1×10^{-3} cm 的导体,沿长度方向通有 3 A 的电流,当磁感应强度为 1.5 T 的磁场垂直地通过该薄导体时,将产生 1×10^{-5} V 的横向霍耳电压。试由这些数据求:

(1) 载流子的漂移速率;

(2) 每 1 cm³ 的载流子数目;

(3) 假设载流子是电子,试就一给定的电流和磁场方向画出霍耳电压的极性。

五、习题答案

9.1　(B)

9.2　(B)

9.3　(D)

9.4　(C)

9.5　(C)

9.6　2.8×10^{-8} T

9.7　0, $-\mu_0 I$

9.8　$\dfrac{1}{2}\pi R^2 IB$,在图面中向上,$\dfrac{1}{2}\pi+n\pi\,(n=0,1,2,\cdots)$

9.9　$-\dfrac{1}{2}\pi R^2 B$

9.10　$E=\dfrac{\sqrt{2}\,vB}{2}$

9.11　$1:1$

9.12　$\mu_0 I,0,2\mu_0 I$

9.13　$\dfrac{\mu_0 I^2 \mathrm{d}l}{4a}$,垂直电流元向左

9.14　$\dfrac{(\sqrt{5}-1)R}{2}$

9.15　$\dfrac{\mu_0 K \pi}{4}$

9.16　$R = 2r$

9.17　$\dfrac{\mu_0 NI}{2(R_2 - R_1)}\ln\dfrac{R_2}{R_1}$，方向为 $\odot$

9.18　外部，$\mu_0 jd$；内部，$\mu_0 jx$

9.19　(1) $\dfrac{\mu_0 \omega}{4\pi}\ln\dfrac{a+b}{a}$　　(2) $\dfrac{\lambda \omega}{6}[(a+b)^3 - a^3]$　　(3) $\dfrac{\mu_0 \omega \lambda b}{4\pi a}$，$\dfrac{\lambda b \omega a^2}{2}$

9.20　$T = IBR$

9.21　略

9.22　(1) $\dfrac{\mu_0 i}{2}$，方向：在板右侧垂直纸面向内

　　　(2)① 至少从距板 $\dfrac{2mv}{q\mu_0 i}$ 处向外运动，② $\dfrac{4\pi m}{q\mu_0 i}$

9.23　$\dfrac{\pi k \omega B R^5}{5}$，方向垂直 $\boldsymbol{B}$ 向上

9.24　$F = \dfrac{\mu I_3}{2\pi}(I_1 - I_2)\ln 2$，若 $I_2 > I_1$，则 $\boldsymbol{F}$ 方向向下；若 $I_2 < I_1$，则 $\boldsymbol{F}$ 方向向上

9.25　$\dfrac{82\mu_0 Iev}{495\pi r}$，方向向左

9.26　(1) $\dfrac{\mu_0 I}{4\pi R}$，垂直于纸面向外　　(2) $\dfrac{1}{3}\mu_0 I$

9.27　对 a 为 8 A，对 b 为 8 A，对 c 为 0 ，(1) 不相等　　(2) 不为 0

9.28　(1)N 型　　(2)2.86×10^{20} 个·米$^{-3}$

9.29　略

9.30　略

9.31　$F = \dfrac{B_2{}^2 - B_1{}^2}{2\mu_0}$，方向沿 z 的反方向

9.32　(1)0.181 N·m　　(2)30°，150°

9.33　略

9.34　略

第10章

磁场中的磁介质

一、基本要求

1. 了解磁介质中的磁化现象及其微观解释。
2. 了解磁场强度 H 的引入以及 H 和 B 的联系。了解磁介质中的安培环路定理。
3. 了解铁磁质的特性。

二、基本概念及规律

1. 磁介质

磁介质分为顺磁质、抗磁质和铁磁质。

$$B = \mu_r B_0 \begin{cases} \mu_r > 1, \text{顺磁质} \\ \mu_r < 1, \text{抗磁质} \\ \mu_r \gg 1, \mu_r = \mu_r(H), \text{铁磁质} \end{cases}$$

2. 磁介质中磁感应强度

$$B = B_0 + B' \begin{cases} \text{顺磁质 } B' \text{ 与 } B_0 \text{ 同向} \\ \text{抗磁质 } B' \text{ 与 } B_0 \text{ 反向} \end{cases}$$

3. 磁场强度

$$B = \mu H$$

4. 磁介质中的安培环路定理

$$\oint_l H \cdot dl = \sum_i I_i$$

5. 磁畴、居里点

铁磁质中，电子自旋磁矩在小范围内自发地排列起来，形成磁性很强的自发磁化区域称为磁畴。

当铁磁质的温度高于某一特定温度 —— 居里点时，磁畴瓦解，铁磁质成为顺磁质。

三、习　　题

10.1　将一有限长圆柱形的均匀抗磁质放在一无限长直螺线管内，其螺线管线圈的

电流方向如图所示。在 a,b,c 三点的磁感应强度与未放入抗磁质前相比较其增减情况是
（　　　）

(A) 点 a 增加,点 b 减小,点 c 不变

(B) 点 a 增加,点 b 增加,点 c 增加

(C) 点 a 减小,点 b 减小,点 c 增加

(D) 点 a 减小,点 b 增加,点 c 减小

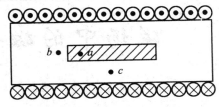

题 10.1 图

10.2　图示为三种不同磁介质的磁化曲线,虚线表示真空中的 $B-H$ 关系。则表示铁磁质的是曲线 _____；表示抗磁质的是曲线 _____；表示顺磁质的是曲线 _____。

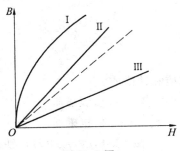

题 10.2 图

10.3　关于稳恒磁场的磁场强度 H 的下列几种说法中哪一个是正确的（　　　）

(A) H 仅与传导电流有关

(B) 若闭合曲线内没有包围传导电流,则曲线上各点的 H 必为零

(C) 若闭合曲线上各点的 H 均为零,则该曲线所包围传导电流的代数和为零

(D) 以闭合曲线 L 为边缘的任意曲面的 H 通量均为零

10.4　硬磁材料的特点是 _____,适于制造 _____。

10.5　一根同轴线由半径为 R_1 的长导线和套在它外面的内半径为 R_2、外半径为 R_3 的同轴导体圆柱组成。中间充满磁导率为 μ 的各向同性均匀非铁磁绝缘材料,如图,传导电流 I 沿导线向上流去,由圆筒向下回流,在它们的截面上电流都是均匀分布的。求同轴线内外磁感应强度大小 B 的分布。

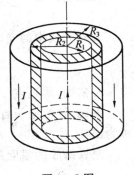

题 10.5 图

五、习题答案

10.1　（C）

10.2　Ⅰ，Ⅲ，Ⅱ

10.3　（C）

10.4　矫顽力大,剩磁也大;永久磁铁

10.5

$$H = \frac{Ir}{2\pi R_1^2}, \quad B = \frac{\mu_0 Ir}{2\pi R_1^2} \quad (0 < r < R_1)$$

$$H = \frac{I}{2\pi r}, \quad B = \frac{\mu I}{2\pi r} \quad (R_1 < r < R_2)$$

$$H = \frac{I}{2\pi r}(1 - \frac{r^2 - R_2^2}{R_3^2 - R_2^2}), \quad B = \frac{\mu_0 I}{2\pi r}(1 - \frac{r^2 - R_2^2}{R_3^2 - R_2^2}) \quad (R_2 < r < R_3)$$

第 11 章

电磁感应

一、基本要求

1. 理解电动势的概念。掌握应用法拉第电磁感应定律和楞次定律来计算感应电动势的方法。

2. 理解动生电动势和感生电动势。了解涡旋电场的性质。

3. 从法拉第电磁感应定律出发,理解自感和互感现象的实质。会计算自感和互感系数。

4. 了解磁场能量和磁能密度的概念。

二、基本概念及规律

1. 电源的电动势

$$\varepsilon = \oint_L \boldsymbol{E}_k \cdot \mathrm{d}\boldsymbol{l}$$,式中 $\boldsymbol{E}_k$ 为非静电场强

2. 法拉第电磁感应定律

$$\varepsilon_i = -\frac{\mathrm{d}\Phi_m}{\mathrm{d}t}$$,方向由式中负号(楞次定律)确定

3. 动生电动势

$$\mathrm{d}\varepsilon = (\boldsymbol{v} \times \boldsymbol{B}) \cdot \mathrm{d}\boldsymbol{l}$$

$\varepsilon = \int_a^b (\boldsymbol{v} \times \boldsymbol{B}) \cdot \mathrm{d}\boldsymbol{l}$,非静电力为洛伦兹力,非静电场强为 $\boldsymbol{E}_k = \boldsymbol{v} \times \boldsymbol{B}$

4. 感生电动势

$$\varepsilon_i = -\frac{\mathrm{d}\Phi_m}{\mathrm{d}t} = -\int_s \frac{\partial \boldsymbol{B}}{\partial t} \cdot \mathrm{d}\boldsymbol{S}$$

$$\varepsilon = \oint_L \boldsymbol{E}_k \cdot \mathrm{d}\boldsymbol{l} = -\int_s \frac{\partial \boldsymbol{B}}{\partial t} \cdot \mathrm{d}\boldsymbol{S}$$

5. 自感和互感

自感 —— $N\Phi_m = LI$,自感系数为 $L = \frac{N\Phi_m}{I}$,自感电动势为 $\varepsilon_L = -L\frac{\mathrm{d}I}{\mathrm{d}t}$

互感 $\begin{cases} N_2\Phi_{21} = M_{21}I_1 \\ N_1\Phi_{12} = M_{12}I_2 \end{cases}$，互感系数为 $M_{21} = M_{12} = M$

互感电动势：$\varepsilon_{21} = -M\dfrac{\mathrm{d}I_1}{\mathrm{d}t}$ 或 $\varepsilon_{12} = -M\dfrac{\mathrm{d}I_2}{\mathrm{d}t}$

6.磁场的能量密度

$$w_m = \frac{1}{2}HB = \frac{1}{2}\frac{B^2}{\mu} = \frac{1}{2}\mu H^2$$

7.磁场的能量

$$W_m = \int_V w_m \mathrm{d}V$$

三、解题指导

例 11.1　如图(a)所示,在磁感应强度 $B = 7.6 \times 10^{-4}$ T 的均匀磁场中,放置一个线圈,此线圈由两个半径均为 3.7 cm,互相垂直的半圆构成,且磁感应强度的方向与两个半圆平面夹角分别为 62° 和 28°。若在 4.5×10^{-3} s 的时间内磁场突然减至零,试问在此线圈内的感应电动势为多少?

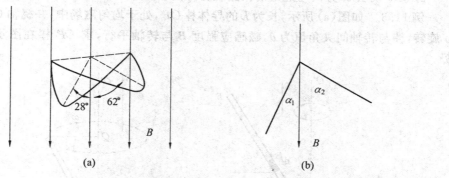

例 11.1 图

解　如图(a)所示(沿两半圆平面的交线方向看去),穿过此异面线圈的磁通为

$$\Phi_m = \Phi_{m1} + \Phi_{m2} =$$
$$\frac{1}{2}\pi R^2 B\cos\alpha_1 + \frac{1}{2}\pi R^2 B\cos\alpha_2 =$$
$$\frac{1}{2}\pi R^2 B(\cos\alpha_1 + \cos\alpha_2)$$

因为磁场减至 0,所以

$$\Delta\Phi = \Phi_m$$

$$\varepsilon_i = -\frac{\Delta\Phi}{\Delta t} = \frac{1}{2}\pi R^2 B(\cos\alpha_1 + \cos\alpha_2) \times \frac{1}{\Delta t} =$$

$$-\frac{1}{2} \times 3.14 \times (3.7 \times 10^{-2})^2 \times 7.6 \times 10^{-4} \times (\cos 62° + \cos 28°) \times \frac{1}{4.5 \times 10^{-3}} =$$

$$4.91 \times 10^{-4}\,(\text{V})$$

例 11.2　有两根相距为 d 的无限长平行直导线，它们通以大小相等流向相反的电流，且电流均以 $\dfrac{\mathrm{d}I}{\mathrm{d}t}$ 的变化率增长。若有一边长为 d 的正方形线圈与两导线处于同一平面内，如图所示，求线圈中的感应电动势。

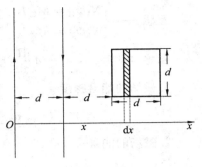

解　以逆时针的绕行为正电动势方向，建立如图坐标系，任意时刻穿过线框的磁通量（以穿过纸面为正）

例 11.2 图

$$\Phi_m = \int_S \boldsymbol{B} \cdot \mathrm{d}\boldsymbol{S} = \int B d\,\mathrm{d}x = \int_{2d}^{3d} d\left[\frac{\mu_0 I}{2\pi(x-d)} - \frac{\mu_0 I}{2\pi x}\right]\mathrm{d}x = \frac{\mu_0 Id}{2\pi}\ln\frac{4}{3}$$

由法拉第电磁感应定律

$$\varepsilon_i = -\frac{\mathrm{d}\Phi_m}{\mathrm{d}t} = -\frac{\mu_0 d}{2\pi}\ln\frac{4}{3}\frac{\mathrm{d}I}{\mathrm{d}t} = \frac{\mu_0 d}{2\pi}\ln\frac{3}{4}\frac{\mathrm{d}I}{\mathrm{d}t}$$

$\varepsilon_i < 0$ 说明 ε_i 方向与选定的回路绕行方向相反，为顺时针方向。

例 11.3　如图 (a) 所示，长为 L 的导体棒 OP，处于均匀磁场中，并绕轴 OO' 以角速度 ω 旋转，棒与转轴间夹角恒为 θ，磁感应强度 $\boldsymbol{B}$ 与转轴平行，求 OP 棒在图示位置的电动势。

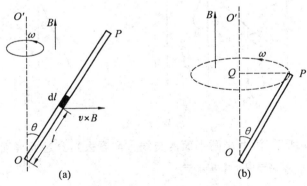

例 11.3 图

解　方法 Ⅰ：如图 (a) 所示，在导体棒距点 O 为 l 处取线元 $\mathrm{d}l$，$\mathrm{d}l$ 方向从 O 指向 P，该线元上的元电动势

$$\mathrm{d}\varepsilon_i = (\boldsymbol{v} \times \boldsymbol{B}) \cdot \mathrm{d}l = vB\cos\left(\frac{\pi}{2} - \theta\right)\mathrm{d}l =$$
$$(l\sin\theta\omega)B\sin\theta\mathrm{d}l = \omega B\sin^2\theta l\,\mathrm{d}l$$

导体棒上总电动势

$$\varepsilon_i = \int_L \mathrm{d}\varepsilon_i = \omega B\sin^2\theta\int_0^L l\,\mathrm{d}l = \frac{1}{2}\omega B\sin^2\theta L^2$$

由 $\varepsilon_i > 0$，所以 ε_i 的方向与 $\mathrm{d}l$ 一致，从 O 指向 P。

方法 Ⅱ：构建回路，用法拉第电磁感应定律，计算回路上感应电动势。如图 (b) 所示，

则 QO 不切割磁力线,无电动势产生,QP 与 OP 上均有电动势产生,而对回路而言,旋转至任何处均无磁通穿过,故整个回路上无电动势。由上述理由可知,QP 与 OP 上产生的电动势等值反向。

在 QP 上,$\varepsilon_i = \int_{QP} (\boldsymbol{v} \times \boldsymbol{B}) \cdot \mathrm{d}\boldsymbol{l} = \int_0^{L\sin\theta} \omega l B \,\mathrm{d}l = \dfrac{1}{2}\omega B \sin^2\theta L^2 > 0$,方向 $Q \rightarrow P$。

所以,OP 上 $\varepsilon_i = \dfrac{1}{2}\omega B \sin^2\theta L^2$,方向 $O \rightarrow P$。

例 11.4　如图所示,在一"无限长"直载流导线的近旁放置一矩形导体线框。该线框在垂直于导线方向上以匀速 v 向右移动。求在图示位置处线框中的感应电动势的大小和方向。

解法 Ⅰ:只有 ab, dc 两边切割磁感线产生动生电动势,且方向相反,即

$$\varepsilon_i = \int_a^b v B_{ab} \,\mathrm{d}l \int_d^c v B_{dc} \,\mathrm{d}l =$$

$$\frac{\mu_0 I v l_2}{2\pi d} - \frac{\mu_0 I v l_2}{2\pi (d+l_1)} =$$

$$\frac{\mu_0 I}{2\pi} l_2 v \left(\frac{1}{d} - \frac{1}{(d+l_1)}\right) = \frac{\mu_0 I v l_1 l_2}{2\pi d(d+l_1)}$$

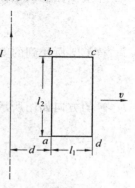

例 11.4 图

ε_i 的方向在线框中是顺时针方向的。

解法 Ⅱ:设线框向右运动任一时刻其 ab 边距直载流导线为 x,这时通过线框围成面积的磁通量为

$$\Phi_m = \int \mathrm{d}\Phi_m = \int_x^{x+l_1} \frac{\mu_0 I}{2\pi x'} l_2 \,\mathrm{d}x' = \frac{\mu_0 I l_2}{2\pi} \ln \frac{x+l_1}{x}$$

由法拉第电磁感应定律,线框中电动势为

$$\varepsilon_i = -\frac{\mathrm{d}\Phi_m}{\mathrm{d}t} = -\frac{\mu_0 I l_2}{2\pi} \frac{\mathrm{d}}{\mathrm{d}t} \left(\ln \frac{x+l_1}{x}\right) =$$

$$-\frac{\mu_0 I l_2}{2\pi} \left(\frac{1}{x+l_1} - \frac{1}{x}\right) \frac{\mathrm{d}x}{\mathrm{d}t} =$$

$$\frac{\mu_0 I l_2}{2\pi} \left(\frac{1}{x} - \frac{1}{x+l_1}\right) v$$

当 $x = d$ 时

$$\varepsilon_i \big|_{x=d} = \frac{\mu_0 I l_2 v}{2\pi} \left(\frac{1}{d} - \frac{1}{d+l_1}\right)$$

ε_i 的方向在线框内是顺时针方向的。

例 11.5　如图所示,一长为 l,质量为 m 的导体棒 CD,其电阻为 R,沿两条平行的导电轨道无摩擦滑下,轨道的电阻可不计,导体与轨道构成一闭合回路。轨道所在的平面与水平面成 θ 角,整个装置放在均匀磁场中,磁感应强度 $\boldsymbol{B}$ 的方向为铅直向上。求:

(1)导体在下滑时速度随时间的变化规律;

(2)导体棒 CD 的最大速度 v_m。

解　(1)如图所示是装置的侧视图。设任一时刻导体棒的速度为 v,则棒内电动势

$$\varepsilon_{CD} = Bvl \sin\left(\frac{\pi}{2} + \theta\right) = Bvl\cos\theta$$

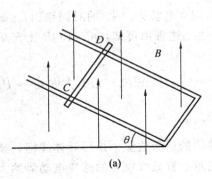

例 11.5 图

相应回路感应电流

$$I_i = \frac{\varepsilon_{CD}}{R} = \frac{Bvl}{R} \cos \theta$$

棒 CD 所受到的安培力

$$F = BI_i l = \frac{B^2 l^2 v}{R} \cos \theta$$

F 的方向如图所示,水平向左,根据牛顿第二定律,沿斜面方向可得如下方程

$$mg \sin \theta - F \cos \theta = m \frac{\mathrm{d}v}{\mathrm{d}t}$$

即

$$g \sin \theta - \frac{B^2 l^2 v}{mR} \cos^2 \theta = \frac{\mathrm{d}v}{\mathrm{d}t}$$

分离变量并积分

$$\int_0^v \frac{\mathrm{d}v}{g \sin \theta - \frac{B^2 l^2 v}{mR} \cos^2 \theta} = \int_0^t \mathrm{d}t$$

得到

$$v_{(t)} = \frac{mgR \sin \theta}{B^2 l^2 \cos^2 \theta}(1 - e^{-\frac{B^2 l^2}{mR} \cos^2 \theta \cdot t})$$

（2）当 $t \to \infty$ 时,棒 CD 的最大速度 $v_m = \dfrac{mgR \sin \theta}{B^2 l^2 \cos^2 \theta}$

例 11.6 半径 $R = 2.0$ cm 的"无限长"直载流密绕螺线管,管内磁场可视为均匀磁场,管外磁场可近似看作零。若通电电流均匀变化,使得磁感应强度 B 随时间变化率 $\dfrac{\mathrm{d}B}{\mathrm{d}t}$ 为常量,且为正值。试求:（1）管内外由磁场变化而激发的感生电场分布;（2）如 $\dfrac{\mathrm{d}B}{\mathrm{d}t} = 0.010$ T·s^{-1},求距螺线管中心轴 $r = 5.0$ cm 处感生电场的大小和方向。

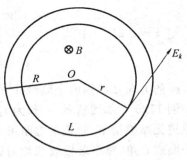

例 11.6 图

解 （1）图示为无限长直螺线管垂直于轴线的任一横截面。点 O 是截面与管轴线的交点。以点 O 为中心取半径为 r 的圆形环路 L（环路 L 的绕行方向是顺时针的）。

当 $0 < r < R$ 时

$$\oint_L \boldsymbol{E}_k \cdot \mathrm{d}\boldsymbol{l} = -\int_S \frac{\partial \boldsymbol{B}}{\partial t} \cdot \mathrm{d}\boldsymbol{S}$$

即

$$E_k 2\pi r = -\pi r^2 \frac{\mathrm{d}B}{\mathrm{d}t}, \quad E_k = -\frac{r}{2}\frac{\mathrm{d}B}{\mathrm{d}t}$$

当 $r > R$ 时,同理应有

$$E_k 2\pi r = -\pi R^2 \frac{\mathrm{d}B}{\mathrm{d}t}, \quad E_k = -\frac{R^2}{2r}\frac{\mathrm{d}B}{\mathrm{d}t}$$

(2) 当 $r = 5.0 \text{ cm}(r > R)$,$\frac{\mathrm{d}B}{\mathrm{d}t} = 0.010 \text{ T} \cdot \text{s}^{-1}$ 时

$$E_k = -\frac{(0.020)^2}{2 \times 0.050} \times 0.010 = -4.0 \times 10^{-5} \text{ V} \cdot \text{m}^{-1}$$

例 11.7　在半径为 R 的圆柱形空间存在着均匀磁场,$\boldsymbol{B}$ 的方向与柱的轴线平行。如图所示,有一长为 l 的金属棒放在磁场中,设 B 随时间变化率 $\frac{\mathrm{d}B}{\mathrm{d}t}$ 为常量。试证:棒上感应电动势的大小为

$$\varepsilon = \frac{\mathrm{d}B}{\mathrm{d}t}\frac{l}{2}\sqrt{R^2 - \left(\frac{l}{2}\right)^2}$$

解法Ⅰ:如图所示,设中心 O 点到棒 AB 的垂直距离为 h,垂足即棒的中点 O',在棒上距 O' 为 l 处取线元 $\mathrm{d}l$,$\mathrm{d}l$ 方向从 A 指向 B,棒中电动势

$$\varepsilon = \int_A^B \boldsymbol{E}_k \cdot \mathrm{d}\boldsymbol{l} = \int_A^B |\boldsymbol{E}_k| \cdot \cos\alpha \, \mathrm{d}l =$$

$$\int_A^B \frac{r}{2}\left|\frac{\mathrm{d}B}{\mathrm{d}t}\right|\frac{h}{r}\mathrm{d}l = \frac{h}{2}\left|\frac{\mathrm{d}B}{\mathrm{d}t}\right|\int_{-\frac{l}{2}}^{+\frac{l}{2}}\mathrm{d}l =$$

$$\frac{1}{2}hl\left|\frac{\mathrm{d}B}{\mathrm{d}t}\right| = \frac{l}{2}\left|\frac{\mathrm{d}B}{\mathrm{d}t}\right|\sqrt{R^2 - \left(\frac{l}{2}\right)^2}$$

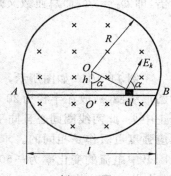

例 11.7 图

解法Ⅱ:取三角形 AOB,其面积为

$$S = \frac{1}{2}hl = \frac{l}{2}\sqrt{R^2 - \left(\frac{l}{2}\right)^2}$$

通过该面积的磁通量

$$\Phi_m = BS = \frac{l}{2}B\sqrt{R^2 - \left(\frac{l}{2}\right)^2}$$

由于 AO 边与 OB 边上各线元均处处与 $\boldsymbol{E}_k$ 垂直,所以 AO 边和 OB 边上相应电动势均为零,故回路 AOB 上总电动势 ε_{AOB} 就是 AB 棒的电动势 ε_{AB}。

故棒 AB 上电动势的大小 $|\varepsilon_{AB}| = |\varepsilon_{AOB}| = \left|-\frac{\mathrm{d}\Phi_m}{\mathrm{d}t}\right| = \frac{l}{2}\left|\frac{\mathrm{d}B}{\mathrm{d}t}\right|\sqrt{R^2 - \left(\frac{l}{2}\right)^2}$。

例 11.8　有两根半径均为 a 的平行直导线,它们中心距离为 d。试求长为 l 的一对导线的自感(导线内部的磁通量可略去不计)。

解　取图示坐标系并设两导线中电流流向相反,则两线间任一点 P 的磁感应强度为

$$B_{(x)} = \frac{\mu_0 I}{2\pi x} + \frac{\mu_0 I}{2\pi(d-x)}$$

通过两线间长为 l 一段面积（图中阴影部分）的磁通量为

$$\Phi_m = \int_a^{d-a} B_{(x)} l\,\mathrm{d}x = \frac{\mu_0 Il}{\pi} \ln\frac{d-a}{a}$$

相应的自感

$$L = \frac{\Phi_m}{I} = \frac{\mu_0 l}{\pi} \ln\frac{d-a}{a}$$

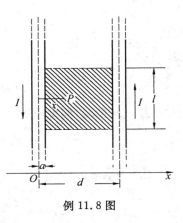

例 11.8 图

例 11.9 如图所示，在一柱形纸筒上绕有两组相同线圈 AB 和 $A'B'$，每个线圈的自感均为 L。求（1）A 与 A' 相接时，B 和 B' 间的自感 L_1；（2）A' 与 B 相接时 A 与 B' 间的自感 L_2。

解 （1）A 与 A' 相接时，线圈 AB 与线圈 $A'B'$ 在螺线管中产生的磁场大小相等，方向相反，通过每一匝线圈的磁通量为 0，通过整个线圈的磁链 $\Psi_1 = 0$，即

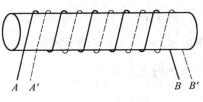

例 11.9 图

$$L_1 = \frac{\Psi_1}{I} = 0$$

（2）A' 与 B 相接时，线圈 AB 与线圈 $A'B'$ 在螺线管中产生的磁场大小相等，方向相同，通过每一匝线圈的磁通量是单组线圈存在时的 2 倍，即 $\Phi_2 = 2\Phi$，而总匝数又是单组线圈的 2 倍，所以磁链

$$\Psi_2 = 2N\Phi_2 = 4N\Phi = 4\Psi$$

$$L_2 = \frac{\Psi_2}{I} = 4\frac{\Psi}{I} = 4L$$

例 11.10 如图所示，一面积为 4.0 cm² 共 50 匝的小圆形线圈 A，放在半径为 20 cm 共 100 匝的大圆形线圈 B 的正中央，此两线圈同心且同平面。设线圈 A 内各点的磁感应强度可看作是相同的。求：（1）两线圈的互感；（2）当线圈 B 中电流的变化率为 -50 A·s^{-1} 时，线圈 A 中感应电动势的大小和方向。

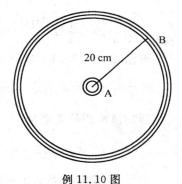

例 11.10 图

解 （1）由于大线圈中心处的小线圈面积很小，可以认为小线圈 A 处的磁场是均匀的，并等于大线圈 B 在自己中心处产生的磁场的大小。所以 B 的磁场通过 A 的磁通量为

$$\Phi_{12} = BS = \frac{\mu_0 N_B I_2}{2R} \cdot S$$

相应的磁通链数

$$\Psi_{12} = N_A \Phi_{12} = \frac{\mu_0 N_A N_B I_2}{2R} \cdot S$$

所以互感

$$M = M_{12} = \frac{\Psi_{12}}{I_2} = \frac{\mu_0 N_A N_B S}{2R} = 6.28 \times 10^{-6}\,\text{H}$$

(2) $\dfrac{\mathrm{d}I_2}{\mathrm{d}t} = -50\,\text{A·s}^{-1}$ 时,线圈 A 中的感应电动势

$$\varepsilon_A = \varepsilon_{12} = -M \frac{\mathrm{d}I_2}{\mathrm{d}t} = -6.28 \times 10^{-6} \times (-50) = 3.14 \times 10^{-4}\,(\text{V})$$

当原来 B 中电流方向是顺时针时,则 A 中电动势亦为顺时针方向;若原来 B 中电流方向是逆时针的,则 A 中电动势方向亦为逆时针的。

例 11.11　如图所示,螺绕环 A 中充满了铁磁质,管的截面积 S 为 2.0 cm²,沿环每厘米绕有 100 匝线圈,通有电流 $I_1 = 4.0 \times 10^{-2}$ A。在环上再绕一线圈 C,共 10 匝,其电阻为 0.10 Ω。今将电键 K 突然开启,测得线圈 C 中的感应电荷为 2.0×10^{-3} C。求:当螺绕环中通有电流 I_1 时,铁磁质中的 B 和铁磁质的相对磁导率 μ_r。

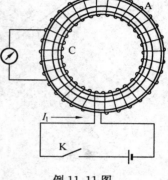

解　通过线圈 C 的电荷

$$Q = \frac{1}{R}(N_C \Phi_1 - N_C \Phi_2) = \frac{N_C}{R}(BS - 0) = \frac{N_C BS}{R}$$

所以　　　　　　　$B = \dfrac{RQ}{N_C S} = 0.1\,\text{T}$

例 11.11 图

又因为　　　　　　　$B = \mu_0 \mu_r n I$

所以　　　$\mu_r = \dfrac{B}{\mu_0 n I} = \dfrac{0.1}{4\pi \times 10^{-7} \times 100 \times 10^2 \times 4.0 \times 10^{-2}} = 199$

例 11.12　一无限长直导线,截面各处的电流密度相等,总电流为 I。试证:每单位长度导线内所存储的磁能为 $\mu I^2 / 16\pi$。

解　设长直导线半径为 R,则导线内磁场分布为

$$B_{(r)} = \frac{\mu_0 I r}{2\pi R^2} \quad (0 \leqslant r \leqslant R)$$

磁能密度 $w_m = \dfrac{B^2}{2\mu_0} = \dfrac{\mu_0 I^2 r^2}{8\pi^2 R^4}$,取一高为 $l = 1$ m,内半径为 r,

厚度为 $\mathrm{d}r$ 且与直导线同轴的柱壳体元,其体积为

$$\mathrm{d}V = 2\pi r l\,\mathrm{d}r$$

其内储存的磁能为 $\mathrm{d}W_m = w_m \mathrm{d}V$

所以导线单位长度内的磁能

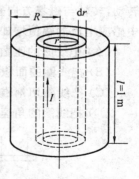

例 11.12 图

$$W_m = \int_V w_m \mathrm{d}V = \int_0^R \frac{\mu_0 I^2 r^2}{8\pi^2 R^4} 2\pi r\,\mathrm{d}r =$$

$$\frac{\mu_0 I^2}{4\pi R^4} \int_0^R r^3 \mathrm{d}r =$$

$$\frac{\mu_0 I^2}{16\pi}$$

四、习   题

11.1 如图,矩形区域为均匀稳恒磁场,半圆形闭合导线回路在纸面内绕轴 O 做逆时针方向匀角速转动,点 O 是圆心且恰好落在磁场的边缘上,半圆形闭合导线完全在磁场外时开始计时。图中的函数图像中哪一条属于半圆形导线回路中产生的感应电动势?

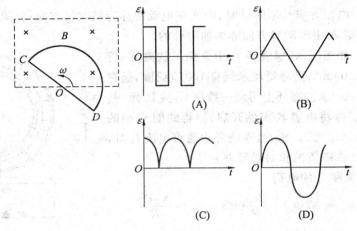

题 11.1 图

11.2 如图所示,M,N 为水平面内两根平行金属导轨,ab 与 cd 为垂直于导轨并可在其上自由滑动的两根直裸导线。外磁场垂直水平面向上,当外力使 ab 向右平移时,cd(   )

(A)不动   (B)转动   (C)向左移动   (D)向右移动

11.3 一闭合正方形线圈放在均匀磁场中,绕通过其中心且与一边平行的转轴 OO' 转动,转轴与磁场方向垂直,转动角速度为 ω,如图所示。用下述哪一种办法可以使线圈中感应电流的幅值增加到原来两倍(导线的电阻不能忽略)(   )

(A)把线圈的匝数增加到原来的两倍

(B)把线圈的面积增加到原来的两倍,而形状不变

(C)把线圈切割磁力线的两条边增长到原来的两倍

(D)把线圈的角速度 ω 增大到原来的两倍

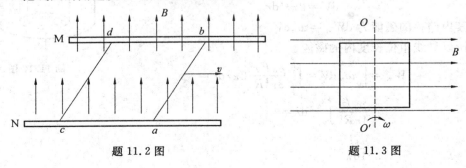

题 11.2 图   题 11.3 图

11.4 如图所示,用导线围成的包括直径的回路(以点 O 为圆心的圆,加一直径),放

在轴线通过点 O 垂直于图面的圆柱形均匀磁场中,如磁方向垂直图面向里,其大小随时间减少,则感应电流的流向为(　　)

11.5　在圆柱形空间内有一磁感应强度为 B 的均匀磁场,如图所示,且 B 的大小以速率 dB/dt 变化。有一长度为 l_0 的金属棒先后放在磁场的两个不同位置 $1(ab)$ 和 $2(a'b')$,则金属棒在这两个位置时棒内的感应电动势的大小关系为(　　)

　　(A) $\varepsilon_2 = \varepsilon_1 \neq 0$　　　　(B) $\varepsilon_2 > \varepsilon_1$　　　　(C) $\varepsilon_2 < \varepsilon_1$　　　　(D) $\varepsilon_2 = \varepsilon_1 = 0$

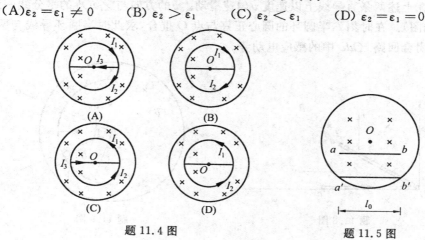

题 11.4 图　　　　　　　　　　　　题 11.5 图

11.6　如图所示,一半径为 r 的很小的金属圆环,在初始时刻与一半径为 $a(a \gg r)$ 的大金属圆环共面且同心。在大圆环中通以恒定的电流 I,方向如图所示。如果小圆环以匀角速度 ω 绕其任一方向的直径转动,并设小圆环电阻为 R,则任意时刻 t 通过小圆环的磁通量 $\Phi_m = $ _____。小圆环中的感应电流 $i = $ _____。

11.7　在图示的电路中,导线 AC 在固定导线上向右平移。设 $AC = 5$ cm,均匀磁场随时间的变化速率 $dB/dt = -0.1$ T·s^{-1},某一时刻导线 AC 的速度 $v_0 = 2$ m·s^{-1},$B = 0.5$ T,$x = 10$ cm,则这时动生电势的大小为 _____,总感应电动势的大小为 _____。以后动生电动势的大小随着 AC 的运动而 _____。

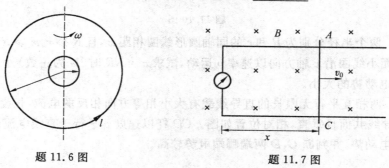

题 11.6 图　　　　　　　　　　　　题 11.7 图

11.8　如图,aOc 为一折成"∠"形的金属导线($aO = Oc = L$),位于 xOy 平面中;磁感应强度为 B 的匀强磁场垂直于 xOy 平面。当 aOc 以速度 v 沿 x 轴正向运动时,导线上 a,c 两点间电势差 $U_{ac} = $ _____;当 aOc 以速度 v 沿 y 轴正向运动时,a,c 两点中 _____

点电势高。

11.9 在垂直图面的圆柱形空间内有一随时间均匀变化（$\dfrac{\mathrm{d}B}{\mathrm{d}t}=k>0$）的匀强磁场，其磁感应强度的方向垂直图面向里。在图面内有两条相交于点 O 夹角为 $60°$ 的直导线 Oa 和 Ob，而点 O 则是圆柱形空间的轴线与图面的交点。此外，在图面内另有一半径为 r 的半圆环形导线在上述两条直导线上以速度 v 匀速滑动。v 的方向与 $\angle aOb$ 的平分线一致，并指向点 O（如图）。在时刻 t，半圆环的圆心正好与点 O 重合，求此时半圆环导线与两条直线所围成的闭合回路 $cOdc$ 中的感应电动势。

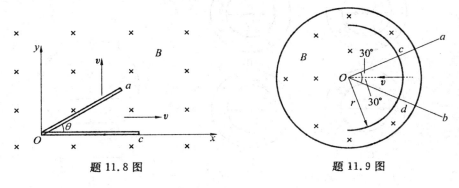

题 11.8 图　　　　　　　　题 11.9 图

11.10 如图所示，在马蹄形磁铁的中间点 A 处放置一半径 $r=1$ cm、匝数 $N=10$ 匝的线圈，且线圈平面法线平行于点 A 磁感应强度，今将此线圈移到足够远处，在这期间若线圈中流过的总电量为 $Q=\pi\times10^{-6}\mathrm{C}$，试求点 A 处磁感应强度是多少？（已知线圈电阻 $R=10\ \Omega$，自感忽略不计）

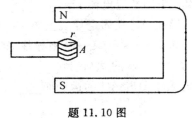

题 11.10 图

11.11 两个半径分别为 R 和 r 的同轴圆形线圈相距 x，且 $R\gg r,x\gg R$。若大线圈通有电流 I 而小线圈沿 x 轴方向以速率 v 运动，试求 $x=NR$ 时（N 为正数）小线圈回路中产生的感应电动势的大小。

11.12 两相互平行无限长的直导线载有大小相等方向相反的电流，长度为 b 的金属杆 CD 与两导线共面且垂直，相对位置如图。CD 杆以速度 v 平行于直线电流运动，求 CD 杆中的感应电动势，并判断 C,D 两端哪端电势较高。

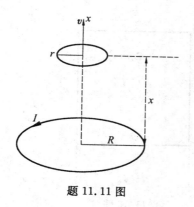

题 11.11 图

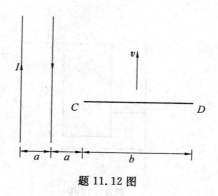

题 11.12 图

11.13　如图,一长直导线中通有电流 I,有一垂直于导线、长度为 l 的金属棒 AB 在包含导线的平面内,以恒定的速度 v 沿与棒成 θ 角的方向移动。开始时,棒的 A 端到导线的距离为 a,求任意时刻金属棒中的动生电动势,并指出棒哪端电势高。

11.14　均匀磁场 B 被限制在半径 $R=10$ cm 的无限长圆柱空间内,方向垂直纸面向里。取一固定的等腰梯形回路 $abcd$,梯形所在平面的法向与圆柱空间的轴平行,位置如图所示。设磁场以 $\dfrac{\mathrm{d}B}{\mathrm{d}t}=1$ T·s^{-1} 的匀速率增加,已知 $\theta=\dfrac{\pi}{3}$,$Oa=Ob=6$ cm,求等腰梯形回路中感生电动势的大小和方向。

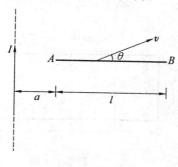

题 11.13 图

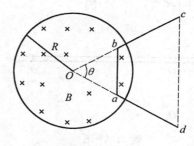

题 11.14 图

11.15　一无限长直导线通有电流 $I=I_0 \mathrm{e}^{-3t}$。一矩形线圈与长直导线共面放置,其长边与导线平行,位置如图所示。求:(1)矩形线圈中感应电动势的大小及感应电流的方向;(2)导线与线圈的互感系数。

11.16　如图,在铅直面内有一矩形导体回路 $abcd$ 置于均匀磁场 B 中,B 的方向垂直于回路平面。$abcd$ 回路中的 ab 边的长度为 L,质量为 m,可以在保持良好接触的情况下下滑,且摩擦力不计。ab 边的初速度为零,回路电阻集中在 ab 边中。(1)求任一时刻 ab 边的速率 v 和 t 的关系;(2)设两竖直边足够长,最后达到稳定的速率为多少?

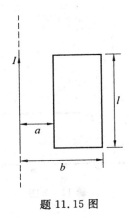

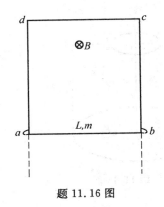

题 11.15 图   题 11.16 图

11.17 如图所示,一根长为 L 的金属细杆 ab 绕竖直轴 O_1O_2 以角速度 ω 在水平面内旋转。O_1O_2 在离细杆 a 端 $\dfrac{L}{5}$ 处。若已知地磁场在竖直方向的分量为 B,求 ab 两端间的电势差 $U_a - U_b$。

11.18 无限长直导线通以电流 $I = I_0 \sin \omega t$,和直导线在同一平面内有一矩形线框,其短边与直导线平行,线框的尺寸及位置如图所示,且 $b/c = 3$。求:(1)直导线和线框的互感系数;(2)线框中的互感电动势。

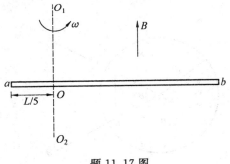

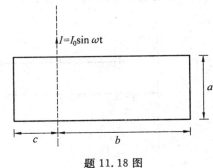

题 11.17 图   题 11.18 图

11.19 一无限长载有电流 I 的直导线旁边有一与之共面的矩形线圈,线圈的边长分别为 l 和 b,l 边与直导线平行。线圈以速度 v 垂直离开直导线,如图所示。 求当矩形线圈与无限长直导线间的互感系数 $M = \dfrac{\mu_0 l}{2\pi}$ 时,线圈的位置及线圈内的感应电动势的大小。

11.20 在半径为 R 的圆柱形空间内,充满磁感应强度为 $\boldsymbol{B}$ 的均匀磁场,$\boldsymbol{B}$ 的方向与圆柱的轴平行。有一无限长直导线在垂直圆柱中心轴线的平面内,两线相距为 a,$a > R$,如图所示。已知磁感应强度随时间的变化率为 $\dfrac{\mathrm{d}\boldsymbol{B}}{\mathrm{d}t}$,求长直导线中的感应电动势并讨论其方向。

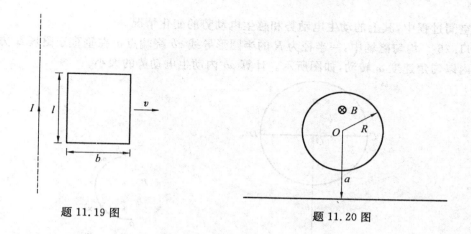

题 11.19 图   题 11.20 图

11.21 截面为矩形的螺绕环共 N 匝,尺寸如图所示。图下半部两矩形表示螺绕环的截面,在螺绕环的轴线上另有一无限长直导线。(1) 求螺绕环的自感系数;(2) 求长直导线和螺绕环的互感系数;(3) 若在螺绕环内通以稳恒电流 I,求螺绕环内储存的磁能。

11.22 图中所示为水平面内的两条平行长直裸导线 LM 与 $L'M'$,其间距离为 l,其左端与电动势为 ε_0 的电源连接。匀强磁场 B 垂直图面向里。一段直裸导线 ab 横嵌在平行导线之间(并可保持在导线间无摩擦地滑动)把电路接通。由于磁场力的作用,ab 将从静止开始向右运动起来。求:(1)ab 能达到的最大速度 v;(2)ab 达到最大速度时通过电源的电流 I。

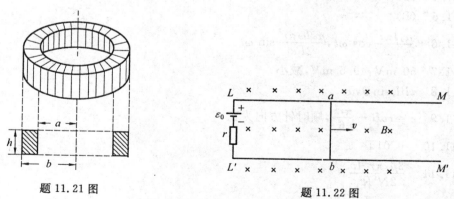

题 11.21 图   题 11.22 图

11.23 同轴电缆是由内、外半径分别为 R_1,R_2 的两个无限长的同轴导电薄壁圆筒组成的,两筒之间充满相对磁导率为 μ_r 的均匀磁介质。求单位长度电缆的自感系数及所储存的磁场能量。

11.24 有两个匝数与半径分别为 N_1,N_2;R_1,$R_2(R_1 > R_2)$ 的同轴直螺线管,长度均为 $l(l \gg R_1,R_2)$,试计算其互感系数。

11.25 圆柱形空间随时间均匀变化的轴向磁场如图所示,$\dfrac{\mathrm{d}B}{\mathrm{d}t}$ 一定且增大,直导线 ab 以速度 v 在纸面内垂直于直径 CD 匀速运动。设 $ab=2R$,试分析导线 ab 从外部进入圆柱形空间过程中,其上的动生电动势和感生电动势的变化情况。

11.26   均匀磁场中,一半径为 R 的半圆形导线 ab 绕端点 a 在垂直于磁场 B 方向的平面内以匀角速度 ω 转动,如图所示。计算 ab 内动生电动势的大小。

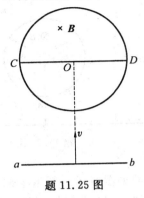

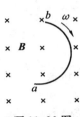

题 11.25 图   题 11.26 图

五、习题答案

11.1   (A)

11.2   (D)

11.3   (D)

11.4   (B)

11.5   (B)

11.6 $\dfrac{\mu_0 I \pi r^2}{2a}\cos \omega t, \dfrac{\mu_0 I \omega \pi r^2}{2Ra}\sin \omega t$

11.7   50 mV,49.5 mV,减小

11.8 $vBL\sin \theta, a$

11.9 $\varepsilon = rvB - \dfrac{\pi rk}{6}$,顺时针方向为正

11.10   0.01T

11.11 $\dfrac{3\mu_0 \pi r^2 Iv}{2N^4 R^2}$

11.12 $\varepsilon = \dfrac{\mu_0 Iv}{2\pi}\ln \dfrac{2(a+b)}{2a+b}, C \rightarrow D, D$ 端电势高

11.13 $\varepsilon_i = \dfrac{\mu_0 Iv}{2\pi}\sin \theta \ln \dfrac{a+l+vt\cos \theta}{a+vt\cos \theta}, A$ 端电势高

11.14   3.67 mV,沿 $adcb$ 绕向

11.15   (1) $\dfrac{3\mu_0 I_0 l}{2\pi}\ln \dfrac{b}{a}\mathrm{e}^{-3t}$,顺时针方向   (2) $\dfrac{\mu_0 l}{2\pi}\ln \dfrac{b}{a}$

11.16   (1) $\dfrac{mgR}{B^2 l^2}[1-\exp(-\dfrac{B^2 l^2}{mR}t)]$ (2) $\dfrac{mgR}{B^2 l^2}$

11.17 $-\dfrac{3}{10}B\omega L^2$

11.18　(1) $\dfrac{\mu_0 a}{2\pi}\ln 3$　(2) $\dfrac{\mu_0 I_0 a\omega \ln 3}{2\pi}\cos \omega t$,方向：顺时针为正

11.19　$x=\dfrac{b}{e-1},\dfrac{\mu_0 I(e-1)^2 vl}{2\pi eb}$

11.20　$-\dfrac{1}{2}\pi R^2 \dfrac{\mathrm{d}B}{\mathrm{d}t}$

11.21　(1) $\dfrac{\mu_0 N^2 h}{2\pi}\ln \dfrac{b}{a}$　(2) $\dfrac{\mu_0 Nh}{2\pi}\ln \dfrac{b}{a}$　(3) $\dfrac{\mu_0 N^2 I^2 h}{4\pi}\ln \dfrac{b}{a}$

11.22　(1) $\dfrac{\varepsilon_0}{Bl}$　(2) $I=0$

11.23　略

11.24　$\dfrac{N_1 N_2}{l}\mu_0 \pi R_2^2$

11.25　略

11.26　$2\omega BR^2$

第*12*章

机械振动

一、基本要求

1. 理解简谐振动的概念及表示简谐振动的特征量。
2. 理解简谐振动的动力学特征,能根据简谐振动的三个判据判定简谐振动。
3. 理解简谐振动的能量特征及其应用。
4. 掌握描述简谐运动的物理量(尤其是相位)的物理意义及各量间的关系。
5. 掌握描述简谐运动的旋转矢量法并会用于简谐运动规律的讨论和分析。
6. 掌握简谐运动的基本特征,能建立一维简谐运动的动力学方程。能根据给定的初始条件解该方程,得到运动方程,并理解物理意义。
7. 理解同方向、同频率简谐运动的合成规律,了解拍和相互垂直简谐运动合成的特点。
8. 了解阻尼振动、受迫振动和共振的发生及规律。

二、基本概念及规律

1. 谐振动的基本特征

在弹性力或准弹性力(合外力)的作用下,物体在平衡位置附近做往复运动,这就是简谐运动,又叫谐振动,满足 $F=-kx$。式中 x 为物体离开平衡位置的位移,负号表示合力 F 的方向总指向平衡位置。简谐运动的动力学方程:$\dfrac{\mathrm{d}^2 x}{\mathrm{d}t^2}+\omega^2 x=0$,$\omega$ 是由系统动力学性质所决定的常量,称为固有圆频率,对于弹簧振子,$\omega=\sqrt{\dfrac{k}{m}}$;对于单摆,$\omega=\sqrt{\dfrac{g}{l}}$。

简谐运动的运动方程:$x=A\cos(\omega t+\varphi)$。

2. 谐振动的旋转矢量法

如图 12.1 所示,旋转矢量 A 绕点 O 以匀角速度 ω 旋转,A 的端点 M 在 x 轴上的投影点 P 在 x 轴上以点 O 为平衡位置做简谐运动。旋转矢量 A 的长度等于谐振动的振幅 A,角速度等于谐振动的圆频率 ω,旋转矢量 A 在任意时刻 t 与 x 轴正向之间的夹角等于谐振动 t 时刻的相位 $\omega t+\varphi$,而旋转矢量 A 在 $t=0$ 时刻与 x 轴正向之间的夹角是谐振动的初相位 φ,旋转矢量 A 的终端 M 在 x 轴上的投影点 P 的坐标 x,是谐振动物体离开平衡位置的位移。

3. 谐振动的相位

相位是确定运动状态的物理量。运动状态由物体的位置 x 和速度 v 共同表示,而相位和运动状态一一对应。

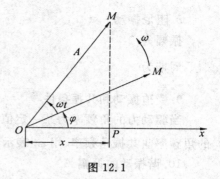

图 12.1

4. 谐振动的速度和加速度

$$v = \frac{\mathrm{d}x}{\mathrm{d}t} = -A\omega\sin(\omega t + \varphi) = A\cos\left(\omega t + \varphi + \frac{\pi}{2}\right)$$

$$a = \frac{\mathrm{d}v}{\mathrm{d}t} = -A\omega^2\cos(\omega t + \varphi) = A\omega^2\cos(\omega t + \varphi + \pi)$$

式中:$A\omega = v_m$ 为速度的振幅;$A\omega^2 = a_m$ 为加速度振幅。

5. 谐振动的振幅和初相位的确定

$$A = \sqrt{x_0^2 + \frac{v_0^2}{\omega^2}} = \sqrt{x^2 + \frac{v^2}{\omega^2}}$$,由 $\cos\varphi = \frac{x_0}{A}$ 和 $\sin\varphi = -\frac{v_0}{\omega A}$ 共同确定初相位 φ。

6. 振动中的能量

$$E_k = \frac{1}{2}mv^2 = \frac{1}{2}mA^2\omega^2\sin^2(\omega t + \varphi) = \frac{1}{2}kA^2\sin^2(\omega t + \varphi)$$

$$E_p = \frac{1}{2}kA^2\cos^2(\omega t + \varphi)$$

$$E = E_k + E_p = \frac{1}{2}kA^2 = 常量$$

7. 谐振动的合成

(1) 同方向同频率谐振动的合成

设两个沿 x 轴的分振动为:$x_1 = A_1\cos(\omega t + \varphi_1)$,$x_2 = A_2\cos(\omega t + \varphi_2)$

其合振动 $x = x_1 + x_2 = A\cos(\omega t + \varphi)$ 仍是沿 x 轴的与原振动频率相同的谐振动。

其中振幅为:$A = \sqrt{A_1^2 + A_2^2 + 2A_1A_2\cos(\varphi_2 - \varphi_1)}$

初相位 φ 为:$\tan\varphi = \frac{A_1\sin\varphi_1 + A_2\sin\varphi_2}{A_1\cos\varphi_1 + A_2\cos\varphi_2}$,$\varphi$ 的大小介于 φ_1 和 φ_2 之间。

当两个分振动同相位($\varphi_2 - \varphi_1 = 2k\pi$)时:$A = A_1 + A_2$

当两个分振动反相位 $[\varphi_2 - \varphi_1 = (2k+1)\pi]$ 时:$A = |A_1 - A_2|$

(2) 同方向频率相近的两个谐振动的合成

合振动不再是等幅振动,其振幅时而加强,时而减弱,这个现象称为拍。其振幅变化的频率叫拍频。拍频的 $\nu = |\nu_2 - \nu_1|$,式中 ν_1 和 ν_2 为原来两个简谐运动的频率。

(3) 两个相互垂直的同频率的谐振动的合成

$$x = A_1\cos(\omega t + \varphi_1), \quad y = A_2\cos(\omega t + \varphi_2)$$

合振动的运动轨迹方程为:$\frac{x^2}{A_1^2} + \frac{y^2}{A_2^2} - \frac{2xy}{A_1 A_2}\cos(\varphi_2 - \varphi_1) = \sin^2(\varphi_2 - \varphi_1)$

一般情况下是椭圆(特殊情况下是直线或圆),椭圆的形状取决于两个分振动相位差和振幅。

8. 阻尼振动

振幅为
$$A = A_0 e^{-\delta t}$$

周期为
$$T = \frac{2\pi}{\omega} = \frac{2\pi}{\sqrt{\omega_0^2 - \delta^2}}$$

9. 受迫振动和共振条件

当驱动力的角频率为某一定值时,受迫振动的振幅达到极大的现象叫共振。共振时的角频率叫共振角频率,用 ω_r 表示,$\omega_r = \sqrt{\omega_0^2 - 2\delta^2}$。

10. 谐振动的振幅 A

在简谐运动方程 $x = A\cos(\omega t + \varphi)$ 中,因 $\cos(\omega t + \varphi)$ 的值在 $+1$ 和 -1 之间,所以物体的位移亦在 $+A$ 和 $-A$ 之间,我们把简谐运动物体离开平衡位置最大位移的绝对值 A,称为振幅。振幅给出了物体运动的范围,也决定了振动系统的能量。

11. 谐振动的周期 T、频率 ν 和角频率 ω

振动的特征之一是运动具有周期性,将物体做一次完全振动所经历的时间称为振动的周期,用 T 表示,每隔一个周期,振动状态就完全重复一次。物体在单位时间内所做的完整振动的次数,称为振动的频率,用 ν 表示,$\nu = \frac{1}{T}$。物体在 2π s 时间内所做的完整振动的次数,称为振动的角频率,也称圆频率,用 ω 表示。T, ν 和 ω 由简谐振动系统自身的性质决定,与运动的初始条件无关,这种只由振动系统本身的固有属性所决定的周期和频率,称为振动的固有周期和固有频率。

12. 谐振动的相位和初相位

相位是确定运动状态的物理量。运动状态由物体的位置 x 和速度 v 共同表示,而相位和运动状态一一对应。$(\omega t + \varphi)$ 既决定了振动物体在任意时刻离开平衡位置的位移,也决定了它在该时刻的速度。量值 $(\omega t + \varphi)$ 称为振动的相位,相位是决定简谐运动物体运动状态的物理量。当 $t = 0$ 时,相位 $(\omega t + \varphi) = \varphi$,故 φ 称为初相位,简称初相。

三、解题指导

例 12.1 若简谐运动方程为 $x = (0.1\text{ m})\cos\left[(20\pi\text{ s}^{-1})t + \frac{\pi}{4}\right]$,求:(1)振幅、频率、角频率、周期和初相;(2)$t = 2$ s 时的位移、速度和加速度。

解 (1) 由运动方程:$x = 0.1\cos\left(20\pi t + \frac{\pi}{4}\right)$

$$A = 0.1\text{ m}, \quad \nu = 10\text{ Hz}, \quad \omega = 20\pi, \quad T = 0, \quad \varphi = \pi/4$$

(2) 当 $t = 2$ s 时,$x = 7.07 \times 10^{-2}\text{ m}$

$$v = \frac{\mathrm{d}x}{\mathrm{d}t} = -4.44\text{ m} \cdot \text{s}^{-1}$$

$$a = \frac{\mathrm{d}v}{\mathrm{d}t} = -279\text{ m} \cdot \text{s}^{-2}$$

例 12.2 如图,两个轻弹簧的劲度系数分别为 k_1 和 k_2,物体在光滑斜面上振动。(1)证明其运动仍是简谐运动;(2)求系统的振动频率。

解 (1) 两弹簧串联,其等效劲度系数 $k = \dfrac{k_1 k_2}{k_1 + k_2}$

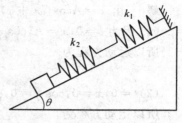

物体(振动物体)在斜面上平衡时,弹簧的伸长量为 x_0,则有

$$kx_0 = mg\sin\theta$$

若取此处为坐标原点,向下拉动物体为 x,则

$$mg\sin\theta - k(x + x_0) = m\frac{\mathrm{d}^2 x}{\mathrm{d}t^2}$$

$$mg\sin\theta - kx - kx_0 = m\frac{\mathrm{d}^2 x}{\mathrm{d}t^2}$$

例 12.2 图

$\dfrac{\mathrm{d}^2 x}{\mathrm{d}t^2} + \dfrac{k}{m}x = 0$,所以物体必定沿斜面做简谐振动。

(2) 系统的振动频率 $\qquad \omega = \sqrt{\dfrac{k}{m}}$

$$\nu = \frac{\omega}{2\pi} = \frac{1}{2\pi}\sqrt{\frac{k_1 k_2}{(k_1 + k_2)m}}$$

例 12.3 在如图所示的装置中,一劲度系数为 k 的轻弹簧,一端固定在墙上,另一端连接质量为 m_1 的物体 A,置于光滑水平桌面上。现通过一质量为 m、半径为 R 的定滑轮 B(可视为匀质圆盘)用细绳连接另一质量为 m_2 的物体 C。设细绳不可伸长,且与滑轮间无相对滑动,求系统的振动角频率。

解 设重物 m_2 悬挂处于平衡状态时,弹簧伸长的长度为 x_0,以 m_2 的平衡状态处为坐标原点

$m_2 g - T_0 = 0$,$T_0 = m_2 g = kx_0$,当将物体 m_2 向下拉一距离 x 时,则有

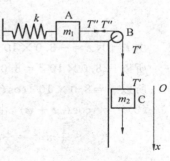

$$m_2 g - T' = m_2 \frac{\mathrm{d}^2 x}{\mathrm{d}t^2}$$

$$T'R - T''R = J\beta,\text{其中 } J = \frac{1}{2}mR^2$$

$$T'' - k(x + x_0) = m_1 \frac{\mathrm{d}^2 x}{\mathrm{d}t^2}$$

$$\frac{\mathrm{d}^2 x}{\mathrm{d}t^2} = \beta R$$

例 12.3 图

联立求出 $\left(m_1 + m_2 + \dfrac{m}{2}\right)\dfrac{\mathrm{d}^2 x}{\mathrm{d}t^2} + kx = 0$

所以 $\omega = \left(\dfrac{k}{m_1 + m_2 + m/2}\right)^{1/2}$。

例 12.4 一放置在水平桌面上的弹簧振子,振幅 $A = 2.0 \times 10^{-2}$ m,周期 $T = 0.50$ s,当 $t = 0$ 时:(1) 物体在正方向端点;(2) 物体在平衡位置,向负方向运动;(3) 物体在 $x = 1.0 \times 10^{-2}$ m 处,向负方向运动;(4) 物体在 $x = -1.0 \times 10^{-2}$ m 处,向正方向运动。

求以上各种情况的运动方程。

解　由 $x = A\cos(\omega t + \varphi)$，$\omega = 2\pi/T$，得 $x = 2.0 \times 10^{-2}\cos(4\pi t + \varphi)$

(1) 因为 $t = 0$，$x = A$，$\cos\varphi = 1$，$\varphi = 0$

所以运动方程为

$$x = 2 \times 10^{-2}\cos(4\pi t)$$

(2) $t = 0$，$x = 0$，$\cos\varphi = 0$，$\varphi = \pi/2$ 或 $3\pi/2$，由于向负向运动，取 $\varphi = \pi/2$

所以运动方程为

$$x = 2 \times 10^{-2}\cos(4\pi t + \pi/2)$$

(3) $t = 0$，$x = 1.0 \times 10^{-2}$ m，向负向运动，$\cos\varphi = 1/2$，$\varphi = \pi/3$

所以运动方程为

$$x = 2 \times 10^{-2}\cos(4\pi t + \pi/3)$$

(4) $t = 0$，$x = -1.0 \times 10^{-2}$ m，$\cos\varphi = -1/2$，向正方向运动，$\varphi = 4\pi/3$

所以运动方程为

$$x = 2 \times 10^{-2}\cos(4\pi t + 4\pi/3)$$

例 12.5　有一弹簧，当其下端挂一质量为 m 的物体时，伸长量为 9.8×10^{-2} m。若使物体上下振动，且规定向下为正方向。(1) $t = 0$ 时，物体在平衡位置上方 8.0×10^{-2} m 处，由静止开始向下运动，求运动方程；(2) $t = 0$ 时，物体在平衡位置并以 0.60 m·s^{-1} 的速度向上运动，求运动方程。

解　(1) $x = A\cos(\omega t + \varphi)$

因为 $mg = kx$，所以 $k = mg/x$

$$\omega = \sqrt{\frac{k}{m}} = \sqrt{100} = 10 \ (\text{rad} \cdot \text{s}^{-1})$$

$$x = 8.0 \times 10^{-2}\cos(10t + \varphi)$$

由 $t = 0$，$x = -8.0 \times 10^{-2}$ m

所以 $-8.0 \times 10^{-2} = 8.0 \times 10^{-2}\cos\varphi$，$\cos\varphi = -1$，因为向正向运动，所以 $\varphi = \pi$

所以 $x = 8.0 \times 10^{-2}\cos(10t + \pi)$ m

(2) $x = A\cos(\omega t + \varphi)$，由竖直悬挂弹簧振子的能量得

$$\frac{1}{2}mv^2 = \frac{1}{2}kA^2, \quad \frac{0.36}{2} = \frac{1}{2}kA^2, \quad A = 6.0 \times 10^{-2} \text{ m}$$

$$x = 6.0 \times 10^{-2}\cos(10t + \varphi)$$

由 $t = 0$ 时，$x_0 = 0$，$\cos\varphi = 0$

因为向负向振动，所以 $\varphi = \dfrac{\pi}{2}$

运动方程为 $x = 6.0 \times 10^{-2}\cos\left(10t + \dfrac{\pi}{2}\right)$。

例 12.6　振动质点的 $x-t$ 曲线如图所示，试求：(1) 运动方程；(2) 点 P 对应的相位；(3) 到达点 P 相应位置所需的时间。

解　(1) 由图可以直接得到 $A = 0.1$ m

$$x = 0.1\cos(\omega t + \varphi), \quad t = 0, \quad x_0 = 0.05 \text{ m}$$

$\cos\varphi=\dfrac{1}{2}$，$\varphi=\pm\dfrac{\pi}{3}$，因为向正方向振动，所以

$$\varphi=-\frac{\pi}{3}$$

$$x=0.1\cos(\omega t-\pi/3)\ \mathrm{m}$$

因为 $x=0.1\cos(4\omega-\pi/3)$，所以 $4\omega-\pi/3=\pi/2$，

$\omega=\dfrac{5\pi}{24}$

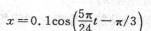

$$x=0.1\cos\left(\frac{5\pi}{24}t-\pi/3\right)$$

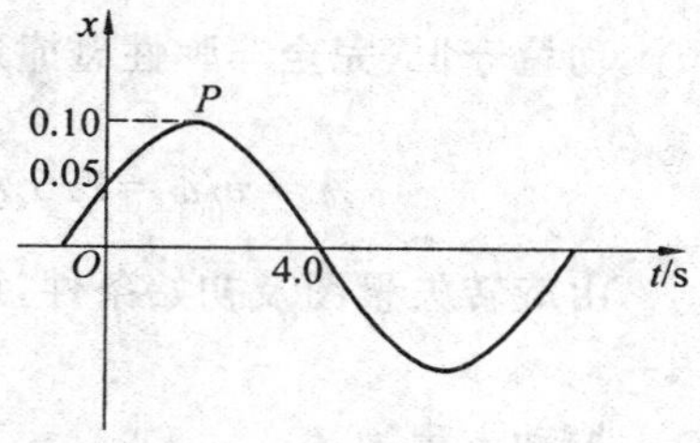

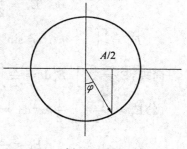

例 12.6 图

（2）点 P 对应的相位：$x=0.1\cos\varphi_P$，$x=0.1$

$$\cos\varphi_P=1,\quad \varphi_P=0$$

（3）$\dfrac{5\pi}{24}t_P-\pi/3=0$，$t_P=1.6\ \mathrm{s}$

例 12.7　做简谐运动的物体，由平衡位置向 x 轴正方向运动，试问经过下列路程所需的最短时间各为周期的几分之几？（1）由平衡位置到最大位移处；（2）由平衡位置到 $x=A/2$ 处；（3）由 $x=A/2$ 处到最大位移处。

解　（1）由平衡位置达到最大位移处 $t=\dfrac{\pi/2}{2\pi/T}=\dfrac{T}{4}$

（2）由平衡位置到 $A/2$ 处，旋转矢量转过的角度应为 $\pi/6$

例 12.7 图

$$t=\frac{\pi/6}{2\pi/T}=\frac{1}{12}T$$

（3）由 $A/2$ 到最大位移处，旋转矢量转过的角度应为 $\pi/3$

$$t=\frac{\pi/3}{2\pi/T}=\frac{1}{6}T$$

例 12.8　如图所示，质量为 $1.00\times10^{-2}\ \mathrm{kg}$ 的子弹，以 $500\ \mathrm{m\cdot s^{-1}}$ 的速度射入并嵌在木块中，同时使弹簧压缩从而做简谐运动。设木块的质量为 $4.99\ \mathrm{kg}$，弹簧的劲度系数为 $8.00\times10^{-3}\ \mathrm{N\cdot m^{-1}}$。若以弹簧原长时物体所在处为坐标原点，向左为 x 轴正向，求简谐运动方程。

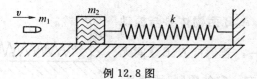

例 12.8 图

解　振动方程为 $x=A\cos(\omega t+\varphi)$

$$\omega=\sqrt{\frac{k}{m_1+m_2}}=40\ \mathrm{rad\cdot s^{-1}}$$

动量守恒(完全非弹性碰撞)$v = \dfrac{m_1 v_1}{m_1 + m_2} = 0.1\ \text{m} \cdot \text{s}^{-1}$

$$A = v/\omega = 2.5 \times 10^{-2}\,\text{m}, \quad x = 2.5 \times 10^{-2} \cos\left(40t + \dfrac{\pi}{2}\right)$$

由旋转矢量图及初始条件,可知

$$\varphi = \pi/2$$

振动方程为

$$x = 2.5 \times 10^{-2} \cos(40t + \pi/2)\ \text{m}$$

例 12.9 试证明:(1)在一个周期中,简谐运动的动能和势能对时间的平均值都等于 $kA^2/4$;(2)在一个周期中,简谐运动的动能和势能对位置的平均值分别等于 $kA^2/3$ 和 $kA^2/6$。

证明 $(1)\,x = A\cos(\omega t + \varphi)$

$$v = \dfrac{\mathrm{d}x}{\mathrm{d}t} = -A\omega \sin(\omega t + \varphi)$$

$$E_k = \dfrac{1}{2} m v^2 = \dfrac{1}{2} m A^2 \omega^2 \sin^2(\omega t + \varphi)$$

$$\bar{E}_k = \left[\int_0^T \dfrac{1}{2} m A^2 \omega^2 \sin^2(\omega t + \varphi)\,\mathrm{d}t\right] \dfrac{1}{T} = \dfrac{1}{4} m A^2 \omega^2 = \dfrac{1}{4} k A^2, \quad m\omega^2 = k$$

同理:$\bar{E}_p = \dfrac{1}{T} \int_0^T E_p \mathrm{d}t = \dfrac{1}{T} \int_0^T \dfrac{1}{2} k x^2 \mathrm{d}t = \dfrac{1}{4} k A^2$

$(2)\,\bar{E}_p = \dfrac{1}{2A} \int_{-A}^{A} \dfrac{1}{2} k x^2 \mathrm{d}x = \dfrac{1}{6} k A^2$

$$\bar{E}_k = \dfrac{1}{2A} \int_{-A}^{A} \dfrac{1}{2} m A^2 \omega^2 \sin^2(\omega t + \varphi)\,\mathrm{d}x$$

$$\bar{E}_k = \dfrac{1}{2A} \int_{-A}^{A} \dfrac{1}{2} m A^2 \omega^2 \left[1 - \cos^2(\omega t + \varphi)\right] \mathrm{d}x =$$

$$\dfrac{1}{2A} \int_{-A}^{A} \dfrac{1}{2} m A^2 \omega^2 \mathrm{d}x - \dfrac{1}{2A} \int_{-A}^{A} \dfrac{1}{2} m A^2 x^2 \mathrm{d}x =$$

$$\dfrac{1}{2} m A^2 \omega^2 - \dfrac{1}{2} m \omega^2 \cdot \dfrac{1}{2A} \cdot \left. \dfrac{x^3}{3} \right|_{-A}^{A} = \dfrac{1}{3} k A^2$$

例 12.10 如图所示,一劲度系数为 $k = 312.0\ \text{N} \cdot \text{m}^{-1}$ 的轻弹簧,一端固定,另一端连接一质量为 $m_1 = 0.30\ \text{kg}$ 的物体 A,放置在光滑的水平桌面上,物体 A 上再放置质量为 $m_2 = 0.20\ \text{kg}$ 的物体 B,已知 A,B 间静摩擦因数为 0.50。求两物体间无相对运动时系统振动的最大能量。

解 无相对滑动,A,B 两物体参与振动的角频率 $\omega = \sqrt{\dfrac{k}{m_1 + m_2}}$。若保持 A,B 之间无相对滑动,振幅 A 必须有一定的限制,那就是

$$\mu m_2 g = m_2 a_{\max}, \quad \mu m_2 g = m_2 \omega^2 A$$

$$E_{\max} = \dfrac{1}{2} k A^2 = 9.62 \times 10^{-3}\,\text{J}$$

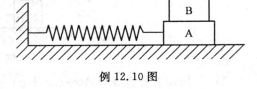

例 12.10 图

例 12.11　已知两同方向同频率的简谐运动的运动方程分别为 $x_1 = (0.05\ \text{m})\cos[(10\ \text{s}^{-1})t + 0.75\pi]$，$x_2 = (0.06\ \text{m})\cos[(10\ \text{s}^{-1})t + 0.25\pi]$。求：(1) 合振动的振幅及初相；(2) 若有另一同方向同频率的简谐运动 $x_3 = (0.07\ \text{m})\cos[(10\ \text{s}^{-1})t + \varphi_3]$，则 φ_3 为多少时，$x_1 + x_3$ 的振幅最大？又 φ_3 为多少时，$x_2 + x_3$ 的振幅最小？

解　(1) $A = [A_1^2 + A_2^2 + 2A_1A_2\cos\Delta\varphi]^{1/2} = 7.8 \times 10^{-2}\ \text{m}$

$$\varphi = \arctan\left[\frac{A_1\sin\varphi_1 + A_2\sin\varphi_2}{A_1\cos\varphi_1 + A_2\cos\varphi_2}\right] = 1.48\ \text{rad}$$

(2) $\varphi_3 = \varphi_1 + 2k\pi = 0.75\pi + 2k\pi$，$\quad k = 0, \pm 1, \pm 2, \cdots$

$$\varphi_3 = \varphi_2 + (2k+1)\pi = 0.25\pi + (2k+1)\pi, \quad k = 0, \pm 1, \pm 2, \cdots$$

例 12.12　示波管的电子束受到两个相互垂直的电场的作用。电子在两个方向上的位移分别为 $x = A\cos\omega t$ 和 $y = A\cos(\omega t + \varphi)$。求在 $\varphi = 0°$，$\varphi = 30°$ 及 $\varphi = 90°$ 各种情况下，电子在荧光屏上的轨迹方程。

解　由相互垂直的、同频率的两个简谐振动合成的轨道方程

$$\frac{x^2}{A_1^2} + \frac{y^2}{A_2^2} - \frac{2xy}{A_1A_2}\cos(\varphi_2 - \varphi_1) = \sin^2(\varphi_2 - \varphi_1)$$

且由题意知：$A_1 = A_2 = A$，$\varphi_1 = 0$，$\varphi_2 = \varphi$

(1) 当 $\varphi = 0°$ 时，$x = y$，轨迹为直线。

(2) 当 $\varphi = 30°$ 时，$x^2 + y^2 - \sqrt{3}xy = A^2/4$，为椭圆方程（轨道为椭圆）。

(3) 当 $\varphi = 90°$ 时，$x^2 + y^2 = A^2$，为圆方程（轨道为圆）。

例 12.13　质量为 $0.10\ \text{kg}$ 的物体，以振幅 $1.0 \times 10^{-2}\ \text{m}$ 做简谐运动，其最大加速度为 $4.0\ \text{m}\cdot\text{s}^{-2}$，求：(1) 振动的周期；(2) 通过平衡位置时的动能；(3) 总能量；(4) 物体在何处其动能和势能相等？

解　(1) 因 $\qquad\qquad\qquad a_{\max} = A\omega^2$

故 $\qquad\qquad\omega = \sqrt{\frac{a_{\max}}{A}} = \sqrt{\frac{4.0\ \text{m}\cdot\text{s}^{-2}}{1.0 \times 10^{-2}\ \text{m}}} = 20\ \text{s}^{-1}$

得 $\qquad\qquad T = \frac{2\pi}{\omega} = \frac{2\pi}{20\ \text{s}^{-1}} = 0.314\ \text{s}$

(2) 因通过平衡位置时的速度为最大，故

$$E_{\text{k,max}} = \frac{1}{2}mv_{\max}^2 = \frac{1}{2}m\omega^2 A^2$$

将已知数据代入，得 $E_{\text{k,max}} = 2.0 \times 10^{-3}\ \text{J}$

(3) 总能量 $E = E_{\text{k,max}} = 2.0 \times 10^{-3}\ \text{J}$

(4) 当 $E_k = E_p$ 时，$E_p = 1.0 \times 10^{-3}\ \text{J}$，由 $E_p = \frac{1}{2}kx^2 = \frac{1}{2}m\omega^2 x^2$，得

$$x^2 = \frac{2E_p}{m\omega^2} = 0.5 \times 10^{-4}\ \text{m}^2$$

即 $\qquad\qquad\qquad x = \pm 0.707\ \text{cm}$

例 12.14　一物体沿 x 轴做简谐振动，振幅为 $0.12\ \text{m}$，周期为 $2\ \text{s}$，当 $t = 0$ 时，物体的

位移为 0.06 m,且向 x 轴正方向运动,求:(1)简谐振动的初相位;(2)$t=0.5$ s 时,物体的位置、速度及加速度;(3)在 $x=-0.06$ m 处,且向 x 轴负方向运动时物体的速度和加速度,以及从这一位置回到平衡位置时所需的最短时间。

解 (1)由题意知 $A=0.12$ m,$\omega=\dfrac{2\pi}{T}=\pi$,故物体的简谐振动方程及初始位移为

$$x=0.12\cos(\pi t+\varphi)$$
$$x_0=0.12\cos\varphi=0.06$$

解得
$$\varphi=\pm\frac{\pi}{3}$$

因此时物体向 x 轴正方向运动,$v_0=\dfrac{\mathrm{d}x}{\mathrm{d}t}\Big|_{t=0}=-A\omega\sin\varphi>0$,故取 $\varphi=-\dfrac{\pi}{3}$。

(2)物体的位移、速度及加速度分别为

$$x=0.12\cos(\pi t-\frac{\pi}{3})$$
$$v=\frac{\mathrm{d}x}{\mathrm{d}t}=-0.12\pi\sin(\pi t-\frac{\pi}{3})$$
$$a=\frac{\mathrm{d}^2x}{\mathrm{d}t^2}=-0.12\pi^2\cos(\pi t-\frac{\pi}{3})$$

将 $t=0.5$ s 代入上述三式,得

$$x_{0.5}=0.12\cos(\frac{\pi}{2}-\frac{\pi}{3})=0.104(\mathrm{m})$$

$$v_{0.5}=-0.12\pi\sin(\frac{\pi}{2}-\frac{\pi}{3})=-0.19(\mathrm{m\cdot s^{-1}})$$

$$a_{0.5}=-0.12\pi^2\cos(\frac{\pi}{2}-\frac{\pi}{3})=-1.03(\mathrm{m\cdot s^{-2}})$$

(3)设相应于 $x=-0.06$ m 的时间为 t_1,则有

$$-0.06=0.12\cos(\pi t_1-\frac{\pi}{3})$$

即
$$\cos(\pi t_1-\frac{\pi}{3})=-\frac{1}{2}$$

$$(\pi t_1-\frac{\pi}{3})=\pm\frac{2}{3}\pi$$

但此时物体向 x 轴负方向运动,$v=-0.12\pi\sin(\pi t-\frac{\pi}{3})<0$,即

$$\pi t_1-\frac{\pi}{3}=\frac{2\pi}{3}$$

解得
$$t_1=1\text{ s}$$

此时的速度和加速度分别为

$$v=-0.12\pi\sin(\pi-\frac{\pi}{3})=-0.33(\mathrm{m\cdot s^{-1}})$$

$$a=-0.12\pi^2\cos(\pi-\frac{\pi}{3})=0.59(\mathrm{m\cdot s^{-2}})$$

从 $x=-0.06$ m 处回到平衡位置,且时间最短,意味着回到相位 $\dfrac{3\pi}{2}$ 处,设相应时刻为 t_2,则有

$$\pi t_2 - \frac{\pi}{3} = \frac{3\pi}{2}$$

解得

$$t_2 = \frac{11}{6} \text{ s}$$

故从 $x=-0.06$ m 处回到平衡位置所需的最短时间为

$$\Delta t = t_2 - t_1 = \frac{11}{6} - 1 = \frac{5}{6} = 0.83(\text{s})$$

例 12.15　已知两个同方向同频率简谐振动的振动方程为

$$x_1 = 0.05\cos(10t + \frac{3}{5}\pi)\text{m}$$

$$x_2 = 0.06\cos(10t + \frac{1}{5}\pi)\text{m}$$

求其合振动的振幅及初相位。

解　由题意知 $A_1 = 0.05$ m,$\varphi_1 = \dfrac{3}{5}\pi$,$A_2 = 0.06$ m,$\varphi_2 = \dfrac{1}{5}\pi$,合振动的振幅

$$A = \sqrt{A_1^2 + A_2^2 + 2A_1A_2\cos(\varphi_2 - \varphi_1)} =$$

$$\sqrt{0.05^2 + 0.06^2 + 2 \times 0.05 \times 0.06\cos(-\frac{2}{5}\pi)} =$$

$$8.92 \times 10^{-2}(\text{m})$$

例 12.16　两个质点在同方向做同频率、同振幅的简谐振动。在振动过程中,每当它们经过振幅一半的地方时相遇,而运动方向相反。求它们的相位差,并画出相遇处的旋转矢量图。

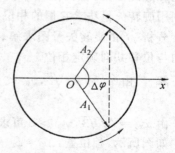

解　因为 $\dfrac{A}{2} = A\cos(\omega t + \varphi_1) = A\cos(\omega t + \varphi_2)$,

所以

$$\omega t + \varphi_1 = \pm\frac{\pi}{3}, \quad \omega t + \varphi_2 = \pm\frac{\pi}{3}$$

例 12.16 图

故 $\Delta\varphi = 0$ 或 $\dfrac{2\pi}{3}$,取 $\Delta\varphi = \dfrac{2\pi}{3}$。

旋转矢量图如右。

例 12.17　有一弹簧振子,振幅 $A = 2.0 \times 10^{-2}$m,周期 $T = 1.0$ s,初相 $\varphi = 3\pi/4$。试写出它的振动位移、速度和加速度方程。

分析　根据振动的标准形式得出振动方程,通过求导即可求解速度和加速度方程。

解　振动方程为:$x = A\cos[\omega t + \varphi] = A\cos[\dfrac{2\pi}{T}t + \varphi]$

代入有关数据得 $\qquad x = 0.02\cos[2\pi t + \dfrac{3\pi}{4}](\text{SI})$

振子的速度和加速度分别是

$$v = \mathrm{d}x/\mathrm{d}t = -0.04\pi\sin\left[2\pi t + \frac{3\pi}{4}\right](\mathrm{SI})$$

$$a = \mathrm{d}^2x/\mathrm{d}t^2 = -0.08\pi^2\cos\left[2\pi t + \frac{3\pi}{4}\right](\mathrm{SI})$$

例 12.18 一质点沿 x 轴做简谐振动,振动方程为 $x = 4\times10^{-2}\cos\left(2\pi t + \frac{\pi}{3}\right)(\mathrm{SI})$,求:从 $t=0$ 时刻起到质点位置在 $x=-2$ cm 处,且向 x 轴正方向运动的最短时间。

分析 由旋转矢量图求得两点相位差,结合振动方程中特征量即可确定最短时间。

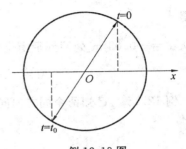

例 12.18 图

解 依题意有旋转矢量图

从图可见 $\Delta\varphi = \pi$

而 $\Delta\varphi = \omega\Delta t = 2\pi(t_0 - 0)$

故所求时间为:$t_0 = \dfrac{\Delta\varphi}{\omega} = \dfrac{1}{2}\mathrm{s}$

例 12.19 两个物体做同方向、同频率、同振幅的简谐振动,在振动过程中,每当第一个物体经过位移为 $A/\sqrt{2}$ 的位置向平衡位置运动时,第二个物体也经过此位置,但向远离平衡位置的方向运动,试利用旋转矢量法求它们的相位差。

分析 由旋转矢量图求解。根据运动速度的方向与位移共同确定相位。

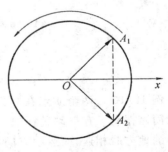

例 12.19 图

解 由 $x_{10} = A/\sqrt{2}$,$v_{10} < 0$ 可求得

$$\varphi_1 = \pi/4$$

由 $x_{20} = A/\sqrt{2}$,$v_{20} > 0$ 可求得:$\varphi_2 = -\pi/4$

如图所示,相位差:$\Delta\varphi = \varphi_1 - \varphi_2 = \pi/2$

例 12.20 一简谐振动的振动曲线如图所示,求振动方程。

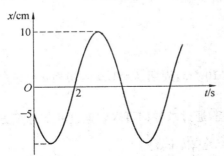

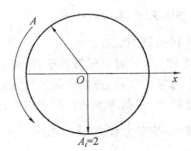

例 12.20 图

分析 利用旋转矢量图求解,由图中两个确定点求得相位,再根据时间差求得其角

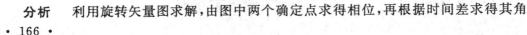

频率。

解　设所求方程为 $x = A\cos(\omega t + \varphi)$

当 $t = 0$ 时：$x_1 = -5$ cm，$v_1 < 0$，由旋转矢量图可得

$$\varphi_{t=0} = 2\pi/3 \text{ rad}$$

当 $t = 2$ s 时：从 $x-t$ 图中可以看出：$x_2 = 0$，$v_2 > 0$

据旋转矢量图可以看出，$\varphi_{t=2} = 3\pi/2$ rad

所以，2 s 内相位的改变量 $\Delta\varphi = \varphi_{t=2} - \varphi_{t=0} = 3\pi/2 - 2\pi/3 = 5\pi/6$ rad

据 $\Delta\varphi = \omega\Delta t$ 可求出：$\omega = \Delta\varphi/\Delta t = 5\pi/12$ rad/s

于是，所求振动方程为

$$x = 0.1\cos\left(\frac{5}{12}\pi t + \frac{2}{3}\pi\right) \text{(SI)}$$

例 12.21　在光滑水平面上，有一做简谐振动的弹簧振子，弹簧的劲度系数为 k，物体的质量为 m，振幅为 A。当物体通过平衡位置时，有一质量为 m' 的泥团竖直落到物体上并与之黏结在一起。求：(1)m' 和 m 黏结后，系统的振动周期和振幅；(2)若当物体到达最大位移处，泥团竖直落到物体上，再求系统振动的周期和振幅。

分析　系统周期只与系统本身有关，由质量和劲度系数即可确定周期，而振幅则由系统能量决定，因此需要由动量守恒确定碰撞前后速度，从而由机械能守恒确定其振幅。

解　(1) 设物体通过平衡位置时的速度为 v，则由机械能守恒：

$$\frac{1}{2}kA^2 = \frac{1}{2}mv^2, \quad v = \pm A\sqrt{\frac{k}{m}}$$

当 m' 竖直落在处于平衡位置 m 上时为完全非弹性碰撞，且水平方向合外力为零，所以

$$mv = (m + m')u$$

$$u = \frac{m}{m + m'}v$$

此后，系统的振幅变为 A'，由机械能守恒，有

$$\frac{1}{2}kA'^2 = \frac{1}{2}(m + m')u^2$$

$$A' = \sqrt{\frac{m + m'}{k}}u = \sqrt{\frac{m}{m + m'}}A$$

系统振动的周期为　　　　　　　　$T = 2\pi\sqrt{\dfrac{m + m'}{k}}$

(2) 当 m 在最大位移处 m' 竖直落在 m 上，碰撞前后系统在水平方向的动量均为零，因而系统的振幅仍为 A，周期为 $2\pi\sqrt{\dfrac{m + m'}{k}}$。

例 12.22　一轻弹簧在 60 N 的拉力下伸长 30 cm。现把质量为 4 kg 的物体悬挂在该弹簧的下端并使之静止，再把物体向下拉 10 cm，然后由静止释放并开始计时。如图，求 (1) 此小物体是停在振动物体上面还是离开它？(2) 物体的振动方程；(3) 物体在平衡位置上方 5 cm 时弹簧对物体的拉力；(4) 物体从第一次越过平衡位置时刻起到它运动到上

方 5 cm 处所需要的最短时间；(5) 如果使放在振动物体上的小物体与振动物体分离，则振幅 A 需满足何条件？二者在何位置开始分离？

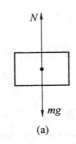

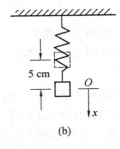

例 12.22 图

分析 小物体分离的临界条件是对振动物体压力为零，即两物体具有相同的加速度，而小物体此时加速度为重力加速度，因此可根据两物体加速度确定分离条件。

解 选平衡位置为原点，取向下为 x 轴正方向。

由
$$f = kx, \quad k = \frac{f}{x} = 200 \text{ N/m}$$

$$\omega = \sqrt{k/m} = \sqrt{50} \approx 7.07 \ (\text{rad/s})$$

(1) 小物体受力如图。

设小物体随振动物体的加速度为 a，按牛顿第二定律有
$$mg - N = ma$$
$$N = m(g - a)$$

当 $N = 0$，即 $a = g$ 时，小物体开始脱离振动物体，

已知 $A = 10$ cm，$k = 200$ N/m，$\omega \approx 7.07$ rad/s

系统最大加速度为 $\qquad a_{\max} = \omega^2 A = 5 \ \text{m} \cdot \text{s}^{-2}$

此值小于 g，故小物体不会离开。

(2) $t = 0$ 时，$x_0 = 10$ cm $= A\cos \varphi$，$v_0 = 0 = -A\omega\sin \varphi$

解以上二式得 $\qquad A = 10$ cm，$\quad \varphi = 0$

所以振动方程为 $\qquad x = 0.1\cos(7.07t) \ (\text{SI})$

(3) 物体在平衡位置上方 5 cm 时，弹簧对物体的拉力为
$$f = m(g - a)$$
而 $\qquad a = -\omega^2 x = 2.5 \ \text{m} \cdot \text{s}^{-2}$

所以 $\qquad f = 29.2$ N

(4) 设 t_1 时刻物体在平衡位置，此时 $x = 0$，即
$$0 = A\cos \omega t_1$$

因为此时物体向上运动，$v < 0$

所以 $\qquad \omega t_1 = \dfrac{\pi}{2}, \quad t_1 = \dfrac{\pi}{2\omega} = 0.222$ s

再设 t_2 时物体在平衡位置上方 5 cm 处，此时 $x = -5$ cm，即
$$-5 = A\cos \omega t_2$$

因为此时物体向上运动，$v < 0$

$$\omega t_2 = \frac{2\pi}{3}, \quad t_2 = \frac{2\pi}{3\omega} = 0.296 \text{ s}$$

$$\Delta t = t_2 - t_1 = 0.074 \text{ s}$$

（5）如使 $a > g$，小物体能脱离振动物体，开始分离的位置由 $N = 0$ 求得

$$g = a = -\omega^2 x$$

$$x = -g/\omega^2 = -19.6 \text{ cm}$$

即在平衡位置上方 19.6 cm 处开始分离，由 $a_{max} = \omega^2 A > g$，可得

$$A > g/\omega^2 = 19.6 \text{ cm}$$

例 12.23　一物体沿 x 轴做简谐振动，振幅为 0.06 m，周期为 2.0 s，当 $t = 0$ 时位移为 0.03 m，且向 x 轴正方向运动，求：（1）$t = 0.5$ s 时，物体的位移、速度和加速度；（2）物体从 $x = -0.03$ m 处向 x 轴负方向运动开始，到达平衡位置，至少需要多少时间？

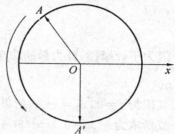

例 12.23 图

分析　通过旋转矢量法确定两位置的相位从而得到最小时间。

解　设该物体的振动方程为 $x = A\cos(\omega t + \varphi)$

依题意知：$\omega = 2\pi/T = \pi$ rad/s，$A = 0.06$ m

据 $\varphi = \pm \arccos \dfrac{x_0}{A}$ 得 $\varphi = \pm \pi/3$ rad

由于 $v_0 > 0$，应取 $\varphi = -\pi/3$ rad

可得：$x = 0.06\cos(\pi t - \pi/3)$

（1）$t = 0.5$ s 时，振动相位为：$\varphi = \pi t - \pi/3 = \pi/6$ rad

据 $x = A\cos\varphi$，$v = -A\omega\sin\varphi$，$a = -A\omega^2\cos\varphi = -\omega^2 x$

得 $x = 0.052$ m，$v = -0.094$ m/s，$a = -0.512$ m/s²

（2）由 A 旋转矢量图可知，物体从 $x = -0.03$ m 处向 x 轴负方向运动，到达平衡位置时，A 矢量转过的角度为 $\Delta\varphi = 5\pi/6$，该过程所需时间为：$\Delta t = \Delta\varphi/\omega = 0.833$ s

例 12.24　地球上（设 $g = 9.8$ m/s²）有一单摆，摆长为 1.0 m，最大摆角为 5°，求：（1）摆的角频率和周期；（2）设开始时摆角最大，试写出此摆的振动方程；（3）当摆角为 3° 时的角速度和摆球的线速度各为多少？

分析　由摆角最大的初始条件可直接确定其初相。

解　（1）$\omega = \sqrt{g/l} = 3.13$ rad/s，$T = 2\pi/\omega = 2.01$ s

（2）由 $t = 0$ 时，$\theta = \theta_{max} = 5°$ 可得振动初相 $\varphi = 0$，则以角量表示的振动方程为

$$\theta = \frac{\pi}{36}\cos 3.13t \text{(SI)}$$

（3）由 $\theta = \dfrac{\pi}{36}\cos 3.13t$(SI)，当 $\theta = 3°$ 时，有 $\cos\varphi = \theta/\theta_{max} = 0.6$

而质点运动的角速度为

$$\mathrm{d}\theta/\mathrm{d}t = -\theta_{max}\omega\sin\varphi = -\theta_{max}\omega\sqrt{1 - \cos^2\varphi} = -0.218 \text{ rad}\cdot\text{s}^{-1}$$

线速度为

$$v = l\cdot|\mathrm{d}\theta/\mathrm{d}t| = 0.218 \text{ m}\cdot\text{s}^{-1}$$

例 12.25　有一水平的弹簧振子，弹簧的劲度系数 $k = 25$ N·m⁻¹，物体的质量 $m =$

1.0 kg,物体静止在平衡位置。设以一水平向左的恒力 $F=10$ N 作用在物体上(不计一切摩擦),使之由平衡位置向左运动了 0.05 m,此时撤除力 F,当物体运动到最左边开始计时,求物体的运动方程。

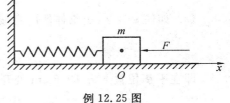

例 12.25 图

分析 恒力做功的能量全部转化为系统能量,由能量守恒可确定系统的振幅。

解 设所求方程为 $x=A\cos(\omega t+\varphi_0)$

$$\omega=\sqrt{\frac{k}{m}}=5 \text{ rad} \cdot \text{s}^{-1}$$

因为不计摩擦,外力做的功全转变成系统的能量,故 $Fx=\frac{1}{2}kA^2$,所以 $A=\sqrt{\frac{2Fx}{k}}=0.2$ m

又因为 $t=0,x_0=-A$,所以 $\varphi_0=\pi$

故所求为 $x=0.2\cos(5t+\pi)$(SI)

例 12.26 一氢原子在分子中的振动可视为简谐振动。已知氢原子质量 $m=1.68\times10^{-27}$ kg,振动频率 $\nu=1.0\times10^{14}$ Hz,振幅 $A=1.0\times10^{-11}$ m。试计算:(1)此氢原子的最大速度;(2)与此振动相联系的能量。

分析 振动能量可由其最大动能(此时势能为零)确定。

解 (1)最大振动速度:$v_m=A\omega=2\pi\nu A=6.28\times10^3$ m $\cdot$ s^{-1}

(2)氢原子的振动能量为

$$E=\frac{1}{2}mv_m^2=3.31\times10^{-20}\text{J}$$

例 12.27 一物体质量为 0.25 kg,在弹性力作用下做简谐振动,弹簧的劲度系数 $k=25$ N $\cdot$ m^{-1},如果起始振动时具有势能 0.06 J 和动能 0.02 J,求:(1)振幅;(2)动能恰等于势能时的位移;(3)经过平衡位置时物体的速度。

分析 简谐振动能量守恒,其能量由振幅决定。

解 (1)$E=E_k+E_p=\frac{1}{2}kA^2$

$$A=[2(E_k+E_p)/k]^{1/2}=0.08 \text{ m}$$

(2)因为 $E=E_k+E_p=\frac{1}{2}kA^2$,当 $E_k=E_p$ 时,有 $2E_p=E$,又因为 $E_p=kx^2/2$

得:$2x^2=A^2$,即 $x=\pm A/\sqrt{2}=\pm0.056\ 6$ m

(3)过平衡点时,$x=0$,此时动能等于总能量

$$E=E_k+E_p=\frac{1}{2}mv^2$$

$$v=[2(E_k+E_p)/m]^{1/2}=\pm0.8 \text{ m} \cdot \text{s}^{-1}$$

例 12.28 一定滑轮的半径为 R,转动惯量为 J,其上挂一轻绳,绳的一端系一质量为 m 的物体,另一端与一固定的轻弹簧相连,如图所示。设弹簧的劲度系数为 k,绳与滑轮间无滑动,且忽略轴的摩擦力及空气阻力。现将物体 m 从平衡位置拉下一微小距离后放

手,证明物体做简谐振动,并求出其角频率。

分析　由牛顿第二定律和转动定律确定其加速度与位移的关系即可得到证明。

解　取如图 x 坐标,平衡位置为原点 O,向下为正,m 在平衡位置时弹簧已伸长 x_0

$$mg = kx_0 \qquad (1)$$

设 m 在 x 位置,分析受力,这时弹簧伸长 $x + x_0$

$$T_2 = k(x + x_0) \qquad (2)$$

由牛顿第二定律和转动定律列方程:

$$mg - T_1 = ma \qquad (3)$$

$$T_1 R - T_2 R = J\beta \qquad (4)$$

$$a = R\beta \qquad (5)$$

联立(1)(2)(3)(4)(5)解得

$$a = -\frac{k}{(J/R^2) + m}x$$

由于 x 系数为一负常数,故物体做简谐振动,其角频率为

$$\omega = \sqrt{\frac{k}{(J/R^2) + m}} = \sqrt{\frac{kR^2}{J + mR^2}}$$

例 12.28 图(1)

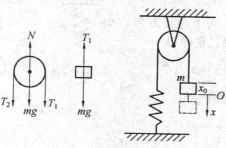

例 12.28 图(2)

例 12.29　一质点同时参与两个同方向的简谐振动,其振动方程分别为 $x_1 = 5 \times 10^{-2}\cos(4t + \pi/3)$(SI),$x_2 = 3 \times 10^{-2}\sin(4t - \pi/6)$(SI),画出两振动的旋转矢量图,并求合振动的振动方程。

分析　须将方程转化为标准方程从而确定其特征矢量,画出矢量图。

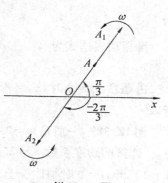

解　$x_2 = 3 \times 10^{-2}\sin(4t - \pi/6) =$
$\qquad 3 \times 10^{-2}\cos(4t - \pi/6 - \pi/2) =$
$\qquad 3 \times 10^{-2}\cos(4t - 2\pi/3)$

作两振动的旋转矢量图,如图所示。

由图得:合振动的振幅和初相分别为

$$A = (5 - 3)\text{cm} = 2 \text{ cm}, \quad \varphi = \pi/3$$

例 12.29 图

合振动方程为

$$x = 2 \times 10^{-2} \cos(4t + \pi/3) \text{(SI)}$$

例 12.30 一物体悬挂在弹簧下做简谐振动,开始时其振幅为 0.12 m,经 144 s 后振幅减为 0.06 m。问:(1)阻尼系数是多少? (2)如振幅减至 0.03 m,需要经过多少时间?

分析 由阻尼振动振幅随时间的变化规律可直接得到。

解 (1)由阻尼振动振幅随时间的变化规律 $A = A_0 e^{-\beta t}$ 得

$$\beta = \frac{\ln \dfrac{A_0}{A}}{t_1} = 4.81 \times 10^{-3} \text{ s}^{-1}$$

(2)由 $A = A_0 e^{-\beta \cdot t}$ 得 $\dfrac{A_1}{A_2} = \dfrac{e^{-\beta \cdot t_1}}{e^{-\beta \cdot t_2}}$

于是

$$\Delta t = t_2 - t_1 = \frac{\ln A_1/A_2}{\beta} = 144 \text{ s}$$

例 12.31 在一竖直轻弹簧的下端悬挂一小球,弹簧被拉长 $l_0 = 1.2$ cm 而平衡。再经拉动后,该小球在竖直方向做振幅为 $A = 2$ cm 的振动,试证此振动为简谐振动;选小球在正最大位移处开始计时,写出此振动的数值表达式。

解 设小球的质量为 m,则弹簧的劲度系数

$$k = mg/l_0$$

选平衡位置为原点,向下为正方向。小球在 x 处时,根据牛顿第二定律得

$$mg - k(l_0 + x) = m \frac{\mathrm{d}^2 x}{\mathrm{d}t^2}$$

将 $k = mg/l_0$ 代入整理后得

$$\frac{\mathrm{d}^2 x}{\mathrm{d}t^2} + \frac{g}{l_0} x = 0$$

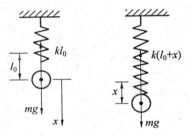

例 12.31 图

所以此振动为简谐振动,其角频率为

$$\omega = \sqrt{\frac{g}{l_0}} = 28.58 = 9.1\pi$$

设振动表达式为

$$x = A\cos(\omega t + \varphi)$$

由题意:$t = 0$ 时,$x_0 = A = 2 \times 10^{-2}$ m,$v_0 = 0$,由此解得 $\varphi = 0$。

所以

$$x = 2 \times 10^{-2} \cos(9.1\pi t)$$

例 12.32 一质量 $m = 0.25$ kg 的物体,在弹簧力的作用下沿 x 轴运动,平衡位置在原点。弹簧的劲度系数 $k = 25$ N·m^{-1}。(1)求振动的周期 T 和角频率 ω;(2)如果振幅 $A = 15$ cm,$t = 0$ 时物体位于 $x = 7.5$ cm 处,且物体沿 x 轴反向运动,求初速 v_0 及初相 φ;(3)写出振动方程表达式。

解 (1)$\omega = \sqrt{\dfrac{k}{m}} = 10$ rad·s^{-1},$T = \dfrac{2\pi}{\omega} = 0.63$ s;

（2）$A=15$ cm；当 $t=0$ 时，$x_0=7.5$ cm，$v_0<0$，

由
$$A=\sqrt{x_0^2+\left(\frac{v_0}{\omega}\right)^2}$$

得
$$v_0=-\omega\sqrt{A^2-x_0^2}=-1.3\ \mathrm{m\cdot s^{-1}}$$

由 $\varphi=\arctan\dfrac{-v_0}{\omega x_0}$，得 $\varphi=\dfrac{1}{3}\pi$，或 $\dfrac{4}{3}\pi$

因 $x_0>0$，所以应取
$$\varphi=\frac{1}{3}\pi$$

（3）振动方程
$$x=15\times10^{-2}\cos(10t+\frac{1}{3}\pi)\quad(\mathrm{SI})$$

例 12.33　一质点做简谐振动，其振动方程为
$$x=6.0\times10^{-2}\cos(\frac{1}{3}\pi t-\frac{1}{4}\pi)\quad(\mathrm{SI})$$

（1）当 x 值为多大时，系统的势能为总能量的一半？

（2）质点从平衡位置移动到上述位置所需最短时间为多少？

解　（1）势能
$$W_p=\frac{1}{2}kx^2$$

总能量
$$E=\frac{1}{2}kA^2$$

由题意
$$\frac{1}{2}kx^2=kA^2/4,\quad x=\pm\frac{A}{\sqrt{2}}=\pm4.24\times10^{-2}\mathrm{m}$$

（2）周期
$$T=\frac{2\pi}{\omega}=6\ \mathrm{s}$$

从平衡位置运动到 $x=\pm\dfrac{A}{\sqrt{2}}$ 的最短时间 Δt 为 $T/8$，所以
$$t=\Delta t=0.75\ \mathrm{s}$$

四、习　　题

12.1　把单摆摆球从平衡位置向位移正方向拉开，使单摆与竖直方向成一微小角度 θ，然后由静止位置放手任其振动，从放手时开始计时，若用余弦函数表示其运动方程，则该单摆振动的初相位为（　　）

（A）θ　　　　（B）π　　　　（C）0　　　　（D）$\dfrac{1}{2}\pi$

12.2　轻弹簧上端固定，下端系一质量为 m_1 的物体，稳定后在 m_1 下边又系一质量为 m_2 的物体，于是弹簧又伸长了 Δx，若将 m_2 移去，并令其振动，则振动周期为（　　）

（A）$T=2\pi\sqrt{\dfrac{m_2\Delta x}{m_1 g}}$　　　　（B）$T=2\pi\sqrt{\dfrac{m_1\Delta x}{m_2 g}}$

（C）$T=\dfrac{1}{2\pi}\sqrt{\dfrac{m_1\Delta x}{m_2 g}}$　　　　（D）$T=2\pi\sqrt{\dfrac{m_2\Delta x}{(m_1+m_2)g}}$

12.3 两倔强系数分别为 k_1 和 k_2 的轻弹簧串联在一起,下面挂着质量为 m 的物体,构成一个竖挂的弹簧谐振子,则该系统的振动周期为(　　)

(A) $T = 2\pi\sqrt{\dfrac{m(k_1+k_2)}{2k_1k_2}}$ 　　(B) $T = 2\pi\sqrt{\dfrac{m}{k_1+k_2}}$

(C) $T = 2\pi\sqrt{\dfrac{m(k_1+k_2)}{k_1k_2}}$ 　　(D) $T = 2\pi\sqrt{\dfrac{2m}{k_1+k_2}}$

12.4 一质点做简谐振动,周期为 T,当它由平衡位置向 x 轴正方向运动时,从 $\dfrac{1}{2}$ 最大位移处到最大位移处这段路程所需要的时间为(　　)

(A) $T/4$ 　　(B) $T/12$ 　　(C) $T/6$ 　　(D) $T/8$

12.5 一倔强系数为 k 的轻弹簧截成三等份,取出其中的两根,将它们并联在一起,下面挂一质量为 m 的物体,如图所示,则振动系统的频率为(　　)

(A) $\dfrac{1}{2\pi}\sqrt{\dfrac{k}{m}}$ 　　(B) $\dfrac{1}{2\pi}\sqrt{\dfrac{6k}{m}}$

(C) $\dfrac{1}{2\pi}\sqrt{\dfrac{3k}{m}}$ 　　(D) $\dfrac{1}{2\pi}\sqrt{\dfrac{k}{3m}}$

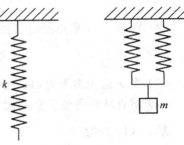

题 12.5 图

12.6 两个质点各自做简谐振动,它们的振幅相同、周期相同,第一个质点的振动方程为 $x_1 = A\cos(\omega t + \alpha)$,当第一个质点从相对平衡位置的正位移处回到平衡位置时,第二个质点正在最大位移处,则第二个质点的振动方程为(　　)

(A) $x_2 = A\cos\left(\omega t + \alpha + \dfrac{1}{2}\pi\right)$

(B) $x_2 = A\cos\left(\omega t + \alpha - \dfrac{1}{2}\pi\right)$

(C) $x_2 = A\cos\left(\omega t + \alpha - \dfrac{2}{3}\pi\right)$

(D) $x_2 = A\cos(\omega t + \alpha + \pi)$

12.7 一质点做简谐运动,其运动速度与时间的曲线如图所示,若质点的振动规律用余弦函数描述,则其初相位应为(　　)

(A) $\pi/6$ 　　　　(B) $5\pi/6$

(C) $-5\pi/6$ 　　　(D) $-\pi/6$

(E) $-2\pi/3$

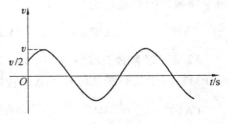

题 12.7 图

12.8 一弹簧振子做简谐振动,振幅为 A,周期为 T,其运动方程用余弦函数表示。若 $t=0$,(1) 振子在负的最大位移处,则初相位为_____;(2) 振子在平衡位置向正方向运动,则初相位为_____;(3) 振子在位移为 $A/2$ 处且向负方向运动,则初相位为_____。

12.9　一简谐振动的表达式为 $x = A\cos(3t + \varphi)$，已知 $t = 0$ 时的初位移 0.04 m，初速度为 0.09 m·s^{-1}，则振幅 $A =$ _____，初相位 $\varphi =$ _____。

12.10　一系统做简谐振动，周期为 T，以余弦函数表示振动时，初相位为零。在 $0 \leqslant t \leqslant T/2$ 范围内，系统在 $t =$ _____时刻动能和势能相等。

12.11　两个简谐振动曲线如图所示，两个简谐振动的频率之比 $f_1 : f_2 =$ _____，加速度最大值之比 $a_1 : a_2 =$ _____，初始速率之比 $v_{10} : v_{20} =$ _____。

12.12　一质点做简谐振动，振动曲线如图所示，根据此图，它的周期 $T =$ _____，用余弦函数描述时初相位 $\varphi =$ _____。

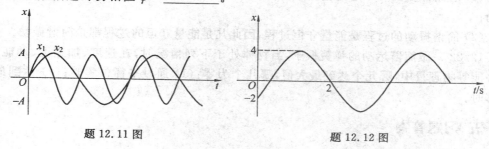

题 12.11 图　　　　　　　　　题 12.12 图

12.13　质量为 2 kg 的质点，按方程 $x = 0.2\sin\left(5t - \dfrac{\pi}{6}\right)$ (SI) 沿着 x 轴振动。求：

(1) $t = 0$ 时，作用于质点的力的大小；(2) 作用于质点的力的最大值和此时质点的位置。

12.14　一质量为 M 物体在光滑水平面上做简谐振动，振幅是 12 cm，在距平衡位置 6 cm 处速度是 24 m·s^{-1}，求：(1) 周期 T；(2) 当速度是 12 m·s^{-1} 时的位移。

12.15　一质点在 x 轴上做简谐振动，取该质点向右运动通过点 A 时作为计时起点（$t = 0$），经过 2 s 后质点第一次经过点 B，再经过 2 s 后质点第二次经过点 B，若已知该质点在 A，B 两点具有相同的速率，且 $AB = 10$ cm。求：(1) 质点的振动方程；(2) 质点在点 A 的速率。

12.16　一物体做简谐振动，其速度的最大值 $v_{\mathrm{m}} = 3 \times 10^{-2}$ m·s^{-1}，振幅 $A = 2 \times 10^{-2}$ m。若 $t = 0$ 时，物体位于平衡位置且向 x 轴的负方向运动，求：(1) 振动周期 T；(2) 加速度的最大值 a_{m}；(3) 振动方程的数值式。

12.17　两个同方向的简谐振动的振动方程分别为

$$x_1 = 4 \times 10^{-2}\cos 2\pi\left(t + \dfrac{1}{8}\right), \quad x_2 = 3 \times 10^{-2}\cos 2\pi\left(t + \dfrac{1}{4}\right) \quad \text{(SI)}$$

求合振动方程。

12.18　在竖直面内半径为 R 的一段光滑圆弧形轨道上，放一小物体，使其静止于轨道的最低处。然后轻碰一下此物体，使其沿圆弧形轨道来回做小幅度运动，试证：

(1) 此物体做简谐振动；(2) 此简谐振动的周期为 $T = 2\pi\sqrt{R/g}$。

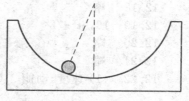

题 12.18 图

12.19 两个同方向同频率的简谐振动,其合振动的振幅为 20 cm,与第一个简谐振动的相位差为 $\varphi - \varphi_1 = \dfrac{1}{6}\pi$,若第一个简谐振动的振幅为 $10\sqrt{3}$ cm $= 17.3$ cm,则第二个简谐振动的振幅为_____ cm,第一、二两个简谐振动的相位差 $\varphi_2 - \varphi_1 = $ _____。

12.20 简谐振动的速度和加速度在什么情况下是同号的,什么情况是异号的? 加速度为正值时,质点振动的速率是否一定在增加? 请简要回答。

12.21 分析下列表述是否正确,为什么? 简要回答。

(1) 若物体受到一个总是指向平衡位置的合力,则物体必然做振动,但不一定是简谐振动;

(2) 简谐振动的过程是能量守恒过程,因此凡是能量守恒的过程都是简谐振动。

12.22 做简谐运动的弹簧振子,当物体处于下列情况时,在速度、加速度、动能、弹性势能等物理量中,哪几个达到最大值,哪几个为零:(1)通过平衡位置时;(2)达到最大位移时。

五、习题答案

12.1 (C)

12.2 (B)

12.3 (C)

12.4 (C)

12.5 (B)

12.6 (B)

12.7 (C)

12.8 $\pi, -\pi/2, \pi/3$

12.9 0.05 m, -0.2π(或$-37°$)

12.10 $\dfrac{1}{8}T, \dfrac{3}{8}T$

12.11 $2:1, 4:1, 2:1$

12.12 3.43 s, $-\dfrac{2}{3}\pi$

12.13 (1)5 N,10 N (2)± 0.2 m

12.14 (1)2.72 s (2)± 10.8 cm

12.15 (1)$x = 5\sqrt{2} \times 10^{-2}\cos(\pi t/4 - 3\pi/4)$ (SI) (2)3.93 cm·s^{-1}

12.16 (1)4.19 s (2)4.5$\times 10^{-2}$ m·s^{-2} (3)$x = 0.02\cos(1.5t + \pi/2)$ (SI)

12.17 $x = 6.48 \times 10^{-2}\cos(2\pi t + 1.12)$ (SI)

12.18 略

12.19 $10, +\pi/2$

12.20 略

12.21 略

12.22 (1)速度,动能 (2)加速度,弹性势能

第13章

机 械 波

一、基本要求

1.掌握描述简谐波的各物理量及各量间的关系。

2.了解机械波产生的条件,掌握由已知质点的简谐运动方程得出平面简谐波的波函数的方法,理解波函数的物理意义。了解波的能量传播特征及能流、能流密度概念。

3.了解惠更斯原理和波的叠加原理。理解波的相干条件,能应用相位差和波程差分析并确定相干波叠加后振幅加强和减弱的条件。

4.理解驻波及其形成条件,了解驻波和行波的区别。

5.了解机械波的多普勒效应及其产生原因。在波源或观察者沿二者连线运动的情况下,能计算多普勒频移。

二、基本概念及规律

1.机械波的产生及传播

(1)机械波产生的条件:波源和媒质。

(2)波在媒质中传播时,媒质元只在自己的平衡位置附近做重复波源的振动,并不沿波传播方向移动。波传播的是振动的相位。沿波的传播方向,各媒质元振动的相位依次落后。

(3)横波与纵波:横波是媒质元振动方向和波传播方向相互垂直;纵波是媒质元振动方向和波的传播方向一致。

2.描述平面简谐波的物理量

(1)波长 λ:在波传播方向上振动同相位(相位差为 2π)的相邻两点之间的距离。

(2)频率 ν:单位时间内通过媒质中某点的完整波的数目。

(3)波速 u:一定的振动相位在空间传播的速度,波速又称相速。波长、频率和波速满足关系式 $u = \nu\lambda$。

3.平面简谐波的波动方程

设有一平面简谐波沿 x 轴方向以速度 u 传播,若坐标系原点 O 的振动方程为

$$y_0 = A\cos(\omega t + \varphi)$$

则波动方程为
$$y = A\cos\left[\omega\left(t \mp \frac{x}{u}\right) + \varphi\right]$$

其中，正行波取"一"号，逆行波取"十"号。

4. 波的能量

媒质元 dV 中的能量是它的动能与势能之和，该能量随时间变化并不守恒，即

$$dE = dE_k + dE_p = \rho dV A^2 \omega^2 \sin^2\left[\omega\left(t - \frac{x}{u}\right) + \varphi\right]$$

能量密度和平均能量密度为

$$\omega = \frac{dE}{dV} = \rho A^2 \omega^2 \sin^2\left[\omega\left(t - \frac{x}{u}\right) + \varphi\right]$$

$$\overline{\omega} = \frac{1}{T}\int_0^T \omega dt = \frac{1}{2}\rho A^2 \omega^2$$

平均能流和能流密度为

$$\overline{P} = \overline{\omega} u S, \quad I = \frac{\overline{P}}{S} = \overline{\omega} u = \frac{1}{2}\rho A^2 \omega^2 u$$

5. 波的叠加、干涉

(1) 惠更斯原理：媒质中波传到的各点都可看作发射子波的波源，在其后的任一时刻，这些子波的包迹就是该时刻的波振面。

(2) 波的叠加原理：几列波相遇之后，仍然保持它们各自的特性（频率、波长、振幅、振动方向等）不变，并按照原来的方向继续前进，好像没有遇到过其他波一样；在相遇区域内任一点的振动位移为各列波单独存在时在该点所引起的振动位移矢量和。该原理包含两个内容：一是波传播的独立性，二是波的可叠加性。

(3) 波的干涉：两列波叠加时，在空间形成振动加强与振动减弱交替分布的稳定图像，这种现象称为波的干涉现象。

产生干涉现象的两列波要满足相干条件：振动方向相同，频率相同，相位差固定。这样的两列波称为相干波。两相干波的相位差为 $\Delta\varphi = \varphi_2 - \varphi_1 - \frac{2\pi}{\lambda}(r_2 - r_1)$。

当 $\Delta\varphi = 2k\pi$ 时，干涉加强。

当 $\Delta\varphi = (2k+1)\pi$ 时，干涉减弱。

如果 $\varphi_1 = \varphi_2$，并取 $\delta = r_1 - r_2$，称为波程差。

则 $\delta = k\lambda$ 时，干涉加强；$\delta = k\lambda + \frac{\lambda}{2}$ 时，干涉减弱。

(4) 驻波：同一媒质中，两列振幅相等的相干波相向传播时，叠加而成的一种特殊干涉现象。驻波方程为 $y = 2A\cos 2\pi\frac{x}{\lambda}\cos 2\pi\nu t$。驻波方程实质上是媒质中任一质元的振动方程。各质元都有各自稳定的振幅 $A' = \left|2A\cos 2\pi\frac{x}{\lambda}\right|$，其中振幅恒为零的各点称为驻波的波节，振幅最大恒为 $2A$ 的各点称为驻波的波腹。相邻两波节或两波腹之间的距离为 $\frac{\lambda}{2}$，相邻波节与波腹之间的距离为 $\frac{\lambda}{4}$。

相邻两波节之间的各质元都做同相位振动,一波节两侧的质元做反相位振动。

(5) 半波损失:波从波疏媒质射向波密媒质时在界面上反射,反射点为波节。这表明入射波和反射波在界面反射点引起的两分振动出现相位 π 的跃变,这相当于半波长的波程差,故形象地称为半波损失。计算波程时要附加 $\pm \dfrac{\lambda}{2}$。若在分界处为波腹,则没有相位 π 的跃变,也就是没有半波损失。

媒质的疏密由 ρu 决定,ρ 为媒质的密度,u 为波速。ρu 大者为波密媒质,ρu 小者为波疏媒质。

6. 多普勒效应

在媒质中,当波源与观察者在二者的连线上有相对运动时,观察者接收到的频率与波源的振动频率不同的现象,叫多普勒效应。

当观察者运动时,观察者单位时间内接收到的波的数目发生了变化;当波源运动时,介质中的波长发生了变化,从而使得观察者接收到的频率发生变化。

如果波源和观察者在同一直线上运动,多普勒频移公式为 $\nu' = \dfrac{u \pm v_0}{u \mp v_s}\nu$,式中,$\nu,\nu'$ 分别是波源的频率和观察者接收到的频率,u 为波速,v_0 为观察者相对媒质的速度,v_s 是波源相对媒质的速度。u,v_0 和 v_s 都取正值。v_0 和 v_s 前面的正负号可按下面的原则选取:波源与观察者互相接近时,$\nu' > \nu$;两者互相远离时,$\nu' < \nu$。

三、解题指导

例 13.1　一横波在沿绳子传播时的波动方程为 $y = 0.2\cos(2.50\pi t - \pi x)$。

(1) 求波的振幅、波速、频率及波长;

(2) 求绳上的质点振动时的最大速度;

(3) 分别画出 $t = 1$ s 和 $t = 2$ s 的波形,并指出波峰和波谷。画出 $x = 1.0$ m 处质点的振动曲线并讨论其与波形图的不同。

解　$y = 0.2\cos(2.50\pi t - \pi x) = 0.2\cos\left(2.5\pi t - \dfrac{2\pi x}{2}\right)$

对照波动方程标准形式 $y = A\cos\left(\omega t - \dfrac{2\pi}{\lambda}x + \varphi_0\right)$

(1) 振幅为 0.20 m,频率 $\nu = \dfrac{2.5\pi}{2\pi} = 1.25$ Hz,$\lambda = 2$ m

波速 $u = \lambda\nu = 2.5$ m $\cdot$ s^{-1}

(2) 由 $y = 0.2\cos\left(2.5\pi t - \dfrac{2\pi x}{2}\right)$

$$v = \frac{\partial y}{\partial x} = -2.5\pi \times 0.2\sin(2.5\pi t - \pi x)$$

$$v_{max} = 1.57 \text{ m} \cdot \text{s}^{-1}$$

(3) $t = 1$ s 和 $t = 2$ s 时的波形方程

$$y_1 = 0.20\cos(2.5\pi - \pi x)$$

$$y_2 = 0.20\cos(5\pi - \pi x)$$

$x=1.0$ m 处质点的运动（振动）方程为 $y=0.2\cos(2.5\pi t-\pi)$ m（图形略）

例 13.2 波源做简谐运动，其运动方程为 $y=4.0\times10^{3}\cos(240\pi t)$，它所形成的波以 30 m·s^{-1} 的速度沿一直线传播。

（1）求波的周期及波长；

（2）写出波动方程。

解 振动方程 $y=A\cos(\omega t+\varphi_0)$

波动方程 $y=A\cos\left(\omega t-\dfrac{2\pi}{\lambda}x+\varphi_0\right)$

$$y_0=4.0\times10^{-3}\cos(240\pi t)$$

（1）$\nu=\dfrac{1}{T}=\dfrac{\omega}{2\pi}=\dfrac{240\pi}{2\pi}=120$ Hz，$\lambda=\dfrac{u}{\nu}=0.25$ m

（2）以波源为坐标原点且在 $x>0$ 范围内的波动方程为

$$y=4.0\times10^{-3}\cos\left(240\pi t-\dfrac{2\pi x}{0.25}\right)$$

例 13.3 已知一波动方程为 $y=0.05\sin(10\pi t-2x)$。

（1）求波长、频率、波速和周期；

（2）说明 $x=0$ 时方程的意义，并作图表示。

解 $y=0.05\sin(10\pi t-2x)=0.05\cos\left(10\pi t-\dfrac{\pi}{2}-2x\right)=$

$$0.05\cos\left(10\pi t-\dfrac{\pi}{2}-\dfrac{2\pi x}{\pi}\right)$$

$$y=A\cos\left(\omega t-\dfrac{2\pi x}{\lambda}+\varphi_0\right)$$

（1）波长 $\lambda=\pi$ m，频率 $\nu=\dfrac{10\pi}{2\pi}=5$ Hz

波速 $u=\lambda\nu=5\pi$ m·s^{-1}，$T=\dfrac{1}{\nu}=0.2$ s

（2）$y_{x=0}=0.05\cos\left(10\pi t-\dfrac{\pi}{2}\right)$ 为坐标原点的振动方程，图略。

例 13.4 波源做简谐运动，周期为 0.02 s，若该振动以 100 m·s^{-1} 的速度沿直线传播，设 $t=0$ 时，波源处的质点经平衡位置向正方向运动，求：

（1）距波源 15.0 m 和 5.0 m 处质点的运动方程和初相；

（2）距波源分别为 16.0 m 和 17.0 m 的两质点间的相位差。

解 （1）波源处质点的振动（运动）方程 $y_0=A\cos(\omega t+\varphi)$

$t=0$ 时，$y_0=0$

所以 $\cos\varphi=0$，$\varphi=\pm\dfrac{\pi}{2}$，由于正向运动，取 $\varphi=-\dfrac{\pi}{2}$（也可取 $\varphi=\dfrac{3\pi}{2}$）

又 $\omega=\dfrac{2\pi}{T}=100\pi$（rad·s^{-1}），$\lambda=Tu=2$ m

所以 $$y_0=A\cos\left(100\pi t-\dfrac{\pi}{2}\right)\text{ m}$$

$$y = A\cos\left(100\pi t - \frac{\pi}{2} - \frac{2\pi x}{2}\right)$$

$$y_{x=15} = A\cos(100\pi t - 15.5\pi)$$

$$y_{x=5} = A\cos(100\pi t - 5.5\pi)$$

其初相分别为：$\varphi_1 = -15.5\pi$，$\varphi_2 = -5.5\pi$

(2) 距波源 16.0 m 和 17.0 m 两点间的相位差

$$\Delta\varphi = \frac{2\pi}{\lambda}(x_2 - x_1) = \pi$$

例 13.5 波源做简谐运动，周期为 1.0×10^{-2} s，并以它经平衡位置向正方向运动时为时间起点。若此振动以 $u = 400$ m·s^{-1} 的速度沿直线传播。求：

(1) 距波源为 8.0 m 处的点 P 的运动方程和初相；

(2) 距波源为 9.0 m 和 10.0 m 处两点的相位差为多少？

解 (1) $y_0 = A\cos(\omega t + \varphi)$，$\omega = \frac{2\pi}{T} = 200\pi$，$y_0 = A\cos(200\pi t + \varphi)$

由于 $t = 0$，$y_0 = 0$，正方向，取 $\varphi = \left(-\frac{\pi}{2}\right)$ 或 $\frac{3\pi}{2}$

所以
$$y_0 = A\cos\left(200\pi t + \frac{3\pi}{2}\right)$$
$$\lambda = uT = 4 \text{ m}$$

所以
$$y = A\cos\left(200\pi t + \frac{3\pi}{2} - \frac{2\pi x}{4}\right)$$
$$y_P = A\cos\left(200\pi t - \frac{5\pi}{2}\right)，初相为 \frac{-5\pi}{2}$$

(2) $\Delta\varphi = \frac{2\pi(x_2 - x_1)}{\lambda} = \frac{\pi}{2}$

例 13.6 有一平面简谐波在介质中传播，波速 $u = 100$ m·s^{-1}，波线上右侧距波源 O(坐标原点)为 75.0 m 处的一点 P 的运动方程为 $y_P = 0.3\cos\left[(2\pi)t + \frac{\pi}{2}\right]$，求：

(1) 波向 x 轴正方向传播时的波动方程；

(2) 波向 x 轴负方向传播时的波动方程。

解 $y_P = 0.3\cos\left(2\pi t + \frac{\pi}{2}\right)$，$\lambda = Tu = 100$ m

(1)
$$y_0 = 0.3\cos\left(2\pi t + \frac{\pi}{2} + \frac{2\pi \times 75}{100}\right) =$$
$$0.3\cos\left(2\pi t + \frac{\pi}{2} + 1.5\pi\right) =$$
$$0.3\cos[2\pi t + 2\pi]$$
$$y = 0.3\cos\left(2\pi t + 2\pi - \frac{2\pi x}{100}\right) = 0.3\cos\left(2\pi t - \frac{2\pi x}{100}\right)$$

(2) $y_0 = 0.3\cos\left(2\pi t + \frac{\pi}{2} - \frac{2\pi \times 75}{100}\right) = 0.3\cos(2\pi t - \pi)$

$$y = 0.3\cos\left(2\pi t - \pi + \frac{2\pi x}{100}\right)$$

例 13.7 平面简谐波以波速 $u = 0.5 \text{ m} \cdot \text{s}^{-1}$ 沿 x 轴负向传播，$t = 2$ s 时刻的波形如图所示。求原点的运动方程。

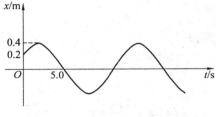

例 13.7 图

解 圆滑点的振动方程：$y_0 = A\cos(\omega t + \varphi)$

由图可知 $A = 0.50$ m，$\lambda = 2$ m

$$\omega = 2\pi u/\lambda = 2\pi \times \frac{0.5}{2} = 0.5\pi$$

$$y_0 = 0.50\cos(0.5\pi t + \varphi)$$

因为 $t = 2$ s，$y_0 = 0$ 正向振动，$\omega t + \varphi = \frac{3\pi}{2}$

所以 $\varphi = \frac{\pi}{2}$

故点 O 的运动方程为

$$y_0 = 0.50\cos\left(0.5\pi t + \frac{\pi}{2}\right)$$

例 13.8 一平面简谐波，波长为 12 m，沿 x 轴负向传播。图示为 $x = 1.0$ m 处质点的振动曲线，求此波的波动方程。

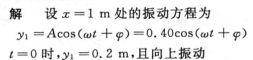

例 13.8 图

解 设 $x = 1$ m 处的振动方程为

$$y_1 = A\cos(\omega t + \varphi) = 0.40\cos(\omega t + \varphi)$$

$t = 0$ 时，$y_1 = 0.2$ m，且向上振动

所以 $\qquad \varphi = -\frac{\pi}{3}$

$$y_1 = 0.40\cos\left(\omega t - \frac{\pi}{3}\right)$$

$$y_1 \big|_{t=5\,\text{s}} = 0.40\cos\left(5\omega - \frac{\pi}{3}\right) = 0$$

$$5\omega - \frac{\pi}{3} = \frac{\pi}{2}$$

所以 $\qquad\qquad\qquad \omega = \frac{\pi}{6}$

则 $\qquad\qquad\qquad y_1 = 0.4\cos\left(\frac{\pi}{6}t - \frac{\pi}{3}\right)$

$$y = 0.40\cos\left(\frac{\pi}{6}t - \frac{\pi}{3} + \frac{x-1}{12} \times 2\pi\right) = 0.40\cos\left(\frac{\pi}{6}t + \frac{2\pi x}{12} - \frac{\pi}{2}\right)$$

例 13.9 图中 Ⅰ 是 $t = 0$ 时的波形图，Ⅱ 是 $t = 0.1$ s 时的波形图。已知 $T > 0.1$ s，写出波动方程表达式。

解 设点 O 的振动方程为

$$y_0 = A\cos(\omega t + \varphi), \quad A = 0.10 \text{ m}$$

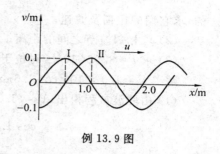

$t = 0$ 时，$y_0 = 0$，且向下振动

$$\varphi_0 = \frac{\pi}{2}$$

$$y_0 = 0.10\cos\left(\omega t + \frac{\pi}{2}\right)$$

$$y_0\big|_{t=0.1\,s} = 0.10\cos\left(0.1\omega + \frac{\pi}{2}\right) = -0.10$$

$$0.1\omega + \frac{\pi}{2} = \pi$$

$$\omega = 5\pi$$

例 13.9 图

所以 $y = 0.10\cos\left(5\pi t + \dfrac{\pi}{2} - \dfrac{2\pi x}{2}\right)$。

例 13.10　两相干波波源位于同一介质中的 A, B 两点，如图所示。其振幅相等、频率皆为 100 Hz，B 比 A 的相位超前 π。若 A, B 相距 30.0 m，波速为 400 m·s^{-1}，试求 AB 连线上因干涉而静止的各点的位置。

解　$\lambda = Tu = u/\nu = 4$ m，如图所示

(1) 位于点 A 左侧

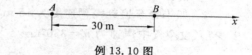

例 13.10 图

$$\Delta\varphi = \varphi_B - \varphi_A - 2\pi(r_B - r_A)/\lambda = -14\pi$$

故无静止点，各点都是加强的。

(2) 位于点 B 右侧 $\Delta\varphi = \varphi_B - \varphi_A - 2\pi(r_B - r_A)/\lambda = 16\pi$，同上。

(3) 在 A, B 两点连线之间，某点距 A 为 x

$$\Delta\varphi = \varphi_B - 2\pi(30 - x)/4 - \varphi_A + 2\pi x/4 =$$
$$\pi - 15\pi + \pi x = (2k+1)\pi \text{（干涉相消）}$$
$$-14\pi + \pi x = 2k\pi + \pi$$

$x = 2k + 15$，$-7 \leqslant k \leqslant 7$，共有 15 个静止不动点。

$x = 1, 3, 5, 7, 9, 11, \cdots, 29$ m

例 13.11　两波在同一细绳上传播，它们的方程分别为 $y_1 = 0.06\cos(\pi x - 4\pi t)$ 和 $y_2 = 0.06\cos(\pi x + 4\pi t)$。

(1) 证明这个细绳是做驻波式振动，并求节点和波腹的位置；

(2) 波腹处的振幅多大？在 $x = 1.2$ m 处振幅多大？

解

(1) 叠加：$y = y_1 + y_2 = 0.12\cos\pi x\cos 4\pi t$，这显然是做驻波振动。

波节位置：$\pi x = (2k+1)\pi/2$，$x = k + 0.5$ m，$k = 0, \pm 1, \pm 2, \cdots$

波腹位置：$\pi x = k\pi$，$x = k$ m，$k = 0, \pm 1, \pm 2, \cdots$

(2) 波腹的振幅：$|2A\cos\pi x| = 2A = 0.12$ m

$$|2A\cos\pi x|_{x=1.2\,m} = 0.119\,7 \text{ m}$$

例 13.12　一弦上的驻波方程式为 $y_1 = 0.03$ m $\times \cos 16\pi x\cos 550\pi t$。

(1) 若将此驻波看成是由传播方向相反、振幅及波速均相同的两列相干波叠加而成

的,求它们的振幅及波速;

(2) 求相邻波节之间的距离;

(3) 求 $t = 3.0 \times 10^{-3}$ s 时位于 $x = 0.625$ m 处质点的振动速度。

解　$y = 3.0 \times 10^{-2} \cos 1.6\pi x \cos 550\pi t$

(1) 由驻波方程得出 $A = (3.0 \times 10^{-2})/2 = 1.5 \times 10^{-2}$ (m)

$$\cos 1.6\pi x = \cos \frac{2\pi x}{\dfrac{1}{0.8}} = \cos \frac{2\pi x}{1.25}$$

$$\lambda = 1.25 \text{ m}, \quad \nu = \frac{550\pi}{2\pi} = 275 \text{ (Hz)}, \quad u = \nu\lambda = 343.8 \text{ m} \cdot \text{s}^{-1}$$

(2) 相邻两波节之间的距离 $\Delta x = \lambda/2 = 0.625$ m

$(3) v = \dfrac{dy}{dt} = 3.0 \times 10^{-2} \cos 1.6\pi x \times (-550\pi) \sin 550\pi t \Big|_{\substack{t = 3.0 \times 10^{-3} \text{ s} \\ x = 0.625 \text{ m}}} = -46.2 \text{ m} \cdot \text{s}^{-1}$

例 13.13　一警车以 25 m $\cdot$ s^{-1} 的速度在静止的空气中行驶,假设车上的警笛的频率为 800 Hz. 求:

(1) 静止站在路边的人听到警车驶近和离去时的警笛声波频率;

(2) 如果警车追赶一辆速度为 15 m $\cdot$ s^{-1} 的客车,则客车上人听到的警笛声波频率是多少?(设空气中声速为 $u = 330$ m $\cdot$ s^{-1})

解　由多普勒频率计算式 $\nu = \dfrac{u \pm v_R}{u \mp v_S} \nu_0$

(1) 接近: $\nu = \dfrac{u}{u - v_S} \nu_0 = 865.6$ Hz

远离: $\nu = \dfrac{u}{u + v_S} \nu_0 = 743.7$ Hz

$(2) \nu = \dfrac{u - v_R}{u - v_S} \nu_0 = 826.2$ Hz

(相当于警车接近客车,而客车远离警车。)

例 13.14　一沿 Ox 轴负方向传播的简谐波的波长为 $\lambda = 6$ m。若已知在 $x = 3$ m 处质点的振动曲线如图所示,求:

(1) 该质点的振动方程;

(2) 该简谐波的振动方程;

(3) 原点处质点的振动方程。

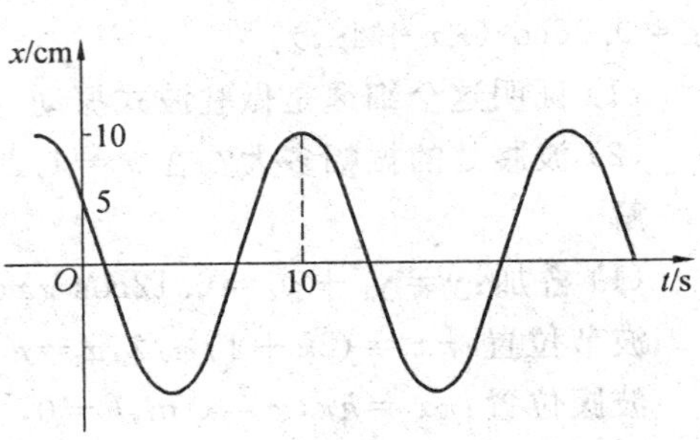

解　(1) 由图可得该质点的振幅为

10 cm,初相为 $\dfrac{\pi}{3}$,圆频率为 $\dfrac{\pi}{6}$,故该质点的振

动方程为 $x = 0.1\cos\left(\dfrac{\pi}{6}t + \dfrac{\pi}{3}\right)$ (SI)

例 13.14 图

(2) 该简谐波的波动方程为

$$y = 0.1\cos\left[\frac{\pi}{6}t + \frac{2\pi}{\lambda}(x - 3) + \frac{\pi}{3}\right] = 0.1\cos\left(\frac{\pi}{6}t + \frac{\pi}{3}x - \frac{2\pi}{3}\right) \text{ (SI)}$$

(3) 原点处的振动方程为 $y_0 = 0.1\cos\left(\dfrac{\pi}{6}t - \dfrac{2\pi}{3}\right)$ (SI)

例 13.15　如图所示，一个平面简谐波沿 Ox 轴的正方向以 u 的速度传播，若已知 A 处质点的振动方程为 $y_A = A\cos\omega t$ (SI)，求：

(1) O 点的振动方程；

(2) B 点的振动方程；

(3) 所有与 B 振动状态相同的点的坐标。

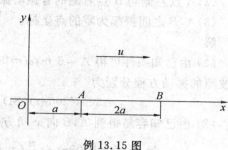

例 13.15 图

解　已知 $x_A = a$，$y_A = A\cos\omega t$，$k = \omega/u$，可得该简谐波的波动方程

$$y = A\cos\left[\omega t - \frac{\omega}{u}(x - a)\right]$$

(1) O 点的振动方程为 $y_O = A\cos\left(\omega t + \dfrac{\omega}{u}a\right)$

(2) B 点的振动方程为 $y_B = A\cos\left(\omega t - 2\dfrac{\omega}{u}a\right)$

(3) 与 B 点振动状态相同的点

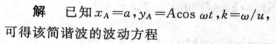

$$-\frac{\omega}{u}(x - a) = -\frac{2\omega}{u}a + 2n\pi \quad \rightarrow \quad x = 3a - \frac{2n\pi u}{\omega} \ (n = \pm 1, \pm 2, \cdots)$$

例 13.16　一个平面简谐波沿 Ox 轴的正方向传播，其振幅为 8 cm，其频率为 3.5 Hz，其波长 $\lambda > 1$ m。若已知在 $t = 2$ s 时 $x = 1$ m 处的质点处于平衡位置，且沿其负的最大位移处运动；而此时位于 $x = 2$ m 处的质点位于二分之一正的最大位移处，其运动方向与 $x = 1$ m 处的质点相反，求该简谐波的波动方程。

解　由频率可求得圆频率

$$\omega = 2\pi f = 7\pi$$

由已知条件可得 $x = 1$ m 处质点的相位

$$7\pi \times 2 + \varphi = \frac{\pi}{2}, \text{即 } \varphi = -\frac{27}{2}\pi \text{ 或 } \frac{\pi}{2}$$

故该点的振动方程为

$$y_1 = 0.08\cos\left(7\pi t + \frac{\pi}{2}\right)$$

利用旋转矢量法可以得到 $x = 2$ m 处的质点落后于 $x = 1$ m 处质点的相位为

$$\Delta\Phi = \frac{5}{6}\pi = k\Delta x = k$$

因此该简谐波的波动方程为

$$y = 0.08\cos\left[7\pi t - \frac{5\pi}{6}(x - 1) + \frac{\pi}{2}\right] = 0.08\cos\left(7\pi t - \frac{5\pi}{6}x + \frac{4\pi}{3}\right) \text{(SI)}$$

例 13.17　如图所示，已知两个相干波源 A，B 的振幅均为 5 m，频率为 100 Hz，相位差为 π，波速为 400 m·s^{-1}，若已知这两相干波源的间距为 30 m，求：

(1) A,B 波源的振动方程(设 A 的振动初相位为 0);

(2) A 点左侧与 B 点右侧的合振动振幅;

(3) A,B 之间振幅为零的点坐标。

例 13.17 图

解

(1) 由已知条件可得 $A=5$ m，$\omega=2\pi f=200\pi$，$\varphi_A=0$，$\varphi_B=\pi$，$k=\omega/u=\pi/2$，故 A，B 波源的振动方程分别为

$$y'_A=5\cos(200\pi t)(\text{SI})，\quad y'_B=5\cos(200\pi t+\pi)(\text{SI})$$

(2) 由已知容易得到 A，B 向 x 负方向传播的简谐波方程为

$$y_A=5\cos\left[200\pi t+\frac{\pi}{2}(x+15)\right]=5\cos\left(200\pi t+\frac{\pi}{2}x-\frac{\pi}{2}\right)$$

$$y_B=5\cos\left[200\pi t+\frac{\pi}{2}(x-15)+\pi\right]=5\cos\left(200\pi t+\frac{\pi}{2}x-\frac{\pi}{2}\right)$$

故在 A 左侧的各点的振幅为 10 m。同理，沿正方向传播的简谐波方程为

$$y_A=5\cos\left[200\pi t-\frac{\pi}{2}(x+15)\right]=5\cos\left(200\pi t-\frac{\pi}{2}x+\frac{\pi}{2}\right)$$

$$y_B=5\cos\left[200\pi t-\frac{\pi}{2}(x-15)+\pi\right]=5\cos\left(200\pi t-\frac{\pi}{2}x+\frac{\pi}{2}\right)$$

即在 B 右侧的各点的振幅也为 10 m。

(3) A,B 之间的振动合成为 A 向右传播的波与 B 向左传播的波的合成，即

$$y=5\cos\left(200\pi t-\frac{\pi}{2}x+\frac{\pi}{2}\right)+5\cos\left(200\pi t+\frac{\pi}{2}x-\frac{\pi}{2}\right)=$$

$$10\cos\left(\frac{\pi}{2}x-\frac{\pi}{2}\right)\cos\omega t$$

故在 AB 之间振幅为零的点为 $x=2(n+1)$ m，其中 $n\in\mathbf{Z}$ 且 $|n|<7$。

例 13.18 一平面简谐波沿 x 轴负向传播，波长 $\lambda=1.0$ m，原点处质点的振动频率为 $\nu=2.0$ Hz，振幅 $A=0.1$ m，且在 $t=0$ 时恰好通过平衡位置向 y 轴负向运动，求此平面波的波动方程。

解 由题知 $t=0$ 时原点处质点的振动状态为 $y_0=0$，$v_0<0$，故知原点的振动初相为 $\frac{\pi}{2}$，取波动方程为 $y=A\cos\left[2\pi\left(\frac{t}{T}+\frac{x}{\lambda}\right)+\varphi_0\right]$，则有

$$y=0.1\cos\left[2\pi\left(2t+\frac{x}{1}\right)+\frac{\pi}{2}\right]=$$

$$0.1\cos\left(4\pi t+2\pi x+\frac{\pi}{2}\right)\text{m}$$

例 13.19 已知波源在原点的一列平面简谐波，波动方程为 $y=A\cos(Bt-Cx)$，其中 A,B,C 为正值恒量。求：

(1) 波的振幅、波速、频率、周期与波长；

(2) 写出传播方向上距离波源为 l 处一点的振动方程；

(3) 任一时刻，在波的传播方向上相距为 d 的两点的相位差。

解 (1) 已知平面简谐波的波动方程

$$y = A\cos(Bt - Cx) \quad (x \geqslant 0)$$

将上式与波动方程的标准形式

$$y = A\cos(2\pi\nu t - 2\pi\frac{x}{\lambda})$$

比较,可知:

波振幅为 A,频率 $\nu = \dfrac{B}{2\pi}$,

波长 $\lambda = \dfrac{2\pi}{C}$,波速 $u = \lambda\nu = \dfrac{B}{C}$,

波动周期 $T = \dfrac{1}{\nu} = \dfrac{2\pi}{B}$。

(2) 将 $x = l$ 代入波动方程即可得到该点的振动方程为

$$y = A\cos(Bt - Cl)$$

(3) 因任一时刻 t 同一波线上两点之间的相位差为

$$\Delta\varphi = \frac{2\pi}{\lambda}(x_2 - x_1)$$

将 $x_2 - x_1 = d$,及 $\lambda = \dfrac{2\pi}{C}$ 代入上式,即得

$$\Delta\varphi = Cd$$

例 13.20 沿绳子传播的平面简谐波的波动方程为 $y = 0.05\cos(10\pi t - 4\pi x)$,式中 x, y 以米计,t 以秒计。求:

(1) 波的波速、频率和波长;

(2) 绳子上各质点振动时的最大速度和最大加速度;

(3) 求 $x = 0.2$ m 处质点在 $t = 1$ s 时的相位,它是原点在哪一时刻的相位? 这一相位所代表的运动状态在 $t = 1.25$ s 时刻到达哪一点?

解 (1) 将题给方程与标准式

$$y = A\cos(2\pi\nu t - \frac{2\pi}{\lambda}x)$$

相比,得振幅 $A = 0.05$ m,频率 $\nu = 5$ s^{-1},波长 $\lambda = 0.5$ m,波速 $u = \lambda\nu = 2.5$ m·s^{-1}。

(2) 绳上各点的最大振速,最大加速度分别为

$$v_{\max} = \omega A = 10\pi \times 0.05 = 0.5\pi \ (\text{m·s}^{-1})$$
$$a_{\max} = \omega^2 A = (10\pi)^2 \times 0.05 = 5\pi^2 (\text{m·s}^{-2})$$

(3) $x = 0.2$ m 处的振动比原点落后的时间为

$$\frac{x}{u} = \frac{0.2}{2.5} = 0.08 \ (\text{s})$$

故 $x = 0.2$ m, $t = 1$ s 时的相位就是原点 $(x = 0)$,在 $t_0 = 1 - 0.08 = 0.92$ (s) 时的相位,即 $\varphi = 9.2\pi$。

设这一相位所代表的运动状态在 $t = 1.25$ s 时刻到达 x 点,则

$$x = x_1 + u(t - t_1) = 0.2 + 2.5(1.25 - 1.0) = 0.825 \ (\text{m})$$

例 13.21 如图是沿 x 轴传播的平面余弦波在 t 时刻的波形曲线。(1)若波沿 x 轴正

向传播,该时刻 O,A,B,C 各点的振动相位是多少? (2)若波沿 x 轴负向传播,上述各点的振动相位又是多少?

解 (1)波沿 x 轴正向传播,则在 t 时刻,有

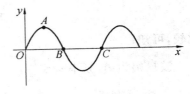

例 13.21 图

对于 O 点:因为 $y_O=0,v_O<0$,所以 $\varphi_O=\dfrac{\pi}{2}$

对于 A 点:因为 $y_A=+A,v_A=0$,所以 $\varphi_A=0$

对于 B 点:因为 $y_B=0,v_B>0$,所以 $\varphi_B=-\dfrac{\pi}{2}$

对于 C 点:因为 $y_C=0,v_C<0$,所以 $\varphi_C=-\dfrac{3\pi}{2}$

(取负值:表示 A,B,C 点相位,应落后于 O 点的相位)

(2)波沿 x 轴负向传播,则在 t 时刻,有

对于 O 点:因为 $y'_O=0,v'_O>0$,所以 $\varphi'_O=-\dfrac{\pi}{2}$

对于 A 点:因为 $y'_A=+A,v'_A=0$,所以 $\varphi'_A=0$

对于 B 点:因为 $y'_B=0,v'_B<0$,所以 $\varphi_B=\dfrac{\pi}{2}$

对于 C 点:因为 $y'_C=0,v'_C>0$,所以 $\varphi'_C=\dfrac{3\pi}{2}$

(此处取正值表示 A,B,C 点相位超前于 O 点的相位)

例 13.22 一列平面余弦波沿 x 轴正向传播,波速为 $5\ \text{m}\cdot\text{s}^{-1}$,波长为 $2\ \text{m}$,原点处质点的振动曲线如图(a)所示。

(1)写出波动方程;

(2)作出 $t=0$ 时的波形图及距离波源 $0.5\ \text{m}$ 处质点的振动曲线。

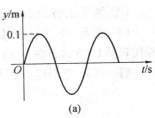

(a)

例 13.22 图

解 (1)由图(a)知,$A=0.1\ \text{m}$,且 $t=0$ 时,$y_0=0,v_0>0$,所以 $\varphi_0=\dfrac{3\pi}{2}$,

又 $\nu=\dfrac{u}{\lambda}=\dfrac{5}{2}=2.5\ (\text{Hz})$,则 $\omega=2\pi\nu=5\pi$

取
$$y=A\cos\left[\omega\left(t-\dfrac{x}{u}\right)+\varphi_0\right]$$

则波动方程为
$$y=0.1\cos\left[5\pi\left(t-\dfrac{x}{5}\right)+\dfrac{3\pi}{2}\right]\text{m}$$

(2) $t=0$ 时的波形如图(b)

将 $x=0.5\ \text{m}$ 代入波动方程,得该点处的振动方程为

$$y=0.1\cos\left(5\pi t-\dfrac{5\pi\times0.5}{0.5}+\dfrac{3\pi}{2}\right)=0.1\cos(5\pi t+\pi)\text{m}$$

如图(c)所示。

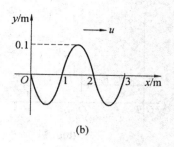

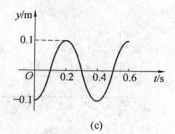

例 13.22 图

例 13.23 如图所示,已知 $t=0$ 时和 $t=0.5$ s 时的波形曲线分别为图中曲线(a)和 (b),波沿 x 轴正向传播,试根据图中绘出的条件求:

(1) 波动方程;

(2) P 点的振动方程。

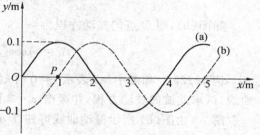

解 (1) 由图可知,$A=0.1$ m,$\lambda=4$ m,又 $t=0$ 时,$y_0=0$,$v_0<0$,所以 $\varphi_0=\dfrac{\pi}{2}$,而 $u=\dfrac{\Delta x}{\Delta t}=\dfrac{1}{0.5}=2$(m · s^{-1}),$\nu=\dfrac{u}{\lambda}=\dfrac{2}{4}=0.5$(Hz),所以 $\omega=2\pi\nu=\pi$

例 13.23 图

故波动方程为

$$y=0.1\cos\left[\pi\left(t-\frac{x}{2}\right)+\frac{\pi}{2}\right]\text{m}$$

(2) 将 $x_P=1$ m 代入上式,即得 P 点振动方程为

$$y=0.1\cos\left(\pi t-\frac{\pi}{2}+\frac{\pi}{2}\right)=0.1\cos\pi t\ \text{m}$$

例 13.24 如图所示,有一平面简谐波在空间传播,已知 P 点的振动方程为 $y_P=A\cos(\omega t+\varphi_0)$。

(1) 分别就图中给出的两种坐标写出其波动方程;

(2) 写出距 P 点距离为 b 的 Q 点的振动方程。

解 (1) 如图(a),则波动方程为

$$y=A\cos\left[\omega\left(t+\frac{l}{u}-\frac{x}{u}\right)+\varphi_0\right]$$

如图(b),则波动方程为

$$y=A\cos\left[\omega\left(t+\frac{x}{u}\right)+\varphi_0\right]$$

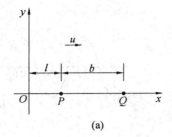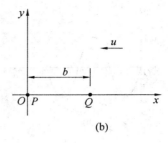

例 13.24 图

(2) 如图(a),则 Q 点的振动方程为

$$A_Q = A\cos\left[\omega(t - \frac{b}{u}) + \varphi_0\right]$$

如图(b),则 Q 点的振动方程为

$$A_Q = A\cos\left[\omega(t + \frac{b}{u}) + \varphi_0\right]$$

例 13.25 如图中(a)表示 $t=0$ 时刻的波形图,(b)表示原点($x=0$)处质元的振动曲线,试求此波的波动方程,并画出 $x=2$ m 处质元的振动曲线。

解 由图(b)所示振动曲线可知 $T=2$ s,$A=0.2$ m,且 $t=0$ 时,$y_0=0$,$v_0>0$,

故知 $\varphi_0 = -\frac{\pi}{2}$,再结合图(a)所示波动曲线可知,该列波沿 x 轴负向传播,且 $\lambda=4$ m,若取

$$y = A\cos\left[2\pi\left(\frac{t}{T} + \frac{x}{\lambda}\right) + \varphi_0\right]$$

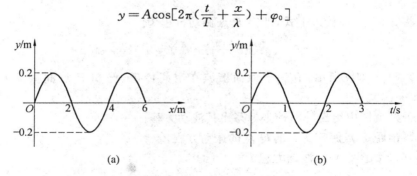

例 13.25 图

则波动方程为

$$y = 0.2\cos\left[2\pi\left(\frac{t}{2} + \frac{x}{4}\right) - \frac{\pi}{2}\right]$$

例 13.26 一平面余弦波,沿直径为 14 cm 的圆柱形管传播,波的强度为 18.0×10^{-3} J·m^{-2}·s^{-1},频率为 300 Hz,波速为 300 m·s^{-1},求:

(1) 波的平均能量密度和最大能量密度;

(2) 两个相邻同相面之间有多少波的能量?

解 (1) 因为 $$I = \overline{w}u$$

所以
$$\bar{w} = \frac{I}{u} = 18.0 \times \frac{10^{-3}}{300} = 6 \times 10^{-5} (\text{J} \cdot \text{m}^{-3})$$

$$w_{\max} = 2\bar{w} = 1.2 \times 10^{-4} \text{ J} \cdot \text{m}^{-3}$$

(2)
$$W = \bar{w}V = \bar{w}\frac{1}{4}\pi d^2 \lambda = \bar{w}\frac{1}{4}\pi d^2 \frac{u}{\nu} =$$

$$6 \times 10^{-5} \times \frac{1}{4}\pi \times (0.14)^2 \times \frac{300}{300} = 9.24 \times 10^{-7} (\text{J})$$

例 13.27　如图所示,设 B 点发出的平面横波沿 BP 方向传播,它在 B 点的振动方程为 $y_1 = 2 \times 10^{-3} \cos 2\pi t$;$C$ 点发出的平面横波沿 CP 方向传播,它在 C 点的振动方程为 $y_2 = 2 \times 10^{-3} \cos(2\pi t + \pi)$,本题中 y 以 m 计,t 以 s 计。设 $BP = 0.4$ m,$CP = 0.5$ m,波速 $u = 0.2$ m $\cdot$ s^{-1},求:

(1) 两波传到 P 点时的相位差;

(2) 当这两列波的振动方向相同时,P 处合振动的振幅;

(3) 当这两列波的振动方向互相垂直时,P 处合振动的振幅。

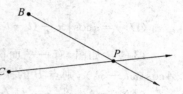

例 13.27 图

解　(1) $\Delta\varphi = (\varphi_2 - \varphi_1) - \frac{2\pi}{\lambda}(\overline{CP} - \overline{BP}) =$

$$\pi - \frac{\omega}{u}(\overline{CP} - \overline{BP}) =$$

$$\pi - \frac{2\pi}{0.2}(0.5 - 0.4) = 0$$

(2) P 点是相长干涉,且振动方向相同,所以
$$A_P = A_1 + A_2 = 4 \times 10^{-3} \text{m}$$

(3) 若两振动方向垂直,又两分振动相位差为 0,这时合振动轨迹是通过 Ⅱ,Ⅳ 象限的直线,所以合振幅为
$$A = \sqrt{A_1^2 + A_2^2} = \sqrt{2}A_1 = 2\sqrt{2} \times 10^{-3} = 2.83 \times 10^{-3} (\text{m})$$

四、习　　题

13.1　一平面简谐波的波动方程为 $y = 0.1 \times \cos(3\pi t - \pi x + \pi)$ (SI),$t=0$ 时的波形曲线如图所示,则(　　)

(A) 点 O 的振幅为 -0.1 m

(B) 波长为 3 m

(C) a,b 两点间相位差为 $\pi/2$

(D) 波速为 9 m $\cdot$ s^{-1}

13.2　已知一平面简谐波的波动方程为 $y = A\cos(at - bx)$(a,b 为正值),则(　　)

(A) 波的频率为 a

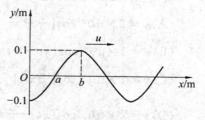

题 13.1 图

(B) 波的传播速度为 b/a

(C) 波长为 π/b

(D) 波的周期为 $2\pi/a$

13.3 一平面简谐波以速度 u 沿 x 轴正方向传播,在 $t=t'$ 时波形曲线如图所示,则坐标原点 O 的振动方程为( )

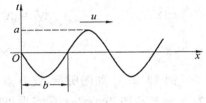

题 13.3 图

(A) $y = a\cos\left[\dfrac{u}{b}(t-t') + \dfrac{\pi}{2}\right]$

(B) $y = a\cos\left[2\pi\dfrac{u}{b}(t-t') - \dfrac{\pi}{2}\right]$

(C) $y = a\cos\left[\pi\dfrac{u}{b}(t-t') + \dfrac{\pi}{2}\right]$

(D) $y = a\cos\left[\pi\dfrac{u}{b}(t-t') - \dfrac{\pi}{2}\right]$

13.4 如图,有一平面简谐波沿 x 轴负方向传播,坐标原点 O 的振动规律为 $y = A\cos(\omega t + \varphi_0)$,则点 B 的振动方程为( )

(A) $y = A\cos[\omega t - (x/u) + \varphi_2]$

(B) $y = A\cos\omega[t + (x/u)]$

(C) $y = A\cos\{\omega[t - (x/u)] + \varphi_0\}$

(D) $y = A\cos\{\omega[t + (x/u)] + \varphi_0\}$

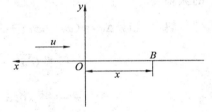

题 13.4 图

13.5 如图所示为一简谐波在 $t=0$ 时刻的波形图,波速 $u = 200 \text{ m} \cdot \text{s}^{-1}$,则图中点 O 的振动加速度的表达式为( )

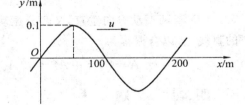

题 13.5 图

(A) $a = 0.4\pi^2\cos\left(\pi t - \dfrac{\pi}{2}\right)$

(B) $a = 0.4\pi^2\cos\left(\pi t - \dfrac{3\pi}{2}\right)$

(C) $a = -0.4\pi^2\cos(2\pi t - \pi)$

(D) $a = -0.4\pi^2\cos\left(2\pi t + \dfrac{\pi}{2}\right)$

13.6 一平面简谐波,波速 $u = 5 \text{ m} \cdot \text{s}^{-1}$,$t = 3 \text{ s}$ 时波形曲线如图所示,则 $x=0$ 处的振动方程为( )

(A) $y = 2\times10^{-2}\cos\left(\dfrac{1}{2}\pi t - \dfrac{1}{2}\pi\right)$

(B) $y = 2\times10^{-2}\cos(\pi t + \pi)$

(C) $y = 2\times10^{-2}\cos\left(\dfrac{1}{2}\pi t + \dfrac{1}{2}\pi\right)$

(D) $y = 2\times10^{-2}\cos\left(\pi t - \dfrac{3}{2}\pi\right)$

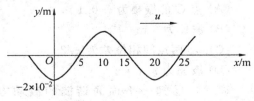

题 13.6 图

13.7 一平面简谐波沿 x 轴正向传播,$t=0$ 时刻的波形图如图所示,则 P 处介质质

点的振动方程是(　　)

(A) $y_P = 0.10\cos\left(4\pi t + \dfrac{1}{3}\pi\right)$ (SI)

(B) $y_P = 0.10\cos\left(4\pi t - \dfrac{1}{3}\pi\right)$ (SI)

(C) $y_P = 0.10\cos\left(2\pi t + \dfrac{1}{3}\pi\right)$ (SI)

(D) $y_P = 0.10\cos\left(2\pi t + \dfrac{1}{6}\pi\right)$ (SI)

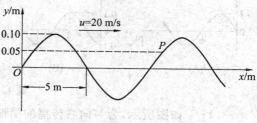

题 13.7 图

13.8　图(a) 表示 $t = 0$ 时的余弦波
的波形图,波沿 x 轴正方向传播;图(b)为一余弦振动曲线,则图(a)中所表示的 $x = 0$ 处振动的初相位与图(b)中所表示的振动的初相位(　　)

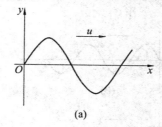 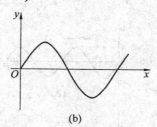

题 13.8 图

(A) 均为零

(B) 均为 $\dfrac{1}{2}\pi$

(C) 均为 $-\dfrac{1}{2}\pi$

(D) 依次分别为 $\dfrac{1}{2}\pi$ 和 $-\dfrac{1}{2}\pi$

(E) 依次分别为 $-\dfrac{1}{2}\pi$ 和 $\dfrac{1}{2}\pi$

13.9　一简谐波沿 x 轴正方向传播,$t = T/4$ 时的波形曲线如下图,若振动以余弦函数表示,且此题各点振动的初相取 $-\pi$ 到 π 之间的值,则(　　)

(A) 点 O 的初相位为 $\varphi_0 = 0$

(B) 点 1 的初相位为 $\varphi_1 = -\dfrac{\pi}{2}$

(C) 点 2 的初相位为 $\varphi_2 = \pi$

(D) 点 3 的初相位为 $\varphi_3 = -\dfrac{\pi}{2}$

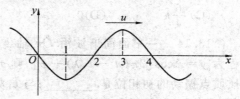

题 13.9 图

13.10　一平面简谐波沿 x 正向传播,波动
方程 $y = 0.10\cos\left[2\pi\left(\dfrac{1}{2}t - \dfrac{1}{4}x\right) + \dfrac{1}{2}\pi\right]$,该波在 $t = 0.5$ s 时刻的波形图是(　　)

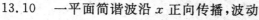

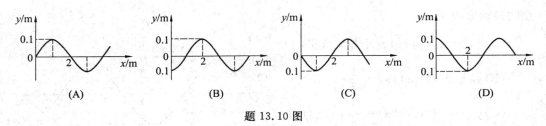

题 13.10 图

13.11 如图所示,为一向右传播的简谐波在 t 时刻的波形图,BC 为波密介质的反射面,波由点 P 反射,则反射波在 t 时刻的波形图为(　　)

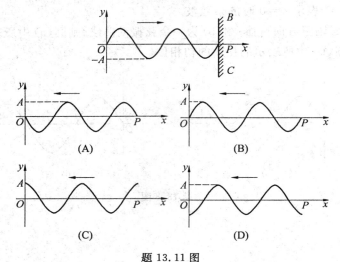

题 13.11 图

13.12 S_1 和 S_2 是波长均为 λ 的两个相干波的波源,相距 $3\lambda/4$,S_1 相位比 S_2 超前 $\pi/2$,若两波单独传播,在过 S_1 和 S_2 的直线上各点的强度相同,不随距离变化,且两波的强度都是 I,则在 S_1 和 S_2 连线上 S_1 外侧和 S_2 外侧各点,合成波的强度分别是(　　)

(A)$4I$,$4I$ 　　　(B)0,0 　　　(C)0,$4I$ 　　　(D)$4I$,0

13.13 某时刻驻波波形曲线如图所示,则 a,b 两点的相位差是(　　)

(A)π 　　　(B) $\dfrac{1}{2}\pi$

(C) $\dfrac{5}{4}\pi$ 　　　(D)0

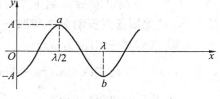

题 13.13 图

13.14 一平面简谐波沿 Ox 轴传播,波动方程为 $y=A\cos\left[2\pi(\nu t-x/\lambda)+\varphi\right]$,则 $x_1=L$ 处介质质点振动的初相位是_____;与 x_1 处质点振动状态相同的其他质点的位置是_____;与 x_1 处质点速度大小相同,但方向相反的其他各质点的位置是_____。

13.15 如果入射波方程式是 $y_1=A\cos 2\pi\left(\dfrac{t}{T}+\dfrac{x}{\lambda}\right)$,在 $x=0$ 处发生反射后形成驻

波,反射点为波腹,该反射后波的强度不变,则反射波的方程式 $y_2 =$ _____;在 $x = \frac{2}{3}\lambda$ 处质点合振动的振幅等于_____。

13.16 如图所示,一平面简谐波沿 x 轴负方向传播,波长为 λ,若 P 处质点的振动方程是 $y_P = A\cos\left(2\pi\nu t + \frac{1}{2}\pi\right)$,则该波的波动方程是_____;$P$ 处质点_____时刻的振动状态与 O 处质点 t_1 时刻的振动状态相同。

13.17 如图所示,为一平面简谐波在 $t = 2$ s 时刻的波形图,则该简谐波的波动方程是_____;点 P 处质点的振动方程是_____。(该波的振幅 A,波速 u 与波长 λ 为已知量)

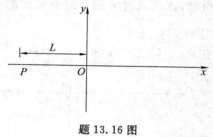

题 13.16 图

题 13.17 图

13.18 一简谐波沿 x 轴正方向传播,x_1 与 x_2 两点处的振动曲线如图所示。已知 $x_2 > x_1$ 且 $x_2 - x_1 < \lambda$(λ 为波长),则波从 x_1 点传到 x_2 点所用的时间是_____。(用波的周期 T 表示)

13.19 一平面简谐波沿 x 轴正方向传播,x_1 和 x_2 两点处的振动曲线分别如图(a)和(b)所示,已知 $x_2 > x_1$ 且 $x_2 - x_1 < \lambda$(λ 为波长),则 x_2 点的相位比 x_1 点的相位滞后_____。

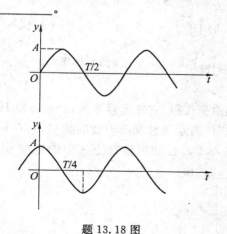

题 13.18 图

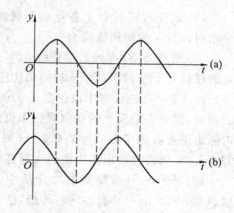

题 13.19 图

13.20 如图所示,两相干波源 S_1 与 S_2 相距 $\frac{3}{4}\lambda$,λ 为波长,设两波在 S_1S_2 连线上传播时,它们的振幅都是 A,并且不随距离变化,已知在该直线上 S_1 左侧各点的合成波强度为其中一个波强度的 4 倍,则两波源应满足的相位条件是_____。

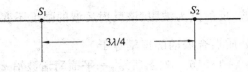

题 13.20 图

13.21 一弦上的驻波表达式为 $y=0.1\cos(\pi x)\cos(90\pi t)$(SI),形成该驻波的两个反向传播的行波的波长为_____,频率为_____。

13.22 设有一平面简谐波沿 x 轴传播时在 $x=0$ 处发生反射,其反射波的表达式为 $y_2=A\cos\left[2\pi\left(\nu t-\dfrac{x}{\lambda}\right)+\dfrac{1}{2}\pi\right]$,已知反射点为一自由端,则由入射波和反射波形成的驻波的波节位置的坐标为_____。

13.23 (1)一列波长为 λ 的平面简谐波沿 x 轴正向传播,已知在 $x=\dfrac{1}{2}\lambda$ 处振动的方程为 $y=A\cos\omega t$,则该平面简谐波的方程为_____;

(2)如果在上述波的波线上 $x=L(L>\dfrac{1}{2})$ 处放一如图所示的反射面,且假设反射波的振幅为 A',则反射波的方程为_____。($x\leqslant L$)

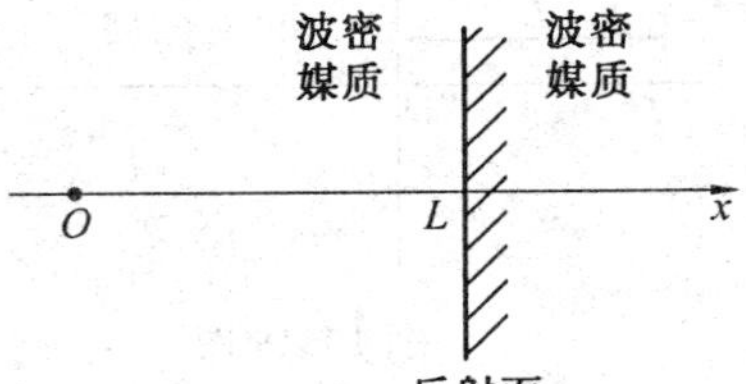

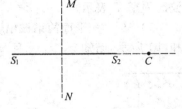

题 13.23 图

13.24 S_1,S_2 为振动频率、振动方向均相同的两个点波源,振动方向垂直纸面,两者相距 $\dfrac{3}{2}\lambda$(λ 为波长),如图所示,已知 S_1 的初相位为 $\dfrac{1}{2}\pi$。

(1)若使射线 S_2C 上各点由两列波引起的振动均干涉相消,则 S_2 的初相位应为_____;

(2)若使 S_1S_2 连线的中垂线 MN 上各点由两列波引起的振动均干涉相消,则 S_2 的初相位应为_____。

题 13.24 图

13.25 飞机在空中以速度 $u=200\ \mathrm{m\cdot s^{-1}}$ 做水平飞行,它发出频率为 $\nu_0=2\,000\ \mathrm{Hz}$ 的声波,静止在地面上的观察者在飞机越过其上空时,测定飞机发出声波的频率,它在 4 s 内测出的声波频率由 $\nu_1=2\,400\ \mathrm{Hz}$ 降为 $\nu_2=1\,600\ \mathrm{Hz}$,已知声波在空气中的速度 $v=330\ \mathrm{m\cdot s^{-1}}$,由此可求出飞机的飞行高度 $h=$_____ m。

13.26 一平面简谐波在介质中以速度 $c=20\ \mathrm{m\cdot s^{-1}}$ 自左向右传播,已知在传播路径上的某点 A 的振动方程为 $y=3\cos(4\pi t-\pi)$(SI),另一点 D 在点 A 右方 9 m 处。(1)若取 x 轴方向向左,并以 A 为坐标原点,试写出波

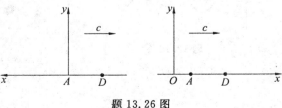

题 13.26 图

动方程,并求出点 D 的振动方程;(2)若取 x 轴方向向右,以点 A 左方 5 m 处的点 O 为 x 轴原点,重新写出波动方程及点 D 的振动方程。

13.27　如图所示为一平面简谐波在 $t=0$ 时刻的波形图,此简谐波的频率为 250 Hz,且此时质点 P 的运动方向向下,求:

(1)该波的波动方程;

(2)在距原点 O 为 100 m 处质点的振动方程与振动速度表达式。

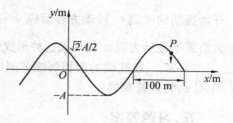

题 13.27 图

13.28　两列余弦波沿 Ox 轴传播,波动方程分别为 $y_1=0.06\cos\left[\dfrac{1}{2}\pi(0.02x-8.0t)\right]$,$y_2=0.06\cos\left[\dfrac{1}{2}\pi(0.02x+8.0t)\right]$ (SI),试确定 Ox 轴上合振幅为 0.06 m 的那些点的位置。

13.29　由振动频率为 400 Hz 的音叉在两端固定拉紧的弦线上建立驻波。这个驻波共有三个波腹,其振幅为 0.30 cm,波在弦上的速度为 320 m·s^{-1}。求:(1)此弦的长度;(2)若以弦线中点为坐标原点,试写出驻波的方程式。

13.30　相干波源 S_1 和 S_2 相距 11 m,S_1 的相位比 S_2 的相位超前 $\dfrac{1}{2}\pi$,这两个相干波在 S_1,S_2 连线上和延长线上传播时可看成两等幅的平面余弦波,它们的频率都等于 100 Hz,波速都等于 400 m·s^{-1},试求在 S_1,S_2 的连线上及延长线上,因干涉而静止不动的各点位置。

13.31　如图所示,一圆频率为 ω、振幅为 A 的平面简谐波沿 x 轴正方向传播,设在 $t=0$ 时刻波在原点 O 处引起的振动使媒质元由平衡位置向 y 轴的负方向运动,M 是垂直于 x 轴的波密媒质反射面,已知 $OO'=7\lambda/4$,$PO'=\lambda/4$(λ 为该波波长);设反射波不衰减,求:(1)入射波与反射波的波动方程;(2)点 P 的振动方程。

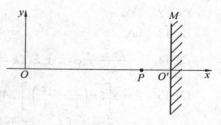

题 13.31 图

13.32　频率为 3 000 Hz 的声波,以 1 560 m/s 的传播速度沿一波线传播,经过波线上的点 A 后,再经 13 cm 而传至点 B,求:(1)点 B 的振动比点 A 的振动落后的时间;(2)波在 A,B 两点的相位差是多少?(3)设波源做简谐振动,振幅为 1 mm,求振动速度的幅值。

13.33　振动和波动有什么区别和联系?平面简谐波动方程和简谐振动方程有什么不同?又有什么联系?振动曲线和波形曲线有什么不同?

13.34　波动方程 $y=A\cos\left[\omega\left(t-\dfrac{x}{u}\right)+\varphi_0\right]$ 中的 $\dfrac{x}{u}$ 表示什么?如果改写为 $y=A\cos\left(\omega t-\dfrac{\omega x}{u}+\varphi_0\right)$,$\dfrac{\omega x}{u}$ 又是什么意思?如果 t 和 x 均增加,但相应的 $\left[\omega\left(t-\dfrac{x}{u}\right)+\varphi_0\right]$ 的值不变,由此能从波动方程说明什么?

13.35　波在介质中传播时,为什么介质元的动能和势能具有相同的相位,而弹簧振子的动能和势能却没有这样的特点?

13.36 波动方程中,坐标原点是否一定要选在波源处? $t=0$ 时刻是否一定是波源开始振动的时刻? 波动方程写成 $y=A\cos \omega(t-\frac{x}{u})$ 时,波源一定在坐标原点处吗? 在什么前提下波动方程才能写成这种形式?

13.37 在驻波的两相邻波节间的同一半波长上,描述各质点振动的什么物理量不同,什么物理量相同?

五、习题答案

13.1 (C)

13.2 (D)

13.3 (D)

13.4 (D)

13.5 (D)

13.6 (A)

13.7 (A)

13.8 (D)

13.9 (D)

13.10 (B)

13.11 (B)

13.12 (D)

13.13 (A)

13.14 $-\frac{2\pi L}{\lambda}+\varphi, L\pm k\lambda\,(k=1,2,\cdots), L+(2k\pm1)\frac{\lambda}{2}\,(k=0,1,2,\cdots)$

13.15 $A\cos\left[2\pi\left(\frac{t}{T}-\frac{x}{\lambda}\right)\right], A$

13.16 $y=A\cos 2\pi\left[\left(\nu t+\frac{x+L}{\lambda}\right)+\frac{\pi}{2}\right], t_1+L/\lambda\nu+k/\nu\,(k=0,\pm1,\pm2,\cdots)$

13.17 $y=A\cos\left[2\pi\frac{u}{\lambda}\left(t-2+\frac{x}{u}\right)-\frac{\pi}{2}\right], y_P=A\cos\left[2\pi\frac{u}{\lambda}(t-2)+\frac{\pi}{2}\right]$

13.18 $\frac{3T}{4}$

13.19 $\frac{3}{2}\pi$

13.20 S_2 较 S_1 超前 $\frac{3}{2}\pi$

13.21 2 m,45 Hz

13.22 $x=\left(k+\frac{1}{2}\right)\frac{\lambda}{2}, k=0,1,2,\cdots$

13.23 $(1)y=A\cos\left(\omega t+\pi-\frac{2\pi x}{\lambda}\right)$ $(2)y'=A'\cos\left(\omega t+\frac{2\pi x}{\lambda}-\frac{4\pi L}{\lambda}\right)$

13.24　(1)$2k\pi+\dfrac{\pi}{2}$,$k=0$,±1,±2,… 　(2)$2k\pi+\dfrac{3\pi}{2}$,$k=0$,±1,±2,…

13.25　1.08×10^3

13.26　(1)$y=3\cos\left(4\pi t+\dfrac{\pi x}{5}-\pi\right)$(SI),$y_D=3\cos\left(4\pi t-\dfrac{14\pi}{5}\right)$(SI)

　　　　(2)$y=3\cos\left(4\pi t-\dfrac{\pi x}{5}\right)$(SI),$y_D=3\cos\left(4\pi t-\dfrac{14\pi}{5}\right)$(SI)

13.27　(1)$y=A\cos\left[2\pi\left(250t+\dfrac{x}{200}\right)+\dfrac{\pi}{4}\right]$(SI)

　　　　(2)$y_{100}=A\cos\left(500\pi t+\dfrac{5}{4}\pi\right)$,$v=-500\pi A\sin\left(500\pi t+\dfrac{5}{4}\pi\right)$(SI)

13.28　$x=\pm50\left(2k+\dfrac{2}{3}\right)$m,$k=0$,$1$,$2$,…

13.29　(1)1.2 m　(2)$y=3.0\times10^{-3}\cos\left(\dfrac{2\pi x}{0.8}\right)\cos(800\pi t+\varphi)$(SI)

13.30　$x=1$ m,3 m,5 m,7 m,9 m,11 m 及 $x>11$ m 的各点

13.31　(1)$y=A\cos\left(\omega t-\dfrac{2\pi x}{\lambda}+\dfrac{\pi}{2}\right)$,$y'=A\cos\left(\omega t+\dfrac{2\pi x}{\lambda}+\dfrac{\pi}{2}\right)$

　　　　(2)$y=-2A\cos\left(\omega t+\dfrac{\pi}{2}\right)$

13.32　(1)$\dfrac{1}{12\ 000}$s($\dfrac{1}{4}T$)

　　　　(2)点 B 比点 A 落后的相位差为 $\dfrac{\pi}{2}$

　　　　(3)$v_{\mathrm{m}}=18.8$ m·s^{-1}

13.33　略

13.34　略

13.35　略

13.36　略

13.37　略

第14章

电磁场普遍规律

一、基本要求

1. 了解位移电流和电磁场理论的基本思想。

2. 了解电磁波产生条件和传播规律以及电磁波的特征。

二、基本概念及规律

1. 产生电磁波的物理基础

(1) 变化的磁场激发涡旋电场，即 $\oint_l \mathbf{E} \cdot \mathrm{d}\mathbf{l} = -\int_s \frac{\partial \mathbf{B}}{\partial t} \cdot \mathrm{d}\mathbf{S}$

(2) 变化的电场激发涡旋磁场，即 $\oint_l \mathbf{H} \cdot \mathrm{d}\mathbf{l} = \int_s (\mathbf{j}_c + \frac{\partial \mathbf{D}}{\partial t}) \cdot \mathrm{d}\mathbf{S}$

2. 麦克斯韦方程组的积分形式

$$\begin{cases} \oint_s \mathbf{D} \cdot \mathrm{d}\mathbf{S} = \int_V \rho \, \mathrm{d}\mathbf{V} \\ \oint_l \mathbf{E} \cdot \mathrm{d}\mathbf{l} = -\int_s \frac{\partial \mathbf{B}}{\partial t} \cdot \mathrm{d}\mathbf{S} \\ \oint_s \mathbf{B} \cdot \mathrm{d}\mathbf{S} = 0 \\ \oint_l \mathbf{H} \cdot \mathrm{d}\mathbf{l} = -\int_s (\mathbf{j}_c + \frac{\partial \mathbf{D}}{\partial t}) \cdot \mathrm{d}\mathbf{S} \end{cases}$$

3. 电磁波的基本形式

(1) 电磁波是横波，电矢量 $\mathbf{E}$、磁矢量 $\mathbf{H}$ 和传播速度 u 互相垂直，成右手螺旋关系；并且电磁波具有偏振性。

(2) $\mathbf{E}$ 和 $\mathbf{H}$ 同相位。

(3) $\mathbf{E}$ 和 $\mathbf{H}$ 幅值成比例，即 $\sqrt{\varepsilon_0}\, E_0 = \sqrt{\mu_0}\, H_0$ 或 $\sqrt{\varepsilon}\, E = \sqrt{\mu}\, H$。

(4) 传播速度由电容率 ε 和磁导率 μ 决定，即 $u = \frac{1}{\sqrt{\varepsilon\mu}} = \frac{1}{\sqrt{\varepsilon_0\varepsilon_r\mu_0\mu_r}}$。

在真空中，$\mu_r = \varepsilon_r = 1$，即 $c = \frac{1}{\sqrt{\varepsilon_0\mu_0}} = 2.997\,9 \times 10^8\,\mathrm{m} \cdot \mathrm{s}^{-1}$

三、解题指导

例 14.1　设有半径 $R=0.20$ m 的平行板电容器。两板之间为真空,板间距离 $d=0.50$ cm,以恒定电流 $I=2.0$ A 对电容器充电,求位移电流密度。（忽略平行板电容器的边缘效应,设电场是均匀的）

解　忽略边缘效应,电容器两板间的电场可视为均匀场,位移电流密度为常量,所以板间位移电流 $I_d=\int_S \boldsymbol{j}_d \cdot \mathrm{d}\boldsymbol{S}=j_d \pi R^2$。

又因为全电流连续,所以　　　　　　　　$I_c=I_d$

即 　　　　　　　　　　　　　　$I_c=j_d \pi R^2$

$$j_d=\frac{I_c}{\pi R^2}=15.9 \text{ A} \cdot \text{m}^{-2}$$

四、习　题

14.1　如图所示,空气中有一无限长金属薄壁圆筒,在表面上沿圆周方向均匀地流着一层随时间变化的面电流 $I(t)$,则（　　）

(A) 圆筒内均匀地分布着变化磁场和变化电场

(B) 任意时刻通过圆筒内假想的任一球面的磁通量和电通量均为零

(C) 沿圆筒外任意闭合环路上磁感应强度的环流不为零

(D) 沿圆筒外任意闭合环路上电场强度的环流不为零

14.2　如图,平板电容器（忽略边缘效应）充电时,沿环路 L_1,L_2 磁场强度 $\boldsymbol{H}$ 的环流中,必有（　　）

(A) $\oint_{L_1} \boldsymbol{H} \cdot \mathrm{d}\boldsymbol{l} > \oint_{L_2} \boldsymbol{H} \cdot \mathrm{d}\boldsymbol{l}$

(B) $\oint_{L_1} \boldsymbol{H} \cdot \mathrm{d}\boldsymbol{l} = \oint_{L_2} \boldsymbol{H} \cdot \mathrm{d}\boldsymbol{l}$

(C) $\oint_{L_1} \boldsymbol{H} \cdot \mathrm{d}\boldsymbol{l} < \oint_{L_2} \boldsymbol{H} \cdot \mathrm{d}\boldsymbol{l}$

(D) $\oint_{L_2} \boldsymbol{H} \cdot \mathrm{d}\boldsymbol{l} = 0$

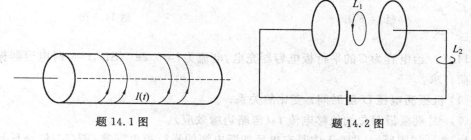

题 14.1 图　　　　　　　　　　　题 14.2 图

14.3　反映电磁场基本性质和规律的积分形式的麦克斯韦方程组为

$$\oint_s \boldsymbol{D} \cdot d\boldsymbol{S} = \sum_{i=1}^{n} q_i \qquad (1)$$

$$\oint_L \boldsymbol{E} \cdot d\boldsymbol{l} = -\frac{d\Phi_m}{dt} \qquad (2)$$

$$\oint_s \boldsymbol{B} \cdot d\boldsymbol{S} = 0 \qquad (3)$$

$$\oint_l \boldsymbol{H} \cdot d\boldsymbol{l} = \sum_{i=1}^{n} I_i + \frac{d\Phi_D}{dt} \qquad (4)$$

试判断下列结论是包含于或等效于哪一个麦克斯韦方程式的。将你确定的方程式用代号填在相应结论后的空白处。

(1) 变化的磁场一定伴随有电场_____；

(2) 磁感应线是无头无尾的_____；

(3) 电荷总伴随有电场_____。

14.4　充了电的由半径为 r 的两块圆板组成的平行板电容器,在放电时两板间的电场强度的大小为 $E = E_0 e^{-\frac{t}{RC}}$,式中 E_0, R, C 均为常数,则两板间的位移电流的大小为_____,其方向与场强方向_____。

14.5　如图所示,一绝缘不良的平板电容器在充电过程中,某时刻电路的导线中电流为 I_1,而电容器介质内有漏电流 $I_2 (I_2 < I_1)$,试证明 $I_2 + \dfrac{d\Phi_D}{dt} = I_1$。(式中 Φ_D 为电位移通量)

14.6　一长直螺线管,横截面如图所示,管半径为 R,通以电流 I。管外有一静止电子 e,当通过螺线管的电流 I 减少时,电子 e 是否运动? 如果你认为电子会运动,请在图中画出它开始运动的方向,并做简要说明。

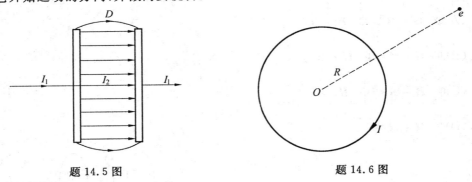

题 14.5 图　　　　　　　　题 14.6 图

14.7　给电容为 C 的平行板电容器充电,电流为 $i = 0.2e^{-t}$(SI),$t = 0$ 时电容器极板上无电荷。求:

(1) 极板间电压 U 随时间 t 变化的关系;

(2) t 时刻极板间总的位移电流 I_d(忽略边缘效应)。

14.8　如图所示,图(a)中是充电后切断电源的平行板电容器;图(b)是一只与电源相接的电容器。当两极板间距离相互靠近或分离时,试判断两种情况时极板间有无位移电流,并说明原因。

题 14.8 图

14.9　真空中,一平面电磁波的电场由下式给出:

$$E_x = 0, \quad E_y = 60 \times 10^{-2} \cos\left[2\pi \times 10^8 \left(t - \frac{x}{c}\right)\right] \text{V} \cdot \text{m}^{-1}, \quad E_z = 0$$

求:(1) 波长和频率;

(2) 传播方向;

(3) 磁场的大小和方向。

五、习题答案

14.1　(B)

14.2　(C)

14.3　(2),(3),(1)

14.4　$-\dfrac{\pi \varepsilon_0 r^2 E_0}{RC} \mathrm{e}^{-\frac{t}{RC}}$,相反

14.5　略

14.6　略

14.7　(1) $\dfrac{0.2(1 - \mathrm{e}^{-t})}{C}$　(2) $0.2\mathrm{e}^{-t}$

14.8　略

14.9　(1) 3 m, 10^8 Hz

(2) x 轴正方向

(3) $B_x = 0, B_y = 0, B_z = 2.0 \times 10^{-9} \cos\left[2\pi \times 10^8 \left(t - \frac{x}{c}\right)\right]$

第15章

波动光学

一、基本要求

1. 理解相干光的条件及获得相干光的方法。

2. 掌握光程的概念以及光程差和相位差的关系,理解在什么情况下反射光有相位跃变。

3. 能分析确定杨氏双缝干涉条纹及薄膜干涉条纹的位置。

4. 了解迈克尔逊干涉仪的工作原理。

5. 了解惠更斯 — 菲涅耳原理及它对光的衍射现象的定性解释。

6. 理解用半波带法来分析夫琅禾费单缝衍射条纹分布规律的方法,会分析缝宽及波长对衍射条纹分布的影响。

7. 理解光栅衍射公式,会确定光栅衍射谱线的位置,了解缺级现象。

8. 了解衍射对光学仪器分辨率的影响。

9. 了解 X 射线的衍射现象和布拉格公式的物理意义。

10. 理解自然光与偏振光的区别。

11. 理解布儒斯特定律和马吕斯定律。

二、基本概念及规律

1. 光的干涉现象

当两束(或多束)相干光在空间相遇时,在叠加区内出现明暗相间的稳定分布,这就是光的干涉现象。

2. 相干光的三个条件

(1) 频率相同;(2) 在叠加处光的振动方向相同;(3) 在叠加处光有恒定的相位差。

3. 获得相干光的具体方法

分波阵面法和分振幅法。

4. 光程、光程差

介质的折射率 n 和光波经过的几何路程 L 的乘积称为光程。两束相干光的光程之差称为光程差。光程差 δ 与相位差 $\Delta\varphi$ 的关系是:$\Delta\varphi = \dfrac{2\pi}{\lambda}\delta$。当光从光疏介质射向光密介质,在界面上反射时,反射光波的相位跃变 π,相当于出现了半个波长的光程差,通常称半波损失。在计算光程时,为统一起见,都加上 $\lambda/2$ 的光程,即相当于反射光波多走了半个波长的距离。

5. 干涉明暗条纹的条件

$$\delta = \begin{cases} \pm k\lambda & \text{明纹中心} \\ \pm(2k+1)\dfrac{\lambda}{2} & \text{暗纹中心} \end{cases}$$

6. 杨氏双缝干涉

该干涉属分波阵面法,干涉条纹为等间距的直条纹。

条纹中心位置:明纹　$x = \pm k\dfrac{d'\lambda}{d}$　　$(k=0,1,2,\cdots)$

暗纹　$x = \pm(2k+1)\dfrac{d'\lambda}{2d}$　　$(k=0,1,2,\cdots)$

条纹间距:$\Delta x = \dfrac{d'\lambda}{d}$ (d' 为双缝与屏之间的距离,d 为双缝之间的距离)

7. 等厚干涉

该干涉属分振幅法。光线垂直入射,薄膜等厚处干涉情况一样,即为同一条干涉条纹。

(1) 劈尖干涉:干涉条纹是等间距的直条纹。若薄膜介质的折射率 $n > 1$,周围是空气,干涉条纹为

明纹　$2nd + \dfrac{\lambda}{2} = k\lambda$　　$(k=1,2,3,\cdots)$

暗纹　$2nd + \dfrac{\lambda}{2} = k\lambda + \dfrac{\lambda}{2}$　　$(k=0,1,2,\cdots)$

相邻两明纹(或暗纹)对应的介质厚度差为 $\Delta d = \dfrac{\lambda}{2n} = b\theta$,式中 b 为相邻两明纹(或暗纹)间的距离,θ 为劈尖角,一般很小。

(2) 牛顿环干涉:干涉条纹是以接触点为中心的同心圆环。条纹的间距内疏外密,在空气充当薄膜介质的情况下,干涉条件为

明环半径:$r = \sqrt{\left(k-\dfrac{1}{2}\right)R\lambda}$　　$(k=1,2,3,\cdots)$

暗环半径:$r = \sqrt{kR\lambda}$　　$(k=0,1,2,\cdots)$

(3) 迈克尔逊干涉仪:利用分振幅法使两个互相垂直的平面镜形成一等效的空气薄膜,产生双光束干涉,干涉条纹每移动一条,相当于空气薄膜厚度改变 $\dfrac{\lambda}{2}$,所以空气薄膜改变的厚度 Δd 与移动过的条纹 Δn 之间存在关系 $\Delta d = \Delta n\dfrac{\lambda}{2}$。

8. 惠更斯-菲涅耳原理

同一波阵面上各点都可以认为是相干波源,它们发出的子波在空间各点相遇时,其强度分布是相干叠加的结果。

9. 夫琅禾费单缝衍射

衍射暗纹中心的位置 $b\sin\varphi = k\lambda$ $(k = \pm 1, \pm 2, \pm 3, \cdots)$

明纹中心位置 $b\sin\varphi = (2k+1)\lambda/2$ $(k = \pm 1, \pm 2, \pm 3, \cdots)$

中央明纹宽度 $l_0 = \dfrac{2f\lambda}{b}$,是其他明纹宽度的 2 倍。

10. 夫琅禾费光栅衍射

夫琅禾费光栅衍射是每一狭缝衍射的同一方向的子波间相互干涉的结果。因而光栅衍射是单缝衍射与多缝间干涉的总效果。在黑暗的背景上显现出狭窄而明亮的谱线,且缝数越多,谱线越细越明亮。

单色光垂直入射时,谱线主极大的位置

$$(b+b')\sin\varphi = \pm k\lambda \qquad (k = 0, 1, 2, \cdots)$$

其中 $b+b' = d$ 为光栅常数。上式称为光栅方程。

谱线强度受单缝衍射的调制,当 $\dfrac{b+b'}{b}$ 为整数时有缺级现象。

11. 光学仪器的分辨本领

两点光源 S_1 和 S_2 通过光学仪器成像时,若 S_1 像中央最亮处刚好与 S_2 像第一最暗处重合,该两点光源恰能分辨。此时 S_1 和 S_2 对仪器透光镜光心的张角 θ_0 叫最小分辨角,$\theta_0 = 1.22\dfrac{\lambda}{D}$,式中 λ 是波长,D 是仪器透光孔径。θ_0 越小则光学仪器的分辨本领越大。

12. X 射线的衍射

当一束 X 射线射到两原子平面层的间距为 d 的晶体上时,散射波相互干涉加强的条件为 $2d\sin\theta = k\lambda(k=1,2,3,\cdots)$,此式称为布拉格公式。

13. 自然光与偏振光

在与光波传播方向垂直的平面内,沿所有可能方向上光矢量 E 的振幅全相等的光称为自然光。光矢量 E 只沿一个确定的方向振动的光称为线偏振光,简称偏振光。光矢量的方向与光的传播方向构成的平面称为振动面,线偏振光的振动面是固定不动的。

14. 布儒斯特定律

自然光在折射率分别为 n_1 和 n_2 的两种介质的分界面上反射时,反射光为线偏振光的条件为 $\tan i_0 = \dfrac{n_2}{n_1}$,式中入射角 i_0 称为起偏角或布儒斯特角。

15. 马吕斯定律

强度为 I_0 的线偏振光通过偏振片后的强度为 $I = I_0\cos^2\alpha$,式中 α 为入射偏振光振动方向与出射偏振光振动方向之间的夹角。

三、解题指导

例 15.1 在劳埃德镜实验中,将屏 P 紧靠平面镜 M 的右边缘点 L 放置,如图所示。已知单色光源 S 的波长 $\lambda = 720$ nm,求平面镜右边缘 L 到屏上第一条纹之间的距离。

解 注意到半波损失(仿照杨氏双缝)

$$a\sin \theta + \frac{\lambda}{2} = k\lambda, \text{且 } k = 1$$

$$a\sin \theta = \frac{\lambda}{2}$$

$$a\sin \theta = a\tan \theta = a\frac{x}{D} = \frac{\lambda}{2}$$

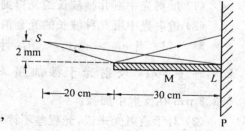

例 15.1 图

所以 $x = \frac{D\lambda}{2a}$，又因为 $a = 4.0$ mm，

$D = 50.0$ cm

所以 $x = 4.5 \times 10^{-5}$ m。

例 15.2　如图所示，由 S 点发出的 $\lambda = 600$ nm 的单色光，自空气射入折射率 $n = 1.23$ 的透明物质，再射入空气。若透明物质的厚度 $d = 1.0$ cm，入射角 $\theta = 30°$，且 $SA = BC = 5$ cm，求：

(1) 折射角 θ_1 为多少？

(2) 此单色光在这层透明物质里的频率、速度和波长各为多少？

(3) S 到 C 的几何路程为多少？光程又为多少？

解　如图所示

(1) 根据折射定律

$$n\sin \theta_1 = \sin \theta$$

$$\theta_1 = \arcsin \frac{\sin 30°}{1.23} = 24°$$

(2) $\nu = \frac{c}{\lambda} = 5.0 \times 10^{14}$ Hz

$$u = \frac{c}{n} = 2.44 \times 10^8 \text{ m} \cdot \text{s}^{-1}$$

$$\lambda_n = \frac{\lambda}{n} = 488 \text{ nm}$$

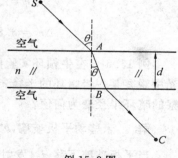

例 15.2 图

(3) $SC = SA + AB + BC = SA + BC + \frac{d}{\cos \theta_1} = 0.11$ m

光程 $= (SA + SB) \times 1 + AB \cdot n = 0.114$ m

例 15.3　一双缝装置的一个缝被折射率为 1.40 的薄玻璃片所遮盖，另一个缝被折射率 1.70 的薄玻璃片所遮盖。在玻璃片插入以后，屏上原来的中央极大所在点现变为第五级明纹。假定 $\lambda = 480$ nm，且玻璃片厚度均为 d，求 d。

解　$n_1 = 1.70, n_2 = 1.40$

两缝至屏原中央主极大所在点的光程差

$$(r - d + dn_1) - (r - d + dn_2) = k\lambda, \text{其中 } k = 5$$

$$d(n_1 - n_2) = 5\lambda$$

$$d = 8\ 000 \text{ nm}$$

例 15.4　如图所示，用白光垂直照射厚度为 $d = 350$ nm 的薄膜，若薄膜的折射率为 $n_2 = 1.40$，且 $n_2 < n_1, n_2 < n_3$，问：

(1) 反射光中哪几种波长的光得到加强?

(2) 透射光中哪几种波长的光会消失?

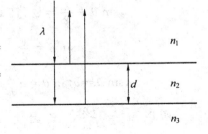

例15.4 图

解 (1) 当 $n_1 > n_2, n_2 < n_3$,计半波损失 $\delta = 2dn_2 + \dfrac{\lambda}{2} = k\lambda$,反射光干涉加强 $k = 2$ 时,$\lambda_2 = 653.3$ nm 在反射中加强。

(2) 对于透射光来说,光程差不计半波损失

$$\delta = 2dn_2 = (2k+1)\frac{\lambda}{2}(干涉相消)$$

在可见光范围内,发现 $k = 2$ 时,$\lambda = 653.3$ nm 的红光在透射中消失。

例15.5 在利用牛顿环测未知单色光波长的实验中,当用波长为 589.3 nm 的钠黄光垂直照射时,测得第一和第四暗环的距离为 $\Delta r = 4.0 \times 10^{-3}$ m;当用波长未知的单色光垂直照射时,测得第一和第四暗环的距离为 $\Delta r' = 3.85 \times 10^{-3}$ m。求该单色光的波长。

解 考虑到是空气膜,牛顿环产生干涉暗环的半径为

$$r = \sqrt{kR\lambda}, \quad k = 0, 1, 2, 3, \cdots$$

$$\Delta r = r_4 - r_1 = \sqrt{R\lambda}, \quad \Delta r = 4.00 \times 10^{-3} \text{ m}$$

$$\Delta r' = 3.85 \times 10^{-3} \text{ m}, \quad \frac{\Delta r'}{\Delta r} = \frac{\sqrt{\lambda'}}{\sqrt{\lambda}} \lambda' = 546 \text{ nm}$$

例15.6 在牛顿环实验中,透镜的曲率半径 $R = 40$ cm,用单色光垂直照射,在反射光中观察某一级暗环的半径 $r = 2.5$ mm。现把平板玻璃向下平移 $d_0 = 5.0$ μm,上述被观察的暗环半径变为何值?

解 未移动平板玻璃,k 级暗环的半径为 $r_k = \sqrt{kR\lambda}$

当平板玻璃下移 d_0,发射光(空气膜)的光程差 $\delta = 2(d + d_0) + \dfrac{\lambda}{2}$

k 级暗环应满足的条件 $2(d + d_0) + \dfrac{\lambda}{2} = (2k+1)\dfrac{\lambda}{2}$,所以 $2(d + d_0) = k\lambda$

又因为 $d \approx \dfrac{(r'_k)^2}{2R}$,所以 $r'_k = \sqrt{Rk\lambda - 2Rd_0}$

所以 $r'_k = \sqrt{r_k^2 - 2Rd_0} = 1.5 \times 10^{-3}$ m。

例15.7 如图所示,狭缝宽度 $b = 0.60$ mm,透镜焦距 $f = 0.40$ m,有一与狭缝平行的屏放置在透镜的焦平面处。若以单色平行光垂直照射狭缝,则在屏上离点 O 为 $x = 1.4$ mm 的点 P 看到衍射明条纹。试求:

(1) 该入射光的波长;

(2) 点 P 条纹的级数;

(3) 从点 P 看,对该光波而言,狭缝处的波阵面可做半波带的数目。

解 如图所示

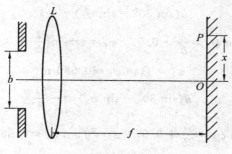

例 15.7 图

(1) 由单缝衍射明条纹的条件

$$b\sin\varphi = (2k+1)\frac{\lambda}{2}$$

再由

$$\sin\varphi \approx \tan\varphi = \frac{x}{f}$$

可得

$$\frac{bx}{f} = (2k+1)\frac{\lambda}{2}$$

若考虑可见光

$$k = \left[\frac{2bx}{f\lambda} - 1\right]\frac{1}{2}$$

$$\lambda_{\min} = 400\,\text{nm}, \quad k_{\max} = 4.75$$

$$\lambda_{\max} = 760\,\text{nm}, \quad k_{\min} = 2.27$$

所以，k 只能取 3,4。

$$\lambda_{k=4} = 466.7\,\text{nm}, \quad \lambda_{k=3} = 600\,\text{nm}$$

(2) 条纹的级数为 $k=3, k=4$，与入射光波长有关。

(3) $k=3$ 时，可做 7 个半波带；$k=4$，可做 9 个半波带。

例 15.8　单缝的宽度 $b=0.40$ mm，以波长 $\lambda=589$ nm 的单色光垂直照射，设透镜的焦距 $f=1.0$ m。求：

(1) 第一级暗纹距中心的距离；

(2) 第二级明纹距中心的距离；

(3) 如单色光以入射角 $i=30°$ 斜入射到单缝上，则上述结果如何变动？

解　(1) $b\sin\varphi = k\lambda$

$$b\frac{x}{f} = \lambda, \quad x = \frac{f\lambda}{b} = 1.47 \times 10^{-3}\,\text{m}$$

(2) $b\sin\varphi = (2k+1)\frac{\lambda}{2}$

$$\frac{bx}{f} = \frac{5\lambda}{2}, \quad x = \frac{5f\lambda}{2b} = 3.68 \times 10^{-3}\,\text{m}$$

(3) 由 $b(\sin 30° - \sin\varphi) = 0$，得中央明纹所在位置点 O' 在垂直入射中央明纹点 O 之上。

首先求点 O' 以上一级暗纹

$$b(\sin 30° - \sin \varphi_1) = -\lambda$$

$$\sin \varphi_1 = \frac{\lambda}{b} + 0.5, \quad \varphi_1 = \arcsin\left(\frac{\lambda}{b} + 0.5\right)$$

$$x_1 = f\tan \varphi_1 = 0.580 \text{ m}$$

对二级明纹

$$b(\sin 30° - \sin \varphi_2) = -\frac{5\lambda}{2}$$

$$\sin \varphi_2 = \frac{5\lambda}{2b} + 0.5, \quad x_2 = f\tan \varphi_2 = 0.583 \text{ m}$$

同理可以计算点 O' 以下的一级暗纹及二级明纹的位置。

一级暗纹

$$b(\sin 30° - \sin \varphi_3) = \lambda$$

$$\sin \varphi_3 = 0.5 - \frac{\lambda}{b}, \quad x'_1 = f\tan \varphi_3 = 0.575 \text{ m}$$

二级明纹

$$b(\sin 30° - \sin \varphi_4) = \frac{5\lambda}{2}$$

$$\sin \varphi_4 = 0.5 - \frac{5\lambda}{2b}, \quad x'_2 = f\tan \varphi_4 = 0.572 \text{ m}$$

例 15.9 已知单缝宽度 $b = 1.0 \times 10^{-4}$ m，透镜焦距 $f = 0.50$ m，用 $\lambda_1 = 400$ nm 和 $\lambda_2 = 760$ nm 的单色平行光分别垂直照射，求这两种光的第一级明纹离屏中心的距离，以及这两条明纹之间的距离。若用每厘米刻有 1 000 条刻线的光栅代替这个单缝，则这两种单色光的第一级明纹分别距屏中心多远？这两条明纹之间的距离又是多少？

解 (1) $b\sin \varphi = (2k+1)\dfrac{\lambda}{2}$（单缝衍射明纹所应满足条件）

$$x = f\tan \varphi \approx f\sin \varphi = \frac{f\lambda}{2b}(2k+1)$$

$$\lambda_1 = 400 \text{ nm}, k=1 \text{ 时}, x_1 = 3.0 \times 10^{-3} \text{ m}$$

$$\lambda_2 = 760 \text{ nm}, k=1 \text{ 时}, x_2 = 5.7 \times 10^{-3} \text{ m}$$

$$\Delta x = x_2 - x_1 = 2.7 \times 10^{-3} \text{ m}$$

(2) 对于光栅来说

$$d\sin \varphi = k\lambda, d \text{ 为光栅常数}, d = \frac{10^{-2}}{1\,000} = 10^{-5} \text{ (m)}$$

$$x = f\tan \varphi = f\sin \varphi = \frac{kf\lambda}{d}$$

$$当 \lambda_1 = 400 \text{ nm}, k=1 \text{ 时}, x_1 = 2 \times 10^{-2} \text{ m}$$

$$当 \lambda_2 = 760 \text{ nm}, k=1 \text{ 时}, x_2 = 3.8 \times 10^{-2} \text{ m}$$

$$\Delta x = x_2 - x_1 = 1.8 \times 10^{-2} \text{ m}$$

例 15.10 迎面而来的两辆汽车的车头灯相距为 1.0 m，问在汽车离人多远时，它们刚能为人眼所分辨？设瞳孔直径为 3.0 mm，光在空气中的波长 $\lambda = 500$ nm。

解 最小分辨角 $\theta_0 = \dfrac{1.22\lambda}{D}$，其中 D 为透光孔径，l 为两灯距离，d 为人与车之间的距离，若刚能分辨，则有

$$\theta_0 = \frac{l}{d}, \quad \frac{l}{d} = \frac{1.22\lambda}{D}, \quad d = \frac{Dl}{1.22\lambda} = 4\,918 \text{ m}$$

例 15.11　测得从一池静水的表面反射出来的太阳光是线偏振光,求此时太阳处在地平线的多大仰角处?（水的折射率为 1.33）

解　根据折射定律 $n_1 \sin i = n_2 \sin \gamma$

布儒斯特定律 $\tan i = \dfrac{n_2}{n_1} = 1.33$

得 $i = 53.1°$　又 $i + \alpha = \dfrac{\pi}{2}$

所以 $\alpha = 36.9°$

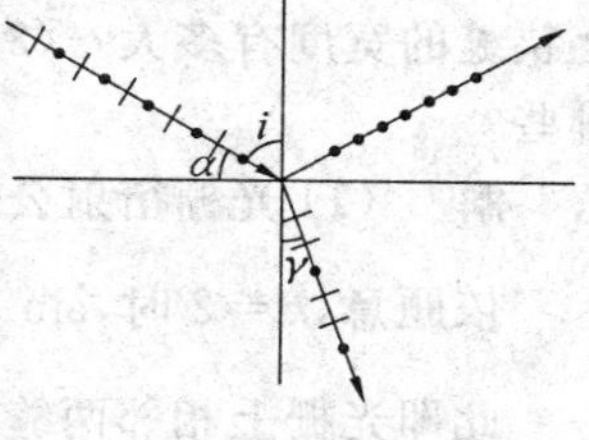

例 15.12　一束光是自然光和平面偏振光的混合,当它通过一偏振片时发现透射光的强度取决于偏振片的取向,其强度可以变化 5 倍,求入射光中两种光的强度各占总入射光强的几分之几?

例 15.11 图

解　设总强度为 I,线偏振光强度为 I_1,自然光强度为 I_0。

强度最低时为 $\dfrac{I_0}{2}$,强度最大时为 $\dfrac{I_0}{2} + I_1$。

因为
$$\frac{\dfrac{I_0}{2} + I_1}{\dfrac{I_0}{2}} = 5$$

所以
$$I_0 = \frac{I_1}{2}$$

$$I = I_0 + I_1 = \frac{3I_1}{2}$$

所以
$$I_1 = \frac{2}{3}I, \quad I_0 = \frac{1}{3}I$$

例 15.13　在双缝干涉实验中,波长 $\lambda = 500$ nm 的单色光入射在缝间距 $d = 2 \times 10^{-4}$ m 的双缝上,屏到双缝的距离为 2 m,求:(1)每条明纹宽度;(2)中央明纹两侧的两条第 10 级明纹中心的间距;(3)若用一厚度为 $e = 6.6 \times 10^{-6}$ m 的云母片覆盖其中一缝后,零级明纹移到原来的第 7 级明纹处;则云母片的折射率是多少?

解　(1)$\Delta \chi = \dfrac{D\lambda}{d} = \dfrac{2 \times 500 \times 10^{-9}}{2 \times 10^{-4}} \text{m} = 5 \times 10^{-3} \text{ m}$

(2)中央明纹两侧的两条第 10 级明纹间距为
$$20\Delta\chi = 0.1 \text{ m}$$

(3)由于 $e(n-1) = 7\lambda$,所以有
$$n = 1 + \frac{7\lambda}{e} = 1.53$$

例 15.14　白光垂直照射到空气中一厚度 $e = 380$ nm 的肥皂膜($n = 1.33$)上,在可见光的范围内(400 ～ 760 nm),哪些波长的光在反射中增强?

解　由于光垂直入射,光程上有半波损失,即 $2ne + \dfrac{\lambda}{2} = k\lambda$ 时,干涉加强。所以

$$\lambda = \frac{4ne}{2k-1}$$

在可见光范围内，$k=2$ 时，$\lambda=673.9$ nm，$k=3$ 时，$\lambda=404.3$ nm。

例 15.15　波长为 600 nm 的单色光垂直入射在一光栅上。第二、三级明纹分别出现在 $\sin\theta=0.20$ 和 0.30 处，第四级缺级。试求：(1)光栅上相邻两缝间距是多少？(2)光栅上狭缝的宽度有多大？(3)按上述选定的 a,b 值，在整个光屏上，实际呈现的全部级数为哪些？

解　(1)光栅衍射公式为 $(a+b)\sin\theta=k\lambda$

依题意，$k=2$ 时，$\sin\theta=0.20$，故 $(a+b)=\dfrac{2\lambda}{\sin\theta}=\dfrac{2\times600\times10^{-9}}{0.20}$ m $=6\times10^{-3}$ mm

此即光栅上相邻两缝的间距。

(2)当光栅衍射明条纹第四级缺级时，有

$$(a+b)=\sin\theta=4\lambda$$

由单缝暗纹公式

$$a\sin\theta=k'\lambda \quad (k=1,2,\cdots)$$

由此得

$$\frac{a+b}{a}=\frac{4}{k'}$$

因 $\dfrac{a+b}{a}>1$，故 k' 只能取 $1,2,3$。

从而

$$\frac{a+b}{a}=4,2,\frac{4}{3}$$

但由缺级条件

$$(a+b)\sin\theta=k\lambda$$
$$a\sin\theta=k'\lambda$$

可知，若 $(a+b)/a=2$，则第二级明纹必定缺级，所以，$(a+b)/a$ 只能取 4 或 4/3，即

$$a+b/a=4 \quad 或 \quad a+b/a=4/3$$

由此得狭缝的宽度为

$$a=\frac{1}{4}(a+b)=1.5\times10^{-6}\,\text{m}$$

$$A=\frac{3}{4}(a+b)=4.5\times10^{-6}\,\text{m}$$

(3)在 $0<\theta<90°$ 的范围内，因光栅公式为

$$(a+b)\sin\theta=k\lambda \quad (k=0,1,2,\cdots)$$

$$k<\frac{a+b}{\lambda}=10$$

因 k 为整数，所以 $k=0,1,2,\cdots,9$，由此可知，无论 a 取何值，在 $-90°<\theta<90°$ 的范围内，可能出现的明条纹级次为 $k=0,\pm1,\pm2,\cdots,\pm9$。由缺级条件可知，在单缝衍射第 k' 级暗纹处缺级时，有

$$\frac{a+b}{a}=\frac{k}{k'}$$

若取 $a=\dfrac{1}{4}(a+b)$，则

$$k = \frac{a+b}{a}k' = 4k' \quad (k' = \pm 1, \pm 2, \cdots)$$

因此,当 $k = \pm 4, \pm 8$ 时出现缺级。故在屏幕上呈现的全部级次只能是 $k = 0, \pm 1$, $\pm 2, \pm 3, \pm 5, \pm 6, \pm 7, \pm 9$。若取 $a = \frac{3}{4}(a+b)$,则

$$k = \frac{a+b}{a}k' = \frac{4}{3}k'$$

因 k 和 k' 均为整数,故 $k = \pm 4, \pm 8$ 时缺级。故在屏幕上呈现的全部级次与 $a = \frac{1}{4}(a+b)$ 时相同,但两者的光强分布不相同。

例 15.16　初相位相同的两相干光源产生的波长为 $600\,\text{nm}$ 的光波在空间某点 P 相遇产生干涉,其几何路径之差为 $1.2 \times 10^{-6}\,\text{m}$。如果光线通过的介质分别为空气($n_1 = 1$)、水($n_2 = 1.33$)或松节油($n_3 = 1.50$),点 P 的干涉是加强还是减弱?

解　折射率为 n 的介质在 P 点处光程差为

$$\delta = n(r_2 - r_1)$$

介质为空气时,$n_1 = 1$,则

$$\delta_1 = n_1(r_2 - r_1) = r_2 - r_1 = 1.2 \times 10^{-6}\,\text{m} = 2\lambda$$

所以 P 点处干涉加强。

介质为水时,$n_2 = 1.33$,则

$$\delta_2 = n_2(r_2 - r_1) = 1.33 \times 1.2 \times 10^{-6} = 1.6 \times 10^{-6}\,(\text{m})$$

介于两种情况之间,所以 P 点光强介于最强与最弱之间。

介质为松节油时,$n_3 = 1.50$,则

$$\delta_3 = n_3(r_2 - r_1) = 1.5 \times 1.2 \times 10^{-6} = 1.8 \times 10^{-6}\,\text{m} = 3\lambda$$

所以 P 点处干涉加强。

例 15.17　在观察肥皂膜的反射光时,表面呈绿色($\lambda = 500\,\text{nm}$),薄膜表面法线和视线间的夹角为 $45°$,试计算薄膜的最小厚度。

解　两反射光的光程差为

$$\delta = 2e\sqrt{n_2^2 - n_1^2 \sin^2 i} + \frac{\lambda}{2} = k\lambda$$

$k = 1$ 时对应薄膜厚度最小为

$$e = \frac{\lambda}{4\sqrt{n_2^2 - n_1^2 \sin^2 i}} = 500 \times 10^{-10} \div (4 \times \sqrt{1.33^2 - \sin^2 45°}) = 1.12 \times 10^{-7}\,(\text{m})$$

例 15.18　波长 $\lambda = 600\,\text{nm}$ 的单色光垂直入射到一光栅上,测得第 2 级主极大的衍射角为 $30°$,且第 3 级缺级。(1)光栅常数($a+b$)是多大?(2)透光缝可能的最小宽度是多少?(3)在屏幕上可能出现的主极大的级次是哪些?

解　(1)由光栅方程得　$(a+b)\sin 30° = 2\lambda$

所以

$$a + b = \frac{2\lambda}{\sin 30°} = 4\lambda = 2.4 \times 10^{-6}\,\text{m}$$

(2)当 k 级缺级时,满足 $k = \frac{a+b}{a}k'$

所以
$$a = \frac{a+b}{k}k'$$

当 $k'=1$ 时，缝宽 a 最小，为 $a = \frac{a+b}{k} = \frac{2.4 \times 10^{-6}}{3} = 8 \times 10^{-7}$（m）

（3）在屏幕上呈现的主极大的级数由最大级数和缺级情况决定。

因为 $(a+b)\sin\varphi = k\lambda$

$$k_{max} < \frac{a+b}{\lambda} = \frac{2.4 \times 10^{-6}}{6 \times 10^{-7}} = 4$$

因此
$$k_{max} = 3$$

又因 $k=3$ 缺级，所以在屏上可能出现的级数为 $k = 0, \pm 1, \pm 2$。

四、习　　题

15.1　用白光光源进行双缝实验，若用一个纯红色的滤光片遮盖一条缝，用一个纯蓝色的滤光片遮盖另一条缝，则（　　）

(A) 干涉条纹的宽度将发生改变　　　(B) 产生红光和蓝光的两套彩色干涉条纹
(C) 干涉条纹的亮度将发生改变　　　(D) 不产生干涉条纹

15.2　在双缝干涉实验中，屏幕 E 上的点 P 处是明条纹。若将缝 S_2 盖住，并在 S_1S_2 连线的垂直平分面处放一反射镜 M，如图所示，则此时（　　）

(A) 点 P 处仍为明条纹　　　　　(B) 点 P 处为暗条纹
(C) 不能确定点 P 处是明条纹还是暗条纹　(D) 无干涉条纹

15.3　如图所示，假设有两个相同的相干点光源 S_1 和 S_2，发出波长为 λ 的光，A 是它们连线的中垂线上的一点。若在 S_1 与 A 之间插入厚度为 e、折射率为 n 的薄玻璃片，则两光源发出的光在点 A 的相位差 $\Delta\varphi = $＿＿＿＿＿。若已知 $\lambda = 500$ nm，$n = 1.5$，点 A 恰为第四级明条纹中心，则 $e = $＿＿＿＿＿。

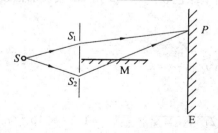
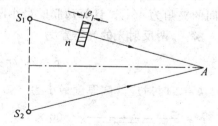

题 15.2 图　　　　　　　　　　　题 15.3 图

15.4　如图所示，在双缝干涉实验中 $SS_1 = SS_2$。用波长为 λ 的光照射双缝 S_1 和 S_2，通过空气后在屏幕 E 上形成干涉条纹。已知点 P 处为第三级明条纹，则 S_1 和 S_2 到点 P 的光程差为＿＿＿＿＿。若将整个装置放于某种透明液体中，点 P 为第四级明条纹，则该液体的折射率 $n = $＿＿＿＿＿。

15.5　在杨氏双缝实验中，设两缝之间的距离为 0.2 mm。在距双缝 1 m 远的屏上观察干涉条纹，若入射光是波长为 $400 \sim 760$ nm 的白光，问屏上离零级明纹 20 mm 处，哪些波长的光最大限度地加强？（1 nm $= 10^{-9}$ m）

15.6　白色平行光垂直入射到间距为 $a = 0.25\,\mathrm{mm}$ 的双缝上,距缝 50 cm 处放置屏幕,分别求第一级和第五级明纹彩色带的宽度。(设白光的波长范围是 $400 \sim 760\,\mathrm{nm}$,这里说的"彩色带宽度"指两个极端波长的同级明纹中心之间的距离)

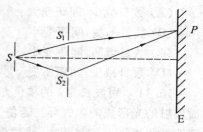

题 15.4 图

15.7　单色平行光垂直照射在薄膜上,经上下两表面反射的两束光发生干涉,如图所示,若薄膜的厚度为 e,且 $n_1 < n_2, n_2 > n_3, \lambda_1$ 为入射光在 n_1 中的波长,则两束反射光的光程差为(　　)

(A) $2n_2 e$

(B) $\dfrac{2n_2 e - \lambda_1}{(2n_1)}$

(C) $2n_2 e - \dfrac{1}{2} n_1 \lambda_1$

(D) $2n_2 e - \dfrac{1}{2} n_2 \lambda_1$

15.8　在图示三种透明材料构成的牛顿环装置中,用单色光垂直照射,在反射光中看到干涉条纹,则在接触点 P 处形成的圆斑为(　　)

(A) 全明

(B) 全暗

(C) 右半部明,左半部暗

(D) 右半部暗,左半部明

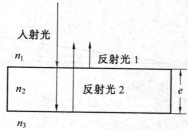

题 15.7 图

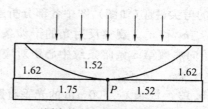

(图中数字为各处的折射率)

题 15.8 图

15.9　用劈尖干涉法可检测工件表面缺陷,当波长为 λ 的单色平行光垂直入射时,若观察到的干涉条纹如图所示,每一条纹弯曲部分的顶点恰好与其左边条纹的直线部分的连线相切,则工件表面与条纹弯曲处对应的部分(　　)

(A) 凸起,且高度为 $\dfrac{\lambda}{4}$

(B) 凸起,且高度为 $\dfrac{\lambda}{2}$

(C) 凹陷,且高度为 $\dfrac{\lambda}{2}$

(D) 凹陷,且高度为 $\dfrac{\lambda}{4}$

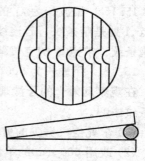

题 15.9 图

15.10　如图所示,两个直径有微小差别的彼此平行的滚柱之间的距离为 L,夹在两块平板玻璃的中间,形成空气劈尖,当单色光垂直入射时,产生等厚干涉条纹。如果滚柱之间的距离 L 变小,则在 L 范围内干涉条纹的(　　)

(A) 数目减少,间距变大

(B) 数目不变,间距变小

(C) 数目增加,间距变小

(D) 数目减少,间距不变

15.11 用波长为 λ 的单色光垂直照射右图所示的牛顿环装置,观察从空气膜上下表面反射的光形成的牛顿环。若使平凸透镜慢慢地垂直向上移动,从透镜顶点与平面接触到两者距离为 d 的过程中,移过视场中某固定观察点的条纹数目等于_____。

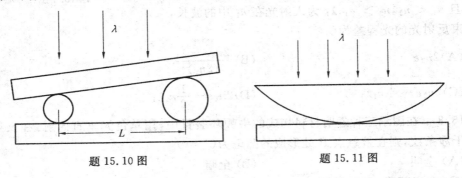

题 15.10 图　　　　　　　题 15.11 图

15.12 用波长为 λ 的单色光垂直照射折射率为 n_2 的劈尖薄膜(如图),图中各部分折射率的关系是 $n_1 < n_2 < n_3$。观察反射光的干涉条纹,从劈尖顶开始向右数第 5 条暗条纹中心所对应的厚度 $e =$ _____。

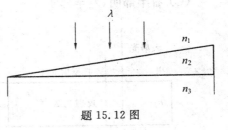

题 15.12 图

15.13 波长 $\lambda = 600$ nm 的光垂直照射由两块平玻璃板构成的空气劈尖薄膜,劈尖角 $\theta = 2 \times 10^{-4}$ rad。改变劈尖角,相邻两明条纹间距缩小了 $l = 1.0$ mm,求劈尖角的改变量。

15.14 用波长 $\lambda = 500$ nm 的单色光垂直照射在由两块玻璃板(一端刚好接触成为劈棱)构成的空气劈尖上,劈尖角 $\theta = 2 \times 10^{-4}$ rad,如果劈尖内充满折射率为 $n = 1.40$ 的液体,求从劈棱数起第五个明条纹在冲入液体前后移动的距离。

15.15 用波长为 λ_1 的单色光照射空气劈尖,从反射光干涉条纹中观察到劈尖装置的点 A 处是暗条纹。若连续改变入射光波长,直到波长变为 $\lambda_2 (\lambda_2 > \lambda_1)$ 时,点 A 再次变为暗条纹。求点 A 的空气薄膜厚度。

15.16 用波长为 500 nm 的单色光垂直照射到由两块光学平玻璃构成的空气劈尖上。在观察反射光的干涉现象中,距劈尖棱边 $l = 1.56$ cm 的 A 处是从棱边算起的第四条暗条纹中心。

(1) 求此空气劈尖的劈尖角 θ;

(2) 改用 600 nm 的单色光垂直照射到此劈尖上仍观察反射光的干涉条纹,A 处是明条纹还是暗条纹?

(3) 第(2)问的情形从棱边到 A 处的范围内共有几条明纹? 几条暗纹?

15.17 如图所示,牛顿环装置的平凸透镜与平板玻璃有一小缝隙 e_0。现用波长为 λ

的单色光垂直照射,已知平凸透镜的曲率半径为 R,求反射光形成的牛顿环的各暗环半径。

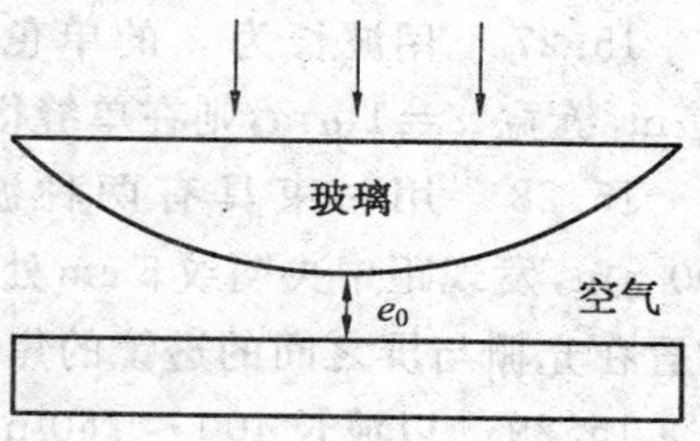

15.18　波长为 600 nm 的单色平行光,垂直入射到缝宽为 $a = 0.60$ mm 的单缝上,缝后有一焦距 $f = 60$ cm 的透镜,在透镜焦平面上观察衍射图样。则:中央明纹的宽度为＿＿＿＿＿＿,两个第三级暗纹之间的距离为＿＿＿＿＿＿。（1 nm $= 10^{-9}$ m）

题 15.17 图

15.19　在单缝的夫琅禾费衍射实验中,屏上第三级暗纹对应的单缝处波面可划分为＿＿＿＿＿个半波带,若将缝宽缩小一半,原来第三级暗纹处将是＿＿＿＿＿纹。

15.20　平行单色光垂直入射到单缝上,观察夫琅禾费衍射。若屏上点 P 处为第二级暗纹,则单缝处波面相应地可划分为＿＿＿＿＿个半波带。若将单缝宽度缩小一半,点 P 将是＿＿＿＿＿级＿＿＿＿＿纹。

15.21　单缝夫琅禾费衍射实验装置如图所示,L 为透镜,E 为屏幕;当把单缝 S 稍微上移时,衍射图样将（　　　）

（A）向上平移

（B）向下平移

（C）不动

（D）消失

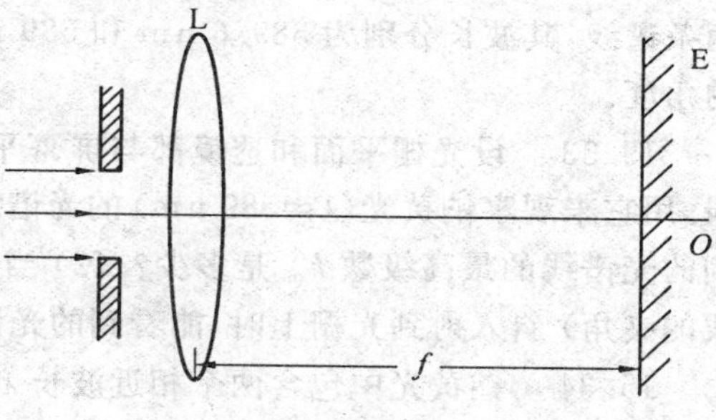

15.22　在单缝夫琅禾费衍射实验中,缝宽 $a = 0.10$ mm,平行光垂直入射在单缝上,波长 $\lambda = 500$ nm,会聚透镜焦距 $f = 1.0$ m。求中央亮纹旁的第一个亮纹的宽度 Δx_1。

题 15.21 图

15.23　(1) 在单缝夫琅禾费衍射实验中,垂直入射的光有两种波长,$\lambda_1 = 400$ nm,$\lambda_2 = 760$ nm。已知单缝宽度 $a = 1.0 \times 10^{-3}$ cm,透镜焦距 $f = 50$ cm。求:两种光第一级衍射明纹中心之间的距离。

(2) 若用光栅常数 $d = 1.0 \times 10^{-3}$ cm 的光栅替换单缝,其他条件和上一问相同,求两种光第一级主极大之间的距离。

15.24　一衍射光栅对某一定波长的垂直入射光,在屏幕上只能出现零级和一级主极大,欲使屏幕上出现更高级次的主极大,应该（　　　）

（A）换一个光栅常数较小的光栅　　　（B）换一个光栅常数较大的光栅

（C）将光栅向靠近屏幕的方向移动　　　（D）将光栅向远离屏幕的方向移动

15.25　某元素的特征光谱线中含有波长分别 $\lambda_1 = 450$ nm 和 $\lambda_2 = 750$ nm 的光谱线。在光栅光谱中,这两种波长的谱线有重叠现象,重叠处 λ_2 的谱线的级数将是（　　　）

（A）2,3,4,5,…　　　　　　　　　　（B）2,5,8,11,…

（C）2,4,6,8,…　　　　　　　　　　（D）3,6,9,12,…

15.26　一束单色光垂直入射在光栅上,衍射光谱中共出现 5 条明纹。若已知此光栅缝宽度与不透明部分宽度相等,那么在中央明纹一侧的两条明纹分别是第＿＿＿＿＿级和第＿＿＿＿＿级谱线。

15.27　用波长为 λ 的单色平行光垂直入射在一块多缝光栅上,其光栅常数 $d=3\ \mu m$,缝宽 $a=1\ \mu m$,则在单缝衍射的中央明条纹中共有_____条谱线(主极大)。

15.28　用一束具有两种波长的平行光垂直入射在光栅上,$\lambda_1=600\ nm$,$\lambda_2=400\ nm$,发现距中央明纹 5 cm 处 λ_1 光的第 k 级主极大和 λ_2 光的第 $k+1$ 级主极大相重合,放置在光栅与屏之间的透镜的焦距 $f=50$ cm,试问:(1)上述 $k=$?(2)光栅常数 $d=$?

15.29　以波长 $400\sim760$ nm 的白光垂直照射在光栅上,在它的衍射光谱中,第二级和第三级发生重叠,问第二级光谱被重叠的波长范围是多少?

15.30　一衍射光栅,每厘米有 200 条透光缝,每条透光缝宽为 $a=2\times10^{-3}$ cm,在光栅后方一焦距 $f=1$ m 的凸透镜,现以 $\lambda=600$ nm 的单色平行光垂直照射光栅,求:(1)透光缝 a 的单缝衍射中央明条纹宽度为多少?(2)在该宽度内,有几个光栅衍射主极大?

15.31　用钠光($\lambda_1=589.3$ nm)垂直照射在某光栅上,测得第三级光谱的衍射角为 $60°$。(1)若换用另一光源测得第二级光源的衍射角为 $30°$,求后一光源发光的波长;(2)若以白光($400\sim760$ nm)照射在该光栅上,求第二级光谱的张角。

15.32　一块每毫米 500 条缝的光栅,用钠黄光正入射,观察衍射光谱。钠黄光包含两条谱线,其波长分别为 589.6 nm 和 589 nm。求在第二级光谱中这两条谱线互相分离的角度。

15.33　设光栅平面和透镜都与屏幕平行,在平面透射光栅上每厘米有 5 000 条刻线,用它来观察钠黄光($\lambda=589$ nm)的光谱线。问:(1)当光线垂直入射到光栅上时,能看到的光谱线的最高级数 k_m 是多少?(2)当光线以 $30°$ 的入射角(入射线与光栅平面的法线的夹角)斜入射到光栅上时,能看到的光谱线的最高级数 k'_m 是多少?

15.34　钠黄光中包含两个相近波长 $\lambda_1=589.0$ nm 和 $\lambda_2=589.6$ nm。用平行的钠黄光垂直入射在每毫米有 600 条缝的光栅上,会聚透镜的焦距 $f=1.00$ m。求在屏幕上形成的第 2 级光谱中上述两波长 1 和 2 的光谱之间的间隔 Δl。

15.35　设汽车前灯光波长按 $\lambda=550$ nm 计算,两车灯的距离 $d=1.22$ m,在夜间人眼的瞳孔直径为 $D=5$ mm,试根据瑞利判据计算人眼刚能分辨上述两只车灯时,人与汽车的距离 L。

15.36　一束光是自然光和线偏振光的混合光,让它垂直通过一偏振片。若以此入射光束为轴旋转偏振片,测得透射光强度最大值是最小值的 5 倍,那么入射光束中自然光与线偏振光的光强比值为(　　　)

(A) $\dfrac{1}{2}$　　　(B) $\dfrac{1}{5}$　　　(C) $\dfrac{1}{3}$　　　(D) $\dfrac{2}{3}$

15.37　一束光强为 I_0 的自然光,相继通过偏振片 P_1,P_2,P_3 后,出射光的强度 $I=\dfrac{I_0}{8}$。已知 P_1 和 P_3 的偏振化方向相互垂直,若以入射光为轴,旋转 P_2,要使出射光的光强为零,P_2 最少要转过的角度是(　　　)

(A)$30°$　　　(B)$45°$　　　(C)$60°$　　　(D)$90°$

15.38　一束光强为 I_0 的自然光垂直穿过两个偏振片,且此两偏振片的偏振化方向成 $45°$ 角,若不考虑偏振片的反射和吸收,则穿过两个偏振片后光强 I 为(　　　)

(A) $\dfrac{\sqrt{2}}{4}I_0$　　(B) $\dfrac{I_0}{4}$　　(C) $\dfrac{I_0}{2}$　　(D) $\dfrac{\sqrt{2}}{2}I_0$

15.39　三个偏振片 P_1,P_2 与 P_3 堆叠在一起,P_1 与 P_3 的偏振化方向互相垂直,P_2 与 P_1 的偏振化方向间的夹角为 $30°$。强度为 I_0 的自然光垂直入射于偏振片 P_1,并依次透过偏振片 P_1,P_2 与 P_3,则通过三个偏振片后的光强为(　　　)

(A) $\dfrac{I_0}{4}$　　(B) $\dfrac{3}{8}I_0$　　(C) $\dfrac{3}{32}I_0$　　(D) $\dfrac{I_0}{16}$

15.40　如图所示,P_1,P_2 为偏振化方向夹角为 α 的两个偏振片。光强为 I_0 的平行自然光垂直入射到 P_1 表面上,则通过 P_2 的光强 $I=$ _____。若在 P_1,P_2 之间插入第三个偏振片 P_3,则通过 P_2 的光强发生了变化。实验发现,以光线为轴旋转 P_2,使其偏振化方向旋转一角度 θ 后,发生消光现象,从而可以推算出 P_3 的偏振化方向与 P_1 的偏振化方向之间的夹角 $\alpha'=$ _____。(假设题中所涉及的角均为锐角,且设 $\alpha'<\alpha$)

15.41　有一平面玻璃板放在水中,板面与水面夹角为 θ(如图)。设水和玻璃的折射率分别为 1.333 和 1.517。欲使图中水面和玻璃板面的反射光都是完全偏振光,θ 角应是多大?

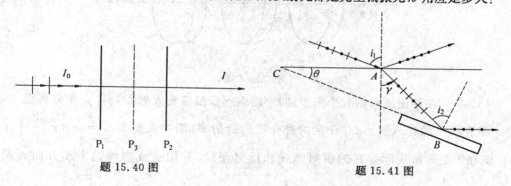

题 15.40 图　　　　　　　　　　　　题 15.41 图

15.42　有三个偏振片叠在一起。已知第一个偏振片与第三个偏振片的偏振化方向相互垂直。一束光强为 I_0 的自然光垂直入射在偏振片上,通过三个偏振片后的光强为 $\dfrac{1}{16}I_0$。求第二个偏振片与第一个偏振片的偏振化方向之间的夹角。

15.43　由强度为 I_a 的自然光和强度为 I_b 的线偏振光混合而成的一束入射光垂直入射在一偏振片上,当以入射光方向为转轴旋转偏振片时,出射光将出现最大值和最小值,其比值为 n,试求出 $\dfrac{I_a}{I_b}$ 与 n 的关系。

15.44　一束自然光由空气入射到某种不透明介质的表面上。今测得此不透明介质的起偏角为 $56°$,求这种介质的折射率。若把此种介质片放入水(折射率为 1.33)中,使自然光束自水中入射到该介质片表面上,求此时的起偏角。

15.45 如图安排的三种透光媒质 Ⅰ,Ⅱ,Ⅲ, 其折射率分别为 $n_1=1.33,n_2=1.50,n_3=1.0$。两个交界面相互平行。一束自然光自媒质 Ⅰ 中入射到 Ⅰ 与 Ⅱ 的交界面上,若反射光为线偏振光,求:(1) 求入射角 i;(2) 媒质 Ⅱ,Ⅲ 界面上的反射光是不是线偏振光? 为什么?

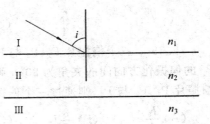

题 15.45 图

15.46 有三个偏振片堆叠在一起,第一块与第三块的偏振化方向相互垂直,第二块和第一块的偏振化方向相互平行,然后第二块偏振片以恒定角速度 ω 绕光传播的方向旋转,如图所示。设入射自然光的光强为 I_0。试证明:此自然光通过这一系统后,出射光的光强为 $I=\dfrac{I_0}{16}(1-\cos 4\omega t)$。

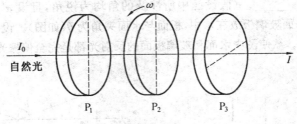

题 15.46 图

15.47 在如图所示的五个图中,四个图表示线偏振光入射于两种介质分界面上,最后一图表示自然光入射。n_1,n_2 为两种介质的折射率,图中入射角 $i_0=\arctan\left(\dfrac{n_2}{n_1}\right)$,$i\neq i_0$。试在图上画出实际存在的折射光线和反射光线,并用点或短线把振动方向表示出来。

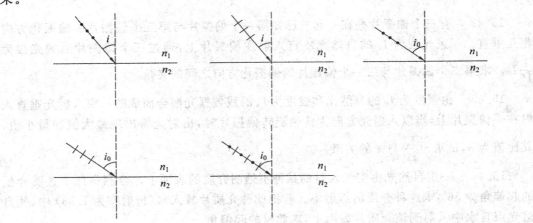

题 15.47 图

15.48 水银灯发出的波长为 546 nm 的绿色平行光垂直入射于宽 0.437 mm 的单缝,缝后放一焦距为 40 cm 的透镜,试求在透镜焦面上出现的衍射条纹中中央明纹的宽度。

15.49　简要回答怎样区分双缝干涉和双缝衍射？

15.50　一双缝干涉装置,在空气中观察时干涉条纹间距为 1.00 mm。若整个装置放在水中,干涉条纹的间距将为＿＿＿＿＿ mm。（设水的折射率为 4/3）

15.51　在空气中有一劈尖形透明物,其劈尖角 $\theta=1.0\times10^{-4}$ rad,在波长 $\lambda=700$ nm 的单色光垂直照射下,测得两相邻干涉明条纹间距 $l=0.25$ cm,此透明材料的折射率 $n=$ ＿＿＿＿＿。

15.52　一个平凸透镜的顶点和一个平板玻璃接触,用单色光垂直照射,观察反射光形成的牛顿环,测得第 k 级暗环半径为 r_1。现将透镜和玻璃板之间的空气换成某种液体（其折射率小于玻璃的折射率）,第 k 级暗环的半径变为 r_2,由此可知该液体的折射率为 ＿＿＿＿＿。

15.53　若在麦克尔逊干涉仪的可动反射镜 M 移动 0.620 mm 的过程中,观察到干涉条纹移动了 2 300 条,则所用光波的波长为＿＿＿＿＿ nm。

15.54　光强均为 I_0 的两束相干光相遇而发生干涉时,在相遇区域内有可能出现的最大光强是＿＿＿＿＿。

15.55　为了获得相干光,双缝干涉采用＿＿＿＿＿方法,劈尖干涉采用＿＿＿＿＿方法。

15.56　劳埃德镜实验中,光屏中央为＿＿＿＿＿条纹,这是因为产生＿＿＿＿＿。

15.57　光栅衍射可以看成是＿＿＿＿＿的综合效果。

五、习题答案

15.1　(D)

15.2　(B)

15.3　$\dfrac{2\pi(n-1)e}{\lambda}$,$4\times10^3$ nm

15.4　3λ,1.33

15.5　400 nm,444.4 nm,500 nm,571.4 nm,666.7 nm

15.6　0.72 mm,3.6 mm

15.7　(C)

15.8　(D)

15.9　(C)

15.10　(B)

15.11　$\dfrac{2d}{\lambda}$

15.12　$\dfrac{9\lambda}{(4n_2)}$

15.13　4.0×10^{-4} rad

15.14　1.61 mm

15.15　$\dfrac{\lambda_1\lambda_2}{2(\lambda_2-\lambda_1)}$

15.16　(1)4.8×10^{-5}rad　(2)明纹　(3)3条明纹,3条暗纹

15.17　$\sqrt{R(k\lambda-2e_0)}$（k为整数,且$k>\dfrac{2e_0}{\lambda}$）

15.18　1.2 mm,3.6 mm

15.19　6,第一级明

15.20　4,第一,暗

15.21　(C)

15.22　5.00 mm

15.23　(1)27 mm　(2)18 mm

15.24　(B)

15.25　(D)

15.26　一,三

15.27　5

15.28　(1)2　(2)1.2×10^{-3}cm

15.29　$600\sim760$ nm

15.30　(1)0.06 m　(2)$k'=0,\pm1,\pm2$,5个主极大

15.31　(1)510.3 nm　(2)25°

15.32　0.043°

15.33　(1)3　(2)5

15.34　2.04 mm

15.35　9.09 km

15.36　(A)

15.37　(B)

15.38　(B)

15.39　(C)

15.40　$\dfrac{I_0}{2}\cos^2\alpha,\alpha+\theta-\dfrac{\pi}{2}$

15.41　11.8°

15.42　22.5°

15.43　$\dfrac{I_a}{I_b}=\dfrac{2}{n-1}$

15.44　1.48,48.03°

15.45　(1)48.44°　(2)不是

15.46　略

15.47　略

15.48　1.0 mm

15.49　略

15.50　0.75

15.51　1.40

15.52　r_1^2/r_2^2

15.53　539.1

15.54　$4I_0$

15.55　分波面,分振幅

15.56　暗,半波损失

15.57　单缝衍射与多缝干涉

第*16*章

相 对 论

一、基本要求

1. 了解爱因斯坦狭义相对论的两条基本原理及洛伦兹变换式。

2. 理解狭义相对论中同时性的相对性,长度收缩和时间延缓的概念。了解牛顿力学的时空观和狭义相对论的时空观以及二者的差异。

3. 理解狭义相对论中质量、动量与速度的关系,以及质量与能量的关系。

二、基本概念及规律

1. 狭义相对论的两条基本原则

(1) 相对性原理:物理定律在所有惯性系中都具有相同的表达形式,即所有的惯性参考系都是等价的。它是力学相对性原理的推广。

(2) 光速不变原理:对一切惯性系,真空中的光速 c 是一个恒量,与观察者及光源的运动状态无关。

2. 洛伦兹变换式

(1) 同一事件在 S 系及 S' 系间的坐标变换

$$
\begin{cases}
x' = \gamma(x - vt) \\
y' = y \\
z' = z \\
t' = \gamma\left(t - \dfrac{v}{c^2}x\right)
\end{cases}
\qquad
\begin{cases}
x = \gamma(x' + vt') \\
y = y' \\
z = z' \\
t = \gamma\left(t' + \dfrac{v}{c^2}x'\right)
\end{cases}
$$

式中

$$
\gamma = \frac{1}{\sqrt{1 - \dfrac{v^2}{c^2}}}
$$

(2) 前后两件事在 S 系及 S' 系间的时空间隔变换

$$
\begin{cases}
\Delta x' = \gamma(\Delta x - v\Delta t) \\
\Delta y' = \Delta y \\
\Delta z' = \Delta z \\
\Delta t' = \gamma\left(\Delta t - \dfrac{v}{c^2}\Delta x\right)
\end{cases}
\qquad
\begin{cases}
\Delta x = \gamma(\Delta x' + v\Delta t') \\
\Delta y = \Delta y' \\
\Delta z = \Delta z' \\
\Delta t = \gamma\left(\Delta t' + \dfrac{v}{c^2}\Delta x'\right)
\end{cases}
$$

3.狭义相对论的时空观

(1) 同时性的相对性:两事件在 S' 系中同时异地发生(即 $\Delta t'=0$ 而 $\Delta x' \neq 0$),则在 S 系中的观察者认为必定不同时(即 $\Delta t \neq 0$)发生;反之亦然。这就是同时性的相对性。由洛伦兹变换可得: $\Delta t = \gamma \dfrac{v \Delta x'}{c^2} \neq 0$ 或 $\Delta t' = -\gamma \dfrac{v \Delta x}{c^2} \neq 0$。由上式知 Δt 与相对速度 v 和 $\Delta x'$ 有关($\Delta t'$ 与相对速度 v 和 Δx 有关)。

(2) 长度的收缩:设有一棒,相对棒静止的观察者测得棒长为 l_0, l_0 称为固有长度,而相对棒以速度 u 沿着棒长方向运动的观察者测得棒长为 l, l 与 l_0 的关系为 $l = l_0 \sqrt{1 - \dfrac{v^2}{c^2}}$, $l < l_0$,所以固有长度最长,而运动的棒沿运动方向的长度收缩了。

(3) 时间的延缓(时间膨胀):某一惯性系中,同一地点先后发生的两个事件之间的时间间隔为固有时(又称本征时),它是由静止于此惯性系中该地点的一只钟测出的。固有时最短。或说运动的钟变慢 $\tau = \dfrac{\tau_0}{\sqrt{1 - \dfrac{v^2}{c^2}}}$,式中 τ_0 为固有时, τ 为另一相对运动的惯性系用两只钟测得的时间间隔。

4.质量和速度的关系

$m = \gamma m_0$,式中 m_0 是静质量, m 是动质量。该式表明物体运动得越快,质量越大,惯性也越大。

5.质能关系式
$$E = mc^2 = \gamma m_0 c^2$$
当物体的速度等于零时,静能量为 $E_0 = m_0 c^2$

物体的动能为 $E_k = E - E_0 = (\gamma - 1) m_0 c^2$

6.动量与能量的关系
$$E^2 = E_0^2 + P^2 c^2$$
式中 $P = \gamma m_0 v$ 称为相对论动量。上式表明,任何形式的能量必具有质量和动量。作为能量粒子的光子,其动量 $P = \dfrac{E}{c}$,其质量 $m = \dfrac{E}{c^2}$,静质量 $m_0 = 0$。

三、解题指导

例 16.1　设 S' 系以速率 $v = 0.6c$ 相对于 S 系沿 xx' 轴运动,且在 $t = t' = 0$ 时, $x = x' = 0$。

(1) 若有一事件,在 S 系中发生于 $t = 2.0 \times 10^{-7}\,\text{s}$, $x = 50\,\text{m}$ 处,则该事件在 S' 系中发生于何时刻?

(2) 如果另一事件发生于 S 系中 $t = 3.0 \times 10^{-7}\,\text{s}$, $x = 10\,\text{m}$ 处,在 S' 系中测得这两个事件的时间间隔为多少?

解　(1) 一事件在 S 系发生: $t = 2.0 \times 10^{-7}\,\text{s}$, $x = 50\,\text{m}$

由 $v = 0.6c$ 得 $\gamma = \dfrac{1}{\sqrt{1 - \dfrac{v^2}{c^2}}} = \dfrac{5}{4}$

根据洛伦兹变换得：

在 S' 系中：$t' = \gamma\left(t - \dfrac{vx}{c^2}\right) = \dfrac{5}{4} \times \left(2 \times 10^{-7} - \dfrac{0.6c \times 50}{c^2}\right) = 1.25 \times 10^{-7}\,s$

(2) 另一事件在 S 系发生：$t = 3.0 \times 10^{-7}\,s$，$x = 10\,m$

则可知两事件在 S 系中：$\Delta t = t_2 - t_1 = 1 \times 10^{-7}\,s$，$\Delta x = x_2 - x_1 = -40\,m$

由洛伦兹变换得

$$S' \text{ 系}: \Delta t' = \gamma\left(\Delta t - \dfrac{v\Delta x}{c^2}\right) = \dfrac{5}{4} \times \left(1 \times 10^{-7} + \dfrac{0.6c \times 40}{c^2}\right) = 2.25 \times 10^{-7}\,s$$

例 16.2 一列火车长 $0.30\,km$（火车上的观察者测得），以 $100\,km \cdot h^{-1}$ 的速度行驶，地面上观察者发现有两个闪电同时击中火车前后两端。问火车上的观察者测得两闪电击中火车前后两端的时间间隔为多少？

解 设以地面为 S 系，火车为 S' 系，$v = 100\,km \cdot h^{-1} = 27.78\,m \cdot s^{-1}$

S 系中：$\Delta t = 0\,s$（同时发生）

S' 系中：$x' = 0.30\,km$ 为固有长度

因此在 S 系中观测，满足长度收缩公式 $\Delta x = \dfrac{1}{\gamma}\Delta x'$

由洛伦兹变换得：S' 系中，$\Delta t' = \gamma\left(\Delta t - \dfrac{v\Delta x}{c^2}\right) = -\dfrac{v\Delta x'}{c^2} = -9.26 \times 10^{-14}\,s$

例 16.3 在惯性系 S 中，某事件 A 发生于 x_1 处 $2.0 \times 10^{-6}\,s$ 后，另一事件 B 发生于 x_2 处，已知 $x_2 - x_1 = 300\,m$。问：

(1) 能否找到一个相对 S 系做匀速直线运动的参考系，在 S' 系中，两事件发生于同一地点？

(2) 在 S' 系中，上述两事件之间的时间间隔为多少？

解 S 系中 $\Delta x = x_2 - x_1 = 300\,m$，$\Delta t = 2.0 \times 10^{-6}\,s$

S' 系中：$\Delta x' = 0\,m$（同一地点）

(1) 由洛伦兹变换得 $\Delta x' = \gamma(\Delta x - v\Delta t) = 0\,m$

因此 $v = \dfrac{\Delta x}{\Delta t} = 1.5 \times 10^8\,m \cdot s^{-1} = 0.5c$

(2) 由 $v = 0.5c$，可知 $\gamma = \dfrac{1}{\sqrt{1 - \dfrac{v^2}{c^2}}} = \dfrac{2}{3}\sqrt{3}$，由洛伦兹变换得

$$\Delta t' = \gamma\left(\Delta t - \dfrac{v\Delta x}{c^2}\right) = \dfrac{2}{3}\sqrt{3} \times \left(2 \times 10^{-6} - \dfrac{0.5c \times 300}{c^2}\right) = 1.73 \times 10^{-6}\,s$$

例 16.4 设在宇宙飞船中的观察者测得脱离他而去的航天器相对他的速度为 $1.2 \times 10^8\,m \cdot s^{-1}\,i$。同时，航天器发射一枚空间火箭，航天器中的观察者测得此火箭相对他的速度为 $1.0 \times 10^8\,m \cdot s^{-1}\,i$。问：

(1) 此火箭相对宇宙飞船的速度为多少？

(2) 如果以激光光束来替代空间火箭，此激光光束相对宇宙飞船的速度又为多少？

请将上述结果与伽利略变换所得结果相比较，并理解光速是物体速度的极限。

解 设以宇宙飞船为 S 系，航天器为 S' 系，$v = 1.2 \times 10^8\,m \cdot s^{-1}$

S' 系 $:u'_x = 1.0 \times 10^8$ m $\cdot$ s^{-1}（火箭）

由洛伦兹速度变换公式得　　$u'_x = \dfrac{u'_x + v}{1 + \dfrac{u'_x v}{c^2}} = 1.94 \times 10^8$ m $\cdot$ s^{-1}

用激光束代替 $u'_x = c$

由洛伦兹速度变换得　　$u'_x = \dfrac{u'_x + v}{1 + \dfrac{u'_x v}{c^2}} = \dfrac{c + v}{1 + \dfrac{v}{c}} = c$

符合光速不变原理，c 是物体运动的极限速度。

如果按伽利略变换 $u_x = u'_x + v = c + v$，$u_x > c$，与光速不变原理相矛盾。

例 16.5　设想地球上有一观察者测得一宇宙飞船以 $0.6c$ 的速率向东飞行，5.0 s 后该飞船将与一个以 $0.8c$ 的速率向西飞行的彗星相碰撞。试问：

(1) 飞船中的人测得彗星将以多大的速率向它运动？

(2) 从飞船中的钟来看，还有多少时间容许它离开航线，以避免和彗星相撞？

解　选地球为 S 系，飞船为 S' 系，$v = 0.6c$（向东为正方向）

S 系中 $:u_x = -0.8c$（彗星），$\Delta t = 5.0$ s

(1) 由洛伦兹速度变换公式

$$u'_x = \frac{u_x - v}{1 - \dfrac{u_x v}{c^2}} = \frac{-0.8c - 0.6v}{1 + \dfrac{0.8c \times 0.6c}{c^2}} = -0.946c$$

(2) S' 系中 $:\Delta x' = 0$，$\Delta t'$ 为固有时间

S 系中 $:\Delta t$ 应满足时间膨胀公式 $\Delta t = \gamma \Delta t'$，又 $\gamma = \dfrac{1}{\sqrt{1 - \dfrac{v^2}{c^2}}} = \dfrac{5}{4}$，$\Delta t' = \dfrac{1}{\gamma} \Delta t = 4.0$ s

例 16.6　在惯性系 S 中观察到有两个事件发生在同一地点，其时间间隔为 4.0 s，从另一惯性系 S' 中观察到这两个事件的时间间隔为 6.0 s，试问从 S' 系测量到两个事件的空间间隔是多少？设 S' 系以恒定速率相对 S 系沿 xx' 轴运动。

解　S 系中 $:\Delta x = 0$，$\Delta t = 4.0$ s

S' 系中 $:\Delta t' = 6.0$ s

设 S' 系相对 S 系以恒定速率 v 运动，则

S' 系中：由时间膨胀公式 $\Delta t' = \gamma \Delta t$，得 $r = \dfrac{3}{2}$，即 $v = \dfrac{\sqrt{5}}{3} c$

由洛伦兹速度变换得

$$\Delta x' = r(\Delta x - v \Delta t) = \frac{3}{2} \times (0 - \frac{\sqrt{5}}{3} c \times 4.0) =$$

$$-1.34 \times 10^9 \text{ m}$$

因此空间间隔为 1.34×10^9 m。

例 16.7　在惯性系 S 中，有两个事件同时发生在 xx' 轴上相距为 1.0×10^3 m 的两处，从惯性系 S' 观测到这两个事件相距为 2.0×10^3 m，试问在 S' 系测得此两事件的时间间隔为多少？

解 S 系中：$\Delta x = 1.0 \times 10^3 \, \text{m}$，$\Delta t = 0 \, \text{s}$（同时发生）

S' 系中：$\Delta x' = 2.0 \times 10^3 \, \text{m}$ 为固有长度

由长度收缩公式 $\Delta x = \dfrac{\Delta x'}{\gamma}$ 可得 $\gamma = 2$

又 $\gamma = \dfrac{1}{\sqrt{1 - \dfrac{v^2}{c^2}}}$，可得 $v = \dfrac{\sqrt{3}}{2} c$

由洛伦兹变换得

S' 系中：$\Delta t' = \gamma \left(\Delta t - \dfrac{v \Delta x}{c^2} \right) = 2 \times \left[0 - \dfrac{\dfrac{\sqrt{3}}{2} c \times 1.0 \times 10^3}{c^2} \right] = -5.77 \times 10^{-6} \, \text{s}$

因此，在 S' 系测得的时间间隔为 $5.77 \times 10^{-6} \, \text{s}$。

例 16.8 半人马星座 α 星是离太阳系最近的恒星，它距地球 $4.3 \times 10^{16} \, \text{m}$。设有一宇宙飞船自地球往返于半人马座 α 星之间。若宇宙飞船的速率为 $0.999c$，按地球上时钟计算，飞船往返一次需要多少时间？ 如以飞船上时钟计算，往返一次的时间又为多少？

解 选取地球为 S 系，飞船为 S' 系，$v = 0.999c$

S 系中 $\Delta x = 4.3 \times 10^{16} \, \text{m}$

$$\Delta t = \frac{2\Delta x}{v} = \frac{2 \times 4.3 \times 10^{16}}{0.999c \times 3\,600 \times 24 \times 365} = 9 \text{ 年}$$

S' 系中 $\Delta t'$ 为固有时间，由时间膨胀公式 $\Delta t = \gamma \Delta t'$ 得

$$\Delta t' = \frac{\Delta t}{\gamma} = 9 \times \sqrt{1 - 0.999^2} = 0.40 \text{ 年（或用长度收缩计算）}$$

例 16.9 若一电子的总能量为 $5.0 \, \text{MeV}$，求该电子的静能、动能、动量和速率。

解 电子总能 $E = 5.0 \, \text{MeV}$

由 $E_0 = m_0 c^2 = 9.1 \times 10^{-31} \times 9 \times 10^{16} / (1.6 \times 10^{-19} \times 10^6) = 0.512 \, (\text{MeV})$

$$E_k = E - E_0 = 4.489 \, \text{MeV}$$

可得 $P = \sqrt{\dfrac{E^2 - E_0^2}{c^2}} = 2.66 \times 10^{-21} \, \text{kg} \cdot \text{m} \cdot \text{s}^{-1}$

又因为 $E = mc^2 = \gamma m_0 c^2 = \gamma E_0$，$P = \gamma m_0 v$

因此 $v = P/(\gamma m_0) = 0.995c$

例 16.10 在电子的湮灭过程中，一个电子和一个正电子相碰撞而消失，并产生电磁辐射。假设正负电子在湮灭前均静止，由此估算辐射的总能量 E。

解 一个电子和一个正电子碰撞前静止，由能量守恒

$$m_0 c^2 + m_0 c^2 = E$$

所以 $E = 2m_0 c^2 = 2 \times 9.1 \times 10^{-31} \times 9 \times 10^{16} / (1.6 \times 10^{-19} \times 10^6) = 1.02 \, (\text{MeV})$

例 16.11 如果将电子由静止加速到速率为 $0.10c$，需对它做多少功？ 如将电子由速率为 $0.80c$ 加速到 $0.90c$，又需对它做多少功？

解 电子静止能量 $E_0 = m_0 c^2 = 0.512 \, \text{MeV}$

电子以 $v = 0.10c$ 速率运动具有的能量 $E = mc^2 = \gamma m_0 c^2$

$$A = E - E_0 = (\gamma - 1) m_0 c^2 = \left(\frac{1}{\sqrt{1 - 0.1^2}} - 1 \right) \times 0.512 \times 10^6 = 2.58 \times 10^3 (\text{eV})$$

电子以 $v_1 = 0.8c$ 运动：$E_1 = m_1 c^2 = \gamma_1 m_0 c^2$

电子以 $v_2 = 0.9c$ 运动：$E_2 = m_2 c^2 = \gamma_2 m_0 c^2$

$$A = E_2 - E_1 = (\gamma_2 - \gamma_1) m_0 c^2 = \left(\frac{1}{\sqrt{1 - 0.9^2}} - \frac{1}{\sqrt{1 - 0.8^2}} \right) \times 0.512 \times 10^6 (\text{J})$$

$$A = 3.21 \times 10^5 \text{ eV}$$

例 16.12　在 S 系中记录到两事件空间间隔 $\Delta x = 600$ m，时间间隔 $\Delta t = 8 \times 10^{-7}$ s，而在 S' 系中记录 $\Delta t' = 0$，求 S' 系相对 S 系的速度。

解　设相对速度为 v，在 S 系中记录到两事件的时空坐标分别为 (x_1, t_1)，(x_2, t_2)；S' 系中记录到两事件的时空坐标分别为 (x'_1, t'_1) 及 (x'_2, t'_2)。

由洛伦兹变换得：$t' = \gamma \left(t - \frac{v}{c^2} x \right)$，得

$$\Delta t' = t'_2 - t'_1 = \gamma \left[(t_2 - t_1) - \frac{v}{c^2} (x_2 - x_1) \right] = \gamma \left(\Delta t - \frac{v}{c^2} \Delta x \right)$$

根据题意得 $\Delta t' = 0$，$\Delta x = 600$ m，$\Delta t = 8 \times 10^{-1}$ s

$$0 = \gamma \left(\Delta t - \frac{v}{c^2} \Delta x \right) \Rightarrow v = \frac{c^2}{\Delta x} \Delta t = 1.2 \times 10^8 \text{ m} \cdot \text{s}^{-1} = 0.4c$$

例 16.13　一火箭的固有长度 L，相对于地面做匀速直线运动的速度为 v_1，火箭上有一个人从火箭的后端向火箭前端的一个靶子发射一颗相对于火箭的速度为 v_2 的子弹，问在火箭上测得子弹从射出到击中靶子的时间间隔是多少？

解　由题意火箭上发射的子弹从发射到击中靶子所前进的距离为火箭的固有长度 L，于是子弹前进 L 距离所需时间就是所求的时间间隔，即

$$\Delta t = \frac{L}{v_2}$$

例 16.14　一个以 $0.8c$ 速度运动的粒子，飞行了 3 m 后衰变，该粒子存在了多长时间？从与该粒子一起运动的组系中来测量，这个粒子衰变前存在了多长时间？

解　设与粒子一起运动的坐标系为 S' 系，S' 系相对于 S 系运动速度为 $0.8c$。

由题意知，该粒子存在的时间 Δt(在 S 系中测量)就是该粒子在 S 系中飞行 3 m 所需的时间。即

$$\Delta t = \frac{3}{0.8c} = 1.25 \times 10^{-8} \text{ s}$$

如果在 S' 系中来测量，则粒子衰变前存在的时间 $\Delta t'$(固有时间)为

$$\Delta t' = \Delta t \sqrt{1 - \left(\frac{v}{c} \right)^2} = 7.5 \times 10^{-9} \text{ s}$$

例 16.15　在 6 000 m 的高层大气中产生了一个具有 2×10^{-6} s 平均寿命的 μ 介子，该介子以 $0.998c$ 的速度向地球运动，它衰变前能否到达地面？

解　考虑相对论效应，以地球为参考系，μ 介子的平均寿命：

$$t = \frac{t_0}{\sqrt{1 - \left(\frac{v}{c}\right)^2}} = 31.6 \times 10^{-6}\,\mathrm{s}$$

其中 $\qquad t_0 = 2 \times 10^{-6}\,\mathrm{s}, \quad v = 0.998c$

则 μ 介子的平均飞行距离为：$L = vt = 9.46\ \mathrm{km}$，所以 μ 介子的飞行距离大于其高度 (60 000 m)，它衰变以前能到达地面。

例 16.16 在惯性系 S 中，有两事件发生于同一地点且第二事件比第一事件晚发生 $\Delta t = 2\ \mathrm{s}$；而在另一惯性系 S' 中，观测第二事件比第一事件晚发生 $\Delta t' = 3\ \mathrm{s}$。那么在 S' 系中发生两事件的地点之间的距离是多少？

解 令 S' 系与 S 系的相对速度为 v，有

$$\Delta t' = \frac{\Delta t}{\sqrt{1 - \left(\frac{v}{c}\right)^2}}$$

由此得 $\qquad v = c\sqrt{1 - \left(\frac{\Delta t}{\Delta t'}\right)^2} = 2.24 \times 10^8\,\mathrm{m \cdot s^{-1}}$

那么在 S' 系中测得两件事之间的距离为：$\Delta x' = x'_2 - x'_1$，由洛伦兹变换得

$$\Delta t = \gamma \Delta t' + \gamma \frac{v}{c^2} \Delta x'$$

由此得 $\qquad \Delta x' = \frac{(\Delta t - \gamma \Delta t')c^2}{v\gamma} = -6.70 \times 10^8\ \mathrm{m}$

其中 $\qquad \gamma = \frac{1}{\sqrt{1 - \left(\frac{v}{c}\right)^2}}$

式中负号表示 $\qquad x'_2 < x'_1$

例 16.17 一个粒子总能量为 $6 \times 10^3\,\mathrm{MeV}$，动量为 $3 \times 10^3\,\mathrm{MeV}/c$，它的静止能量是多少？

解 由相对论的动量与能量关系式：

$$E^2 = (m_0 c^2)^2 + P^2 c^2$$

得 $\qquad E_0 = m_0 c^2 = \sqrt{E^2 - (Pc)^2}$

由此得 $\qquad E_0 = m_0 c^2 = 5.20 \times 10^3\,\mathrm{MeV}$

例 16.18 一个电子从静止加速到 $0.1c$ 的速度需要做多少功？速度从 $0.9c$ 加速到 $0.99c$ 又要做多少功？

解 根据功能原理，要做的功

$$W = \Delta E$$

根据相对论能量公式 $\qquad \Delta E = m_2 c^2 - m_1 c^2$

根据相对论质量公式 $\qquad m = \frac{m_0}{\sqrt{1 - \left(\frac{v_2}{c}\right)^2}}$

（1）当 $\begin{cases} m_1 = m_0, m_2 = \dfrac{m_0}{\sqrt{1-\left(\dfrac{v_2}{c}\right)^2}} \\ v_1 = 0, v_2 = 0.1c \text{ 时} \end{cases}$

则 $\qquad W = \dfrac{m_0 c^2}{\sqrt{1-\left(\dfrac{v_2}{c}\right)^2}} - m_0 c^2 = 4.12 \times 10^{-16}\text{J} = 2.58 \times 10^{-3}\text{eV}$

（采用经典功能公式 $W = \dfrac{1}{2} m_0 v^2 - 0 = 4.10 \times 10^{-16}\text{J}$，现当 $v = 0.1c$ 时仍可近似采用经典公式计算）

（2）当 $\begin{cases} v_1 = 0.9c, v_2 = 0.99c \\ m_1 = \dfrac{m_0}{\sqrt{1-\left(\dfrac{v_1}{c}\right)^2}}, m_2 = \dfrac{m_0}{\sqrt{1-\left(\dfrac{v_2}{c}\right)^2}} \text{ 时} \end{cases}$

$$W = \dfrac{m_0 c^2}{\sqrt{1-\left(\dfrac{v_2}{c}\right)^2}} - \dfrac{m_0 c^2}{\sqrt{1-\left(\dfrac{v_1}{c}\right)^2}} = 3.93 \times 10^{-13}\text{J} = 2.46 \times 10^{6}\text{eV}$$

例 16.19 设某微观粒子的总能量是它静止能量的 k 倍，问其运动速度的大小是多少？

解 根据相对论的动量与能量关系：

$$mc^2 = km_0 c^2$$

所以 $\qquad \dfrac{m_0 c^2}{\sqrt{1-\left(\dfrac{v}{c}\right)^2}} = km_0 c^2$

所以 $\qquad v = \dfrac{c}{k}\sqrt{k^2-1}$

由此得 $\qquad v = \dfrac{c}{K}\sqrt{K^2-1}$

例 16.20 （1）在速度 v 满足什么条件下粒子的动量等于非相对论动量的两倍？
（2）v 满足什么条件的粒子的动能等于它的静止能量？

解 （1）由题意得 $\qquad \dfrac{m_0 v}{\sqrt{1-\left(\dfrac{v}{c}\right)^2}} = 2m_0 v$

由此得 $\qquad v = \dfrac{\sqrt{3}}{2}c$

（2）根据质能关系式：$E = mc^2 = m_0 c^2 + E_k$ 有

$$E_k = mc^2 - m_0 c^2$$

由题意知 $\qquad E_k = m_0 c^2$

于是 $\qquad m_0 c^2 = mc^2 - m_0 c^2$

又

$$m = \frac{m_0}{\sqrt{1-\left(\frac{v}{c}\right)^2}}$$

所以

$$2m_0 c^2 = \frac{m_0 c^2}{\sqrt{1-\left(\frac{v}{c}\right)^2}}$$

由此得

$$v = \frac{\sqrt{3}}{2}c$$

例 16.21 在参照系 S 中,有两个静止质量都是 m_0 的粒子 A 和 B,分别以速度 v 沿同一直线相向运动,相碰后合在一起成为一个粒子,求其静止质量 M_0。

解 由动量守恒定律有

$$m_A v_A - m_B v_B = Mv'$$

因为

$$m_A = m_B = m, \quad v_A = v_B = v$$

所以 $v' = 0$,合成粒子是静止的。

即 $M = M_0$(M 表示合成粒子的静止质量)

由能量守恒定律得

$$M_0 c^2 = 2\frac{m_0}{\sqrt{1-\left(\frac{v}{c}\right)^2}}c^2$$

故

$$M_0 = \frac{2m_0}{\sqrt{1-\left(\frac{v}{c}\right)^2}}$$

例 16.22 一匀质矩形薄板,在它静止时测得其长为 a,宽为 b,质量为 m_0,由此可算出其面积密度为 $\frac{m_0}{ab}$。假定该薄板沿其长度方向以接近光速的速度 v 做匀速直线运动,此时再测算该矩形薄板的面积密度则为多少?

解 当薄板以速度 v 沿其长度方向匀速直线运动时,相对于板静止的观察者测得该板的长为 $a' = a\sqrt{1-\left(\frac{v}{c}\right)^2}$,宽 $b' = b$,此时板的质量

$$m = \frac{m_0}{\sqrt{1-\left(\frac{v}{c}\right)^2}}$$

则该板的面积密度为

$$\rho = \frac{m}{a'b'} = \frac{m_0}{\sqrt{1-\left(\frac{v}{c}\right)^2}}\frac{1}{a\sqrt{1-\left(\frac{v}{c}\right)^2}}\frac{1}{b} = \frac{m_0}{ab\left[1-\left(\frac{v}{c}\right)^2\right]}$$

例 16.23 地面上 A,B 两个事件同时发生。对于坐在火箭中沿两个事件发生地点连线飞行的人来说,哪个事件先发生?

答 地面在向火箭运动,从闪光发生到两闪光相遇,线段中点向火箭方向移动了一段距离,因此闪光 B 传播的距离比闪光 A 长些,既然两个闪光的光速相同,一定是闪光 B

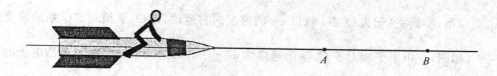

例 16.23 图

发出得早一些。

例 16.24 一列火车以速度 v 相对地面运动,如果地面上的人测得,某光源发出的闪光同时到达车厢的前壁和后壁,那么按照火车上人的测量,闪光先到达前壁还是后壁? 火车上的人怎样解释自己的结果?

答 火车上的人测得,闪光先到达前壁,由于地面上的人测得闪光同时到达前后两壁,而在光向前后两壁传播的过程中,火车要向前运动一段距离,所以光源发光的位置,一定离前壁较近,这个事实对车上、车下的人都是一样的。在车上的人看来既然发光点离前壁较近,各方向的光速又是一样的,当然闪光先到达前壁。

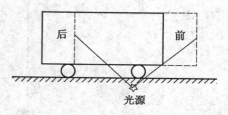

例 16.24 图

例 16.25 A,B,C 三个完全相同的时钟,A 放在地面上,B,C 分别放在两个火箭上,以 v_B 和 v_C 朝同一方向飞行,$v_B < v_C$,地面上的观察者认为哪个时钟走得最慢? 哪个走得最快?

答 地面上的观察者认为 C 钟走得最慢,因为它相对于观察者的速度最大,根据公式 $\Delta t = \dfrac{\Delta t'}{\sqrt{1-(\frac{v}{c})^2}}$ 可知,相对于观察者的速度 v 越大,其上时间进程越慢,地面钟 $v = 0$,它记录的时间间隔最大,即地面钟走得最快。

例 16.26 飞船以 $v = 9 \times 10^3 \, \mathrm{m \cdot s^{-1}} (32\ 400 \, \mathrm{km \cdot h^{-1}})$ 的速率相对地面飞行。飞船上的钟走了 5 s,问用地面上的钟测量经过了几秒?

解 $\Delta t = \dfrac{\Delta t'}{\sqrt{1-(\frac{v}{c})^2}} = \dfrac{5}{\sqrt{1-(\frac{9 \times 10^3}{3 \times 10^8})^2}} = 5.000\ 000\ 002 \,(\mathrm{s})$

例 16.27 以 $8 \, \mathrm{km \cdot s^{-1}}$ 的速度运行的人造卫星上,一只完好的手表走过了 1 min,地面上的人认为它走过这 1 min "实际"上花了多少时间?

答 $\Delta t = \dfrac{\Delta t'}{\sqrt{1-(\frac{v}{c})^2}} = \dfrac{5}{\sqrt{1-(\frac{8 \times 10^3}{3 \times 10^8})^2}} \mathrm{min} = (1 + 3.6 \times 10^{-10}) \,\mathrm{min}$

例 16.28 两个电子相向运动,每个电子对于实验室的速度都是 $\dfrac{4}{5}c$,它们的相对速度是多少? 在实验室中观测,每个电子的质量是多少? 本题和下题计算结果中的光速 c 和电子的静质量 m_e 不必代入数值。

解 设在实验室中观察,甲电子向右运动,乙电子向左运动,若以乙电子为"静止"参考系,即 O 系,实验室(记为 O' 系)就以 $\frac{4}{5}c$ 的速度向右运动,即 O' 系相对于 O 系的速度为 $v=\frac{4}{5}c$(如图)。甲电子相对于 O' 系的速度为 $u'=\frac{4}{5}c$。这样,甲电子相对于乙电子的速度就是在 O 系中观测到的甲电子的速度 u,根据相对论的速度合成公式,这个速度是

$$u=\frac{u'+v}{1+\frac{u'+v}{c^2}}=\frac{\frac{4}{5}+\frac{4}{5}}{1+\frac{4}{5}\times\frac{4}{5}}c=\frac{40}{41}c$$

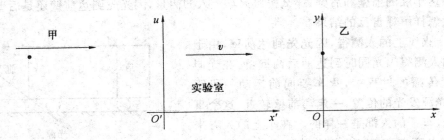

例 16.28 图

在实验室中观测,每个电子的质量是

$$m''=\frac{m_e}{\sqrt{1-\left(\frac{v}{c}\right)^2}}=\frac{m_e}{\sqrt{1-\left[\frac{\frac{4}{5}c}{c}\right]^2}}=\frac{5}{3}m_e$$

例 16.29　正负电子对撞机中,电子和正电子以速度 $0.90c$ 相向飞行,如图所示,它们之间相对速度为多少?

解　取对撞机为 S 系,向右运动的电子为 S' 系,于是有

$u_x=-0.9c, v=0.9c, u_x$ 为正电子在 S 系中的速率,v 为 S' 系相对 S 系的速率,则正负电子相对速度为

$$u'_x=\frac{u_x-v}{1-\frac{u_x v}{c^2}}=\frac{-0.9c-0.9c}{1-\frac{(-0.9c)0.9c}{c^2}}=-0.994c$$

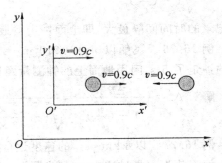

例 16.29 图

例 16.30　设一质子以速度 $v=0.80c$ 运动。求其总能量、动能和动量。

解　质子的静能量为 $E_0=m_0c^2=938$ MeV,所以,质子的总能量为

$$E=mc^2=\frac{m_0c^2}{(1-v^2/c^2)^{1/2}}=\frac{938}{(1-0.8^2)^{1/2}}\text{MeV}=1\ 563\ \text{MeV}$$

质子的动能为

$$E_k=E-m_0c^2=1\ 563\ \text{MeV}-938\ \text{MeV}=625\ \text{MeV}$$

质子的动量为

$$P = mv = \frac{m_0 v}{(1 - v^2/c^2)^{1/2}} = \frac{1.67 \times 10^{-27} \times 0.8 \times 3 \times 10^8}{(1 - 0.8^2)^{1/2}} \text{kg} \cdot \text{m} \cdot \text{s}^{-1} =$$

$$6.68 \times 10^{-19} \text{kg} \cdot \text{m} \cdot \text{s}^{-1}$$

例 16.31　一个原来静止的电子,经过 100 V 的电压加速后它的动能是多少? 质量改变了百分之几? 速度是多少? 这时能不能使用公式 $E_k = \frac{1}{2}m_0 v^2$?

解　加速后电子的动能是

$$E_k = qU = 1.6 \times 10^{-19} \times 100 \text{ J} = 1.6 \times 10^{-17} \text{J}$$

因为

$$E_k = mc^2 - m_e c^2$$

所以

$$m - m_e = \frac{E_k}{c^2}$$

所以

$$\frac{m - m_e}{m_e} = \frac{1.6 \times 10^{-17}}{9.1 \times 10^{-31} \times (3.0 \times 10^8)^2} \approx 2.0 \times 10^{-4}$$

(若将 $c = 2.997\ 924\ 58 \times 10^8$ 代入上式,得 $\dfrac{m - m_e}{m_e} = 1.956\ 31 \times 10^{-4}$)

即质量仅改变了 0.02%,这说明在 100 V 电压加速后,电子的速度与光速相比仍然很小,因此可以使用 $E_k = \frac{1}{2}m_0 v^2$ 得电子的速度

$$v = \sqrt{\frac{2E_k}{m}} = \sqrt{\frac{2 \times 1.6 \times 10^{-17}}{9.1 \times 10^{-31}}} = 5\ 929\ 994.53 \approx 5.9 \times 10^6 (\text{m} \cdot \text{s}^{-1})$$

这个速度虽然达到了百万米每秒的数量级,但仅为光速的 2%。

(由: $m = \dfrac{m_e}{\sqrt{1 - \left(\dfrac{v}{c}\right)^2}}$ 及 $\dfrac{m - m_e}{m_e} = 1.956\ 31 \times 10^{-4}$,可精确得解 $v = 5\ 929\ 124.66 \text{ m} \cdot \text{s}^{-1}$。

这比上面的经典解略小。)

例 16.32　太阳的辐射能来源于内部一系列核反应,其中之一是氢核($_1^1$H)和氘核($_1^2$H)聚变为氦核($_2^3$He),同时放出 γ 光子,反应方程为

$$_1^1\text{H} + _1^2\text{H} \rightarrow _2^3\text{He} + \gamma$$

已知氢、氘和 ^{3}He 的原子质量依次为 1.007 825u, 2.014 102u 和 3.016 029u。 原子质量单位 1 u $= 1.66 \times 10^{-27}$ kg。 试估算 γ 光子的能量。

解

$$\Delta m = 1.007\ 825\text{u} + 2.014\ 102\text{u} - 3.016\ 029\text{u} =$$
$$0.005\ 898\text{u} = 0.979 \times 10^{-29}\text{kg}$$

根据质能方程:

$$\Delta E = \Delta mc^2 = \frac{0.979 \times 10^{-29} \times (3 \times 10^8)^2}{1.6 \times 10^{-19}} = 5.5\ (\text{MeV})$$

例 16.33　在地球上测量来自太阳赤道上相对的两端辐射的 H_α 线,其中一条 H_α 线的波长为 656 nm,且与另一条 H_α 线的波长相差 9×10^{-3} nm。假定此效应是由于太阳自转引起的,求太阳自转的周期(太阳的直径是 1.4×10^6 km)。

答　此题可根据多普勒效应求解,具体解略。

例 16.34　设在 S' 系中有一粒子,原来静止于原点 O',在某一时刻粒子分裂为相等

的两半 A 和 B,分别以速率 u 沿 x' 轴的正向和反向运动。设另一参考系 S 以速率 u 沿 $-x'$ 方向运动。

(1) 在 S 系中测得 B 的速度多大?

(2) 在 S 系中测得 A 和 B 的质量比 $(\frac{m_A}{m_B})$ 多大?

答 在 S 系中测得 B 的速度为 0。

A 相对于 S 系中的速度:$v = \dfrac{u+u}{1+\dfrac{u^2}{c^2}} = \dfrac{2uc^2}{c^2+u^2}$,

(1) $m_A = \dfrac{m_0}{\sqrt{1-\dfrac{v^2}{c^2}}} = \dfrac{m_0(c^2+u^2)}{c^2-u^2}$;

(2) $\dfrac{m_A}{m_B} = \dfrac{c^2+u^2}{c^2-u^2}$。

四、习 题

16.1 在狭义相对论中,下列说法哪些是正确的( )

(1) 一切运动物体相对于观察者的速度都不能大于真空中的光速。

(2) 质量、长度、时间的测量结果都是随物体与观察者的相对运动状态而改变的。

(3) 在一惯性系中发生于同一时刻、不同地点的两个事件在其他一切惯性系中也是同时发生的。

(4) 惯性系中的观察者观察一个与他做匀速相对运动的时钟时,会看到这时钟比与他相对静止的相同的时钟走得慢些。

(A)(1),(3),(4)　　　　　　(B)(1),(2),(4)

(C)(1),(2),(3)　　　　　　(D)(2),(3),(4)

16.2 一宇宙飞船相对地球以 $0.80c$ 的速度飞行。一光脉冲从船尾到船头,飞船上的观测者测得飞船长度为 90 m,地球上的观测者测得光脉冲从船尾发出和到达船头两个事件的空间间隔为( )

(A)90 m　　　　　　(B)54 m

(C)270 m　　　　　　(D)15 m

16.3 一宇航员要到离地球为 5 光年的星球去旅行。如果宇航员希望把这路程缩短为 3 光年,则他所乘坐的火箭相对于地球的速度应为( )

(A)$v = \dfrac{1}{2}c$　　　　　　(B)$v = \dfrac{3}{5}c$

(C)$v = \dfrac{4}{5}c$　　　　　　(D)$v = \dfrac{9}{10}c$

16.4 K 系与 K' 系是坐标轴相互平行的两个惯性系,K' 系相对于 K 系沿 Ox 轴正向匀速运动,一根刚性尺静止在 K' 系中,与 $O'x'$ 轴成30°角。今在 K 系中观测得该尺与 Ox 轴成45°角,则 K' 系相对于 K 系的速度是( )

(A) $\dfrac{2}{3}c$　　　　　　　　(B) $\dfrac{1}{3}c$

(C) $\sqrt{\dfrac{2}{3}}c$　　　　　　　(D) $\sqrt{\dfrac{1}{3}}c$

16.5　在某地发生两事件,静止于该地的甲测得时间间隔为 4 s,若相对甲做匀速直线运动的乙测得时间间隔为 5 s,则乙相对于甲的运动速度是(　　)

(A) $\dfrac{4}{5}c$　　　　　　　　(B) $\dfrac{3}{5}c$

(C) $\dfrac{1}{5}c$　　　　　　　　(D) $\dfrac{2}{5}c$

16.6　根据相对论力学,动能为 1/4 MeV 的电子,其运动速度约等于(　　)
(电子静能量 $m_0c^2 = 0.5$ MeV)

(A)$0.1c$　　　　　　　　(B)$0.5c$

(C)$0.75c$　　　　　　　(D)$0.85c$

16.7　在参照系 S 中,有两个静止质量都是 m_0 的粒子 A 和 B,分别以速度 v 沿同一直线相向运动,相碰后合在一起成为一个粒子,则其静止质量 M_0 的值为(　　)

(A)$2m_0$　　　　　　　　(B)$2m_0\sqrt{1-(v/c)^2}$

(C)$\dfrac{m_0}{2}\sqrt{1-(v/c)^2}$　　　(D)$\dfrac{2m_0}{\sqrt{1-(v/c)^2}}$

16.8　已知电子的静能为 0.511 MeV,若电子的动能为 0.25 MeV,则它所增加的质量 Δm 与静止质量 m_0 的比值近似为(　　)

(A)0.1　　　　　　　　(B)0.2

(C)0.5　　　　　　　　(D)0.9

16.9　牛郎星距地球约 16 光年,宇宙飞船若以_____的速度匀速飞行,将用 4 年的时间(宇宙飞船上的钟指示的时间)抵达牛郎星。

16.10　一列高速火车以速度 u 驶过车站时,固定在站台上的两只机械手在车厢上同时画出两个痕迹。静止在站台上的观察者同时测出两痕迹之间的距离为 l,则车厢上的观察者测出两痕迹间的距离为_____。

16.11　匀质细棒静止时的质量为 m_0,长度为 l_0,当它沿棒长方向做高速的匀速直线运动时,测得它的长为 l,那么,该棒的运动速度 $v=$_____,该棒所具有的动能 $E_k=$_____。

16.12　一个电子的总能量是它的静止能量的 5 倍,问它的速率、动量、动能各为多少?

16.13　在 K 惯性系中发生两件事,它们的位置和时间的坐标分别是 (x_1,t_1) 及 (x_2,t_2);若在相对于 K 系沿正 x 方向匀速运动的 K' 系中观测,这两事件恰好是发生在同一地点上,试证明在 K' 系中看来这两事件的时间间隔是:$\Delta t'=\sqrt{\Delta t^2-(\Delta x/c)^2}$,其中 $\Delta x=x_2-x_1,\Delta t=t_2-t_1$。

16.14　观察者 A 测得与他相对静止的 xOy 平面上一个圆的面积是 12 cm²,另一观测者 B 相对于 A 以 $0.8c$(c 为真空中的光速)平行于 xOy 平面做匀速直线运动,B 测得这一图形为一椭圆,其面积是多少?

16.15　半人马星座 α 星是距离太阳系最近的恒星,它距离地球 $S=4.3\times10^{16}$ m。设有一宇宙飞船自地球飞到半人马座 α 星,若宇宙飞船相对地球的速度为 $0.999c$,按地球上时钟计算要用多少年时间? 如以飞船上的时钟计算,所需时间又为多少年?

16.16　一艘宇宙飞船的船身固有长度为 $L_0=90$ m,相对于地面以 $v=0.8c$ 的匀速度在一观测站的上空飞过。

(1) 观测站测得飞船的船身通过观测站的时间间隔是多少?

(2) 宇航员测得船身通过观测站的时间间隔是多少?

16.17　火箭相对于地面以 $v=0.6c$ 的匀速度向上飞离地球。在火箭发射 $\Delta t'=10$ s 后(火箭上的钟),该火箭向地面发射一导弹,其速度相对于地面为 $v_1=0.3c$,问火箭发射后多长时间,导弹到达地球?(地球上的钟)计算中假设地面不动。

16.18　一体积为 V_0、质量为 m_0 的立方体沿其棱的方向相对于观察者 A 以速度 v 运动。求:观察者 A 测得其密度是多少?

16.19　静止的 μ 子的平均寿命约为 $\tau_0=2\times10^{-6}$ s。今在 8 km 的高空,由于 π 介子的衰变产生一个速度为 $v=0.998c$ 的 μ 子,试论证此 μ 子有无可能到达地面。

16.20　已知 μ 子的静止能量为 105.7 MeV,平均寿命为 2.2×10^{-8} s。试求动能为 150 MeV 的 μ 子的速度 v 是多少? 平均寿命 τ 是多少?

16.21　在地面上 $x=1.0\times10^6$ m 处,$T=0.02$ s 时有一枚炮弹发生爆炸,问在以速度 $0.75c$ 沿 x 轴正方向飞行的飞船中观察到该炮弹爆炸时的时空坐标是多少?

16.22　在地面上有一跑道长 100 m,运动员从起点跑到终点,用时 10 s。现从以 $0.8c$ 速度向前飞行的飞船中观察:

(1) 跑道有多长?

(2) 求运动员跑过的距离和所用的时间。

(3) 求运动员的平均速度。

16.23　在惯性系 S 和 S' 中,分别观测同一个空间曲面。如果在 S 系观测该曲面是球面,在 S' 系观测必定是椭球面。反过来,如果在 S' 系观测是球面,则在 S 系观测是椭球面,这一结论是否正确?

16.24　一列以速度 v 行驶的火车,其中点 C' 与站台中点 C 对准时,从站台首尾两端同时发出闪光。从火车看来,这两次闪光是否同时? 何处在先?

16.25　一高速列车穿过一山底隧道,列车和隧道静止时有相同的长度 l_0,山顶上有人看到当列车完全进入隧道中时,在隧道的进口和出口处同时发生了雷击,但并未击中列车。试按相对论理论定性分析列车上的旅客应观察到什么现象? 这现象是如何发生的?

五、习题答案

16.1　(B)

16.2　(C)

16.3　(C)

16.4　(C)

16.5　(B)

16.6　(C)

16.7　(D)

16.8　(C)

16.9　2.91×10^8 m·s^{-1}

16.10　$\dfrac{l}{\sqrt{1-\dfrac{u^2}{c^2}}}$

16.11　$c\sqrt{1-\dfrac{l^2}{l_0{}^2}}$，$m_0 c^2 \left(\dfrac{l_0}{l}-1\right)$

16.12　2.94×10^8 m·s^{-1}，1.34×10^{-21}kg·m·s^{-1}，3.28×10^{-23}J

16.13　略

16.14　7.2 cm^2

16.15　4.5 年，0.20 年

16.16　(1)2.25×10^{-7}s　(2)3.75×10^{-7}s

16.17　37.5 s

16.18　$\dfrac{m_0}{V_0(1-v^2/c^2)}$

16.19　略

16.20　$0.91c$，5.30×10^{-8}s

16.21　-5.29×10^6m，0.026 s

16.22　(1)60 m　(2)-4.9×10^9m，16.6 s　(3)-2.4×10^8m·s^{-1}

16.23　根据运动的相对性这个结论是正确的。

16.24　根据 $\Delta t' = \gamma\left(\Delta t - \dfrac{u}{c^2}\Delta x\right)$，由于 $\Delta t = 0$，$\Delta x \neq 0$，所以 $\Delta t' < 0$，即对 C' 点的观测者来说两次闪光不同时发生，尾部在先。

16.25　对于地面的观察者雷击是在不同地方同时发生的，但是对于列车上的旅客来说这两个事件不是同时发生的，他应该看到两次雷击现象。

第 17 章

量子物理

一、基本要求

1. 了解经典物理理论在说明光电效应的实验规律时所遇到的困难。理解爱因斯坦光子假说,掌握爱因斯坦方程。

2. 理解康普顿效应的实验规律,以及爱因斯坦的光子理论对这个效应的解释。理解光的波粒二象性。

3. 理解氢原子光谱的实验规律及玻尔的氢原子理论。

4. 了解德布罗意假设及电子衍射实验。了解实物粒子的波粒二象性。理解描述物质波动性的物理量(波长、频率)和描述粒子性的物理量(动量、能量)之间的关系。

5. 了解一维坐标与动量的不确定关系。

6. 理解波函数及其统计解释。掌握一维定态薛定谔方程,以及量子力学中用薛定谔方程处理一维无限深势阱等微观物理问题的方法。

7. 理解能量量子化、角动量量子化及空间量子化。了解施特恩-格拉赫实验及电子自旋,掌握描述原子中电子运动状态的四个量子数。了解泡利不相容原理和原子的电子壳层结构。

8. 理解产生激光的原理,激光的特点及应用。

9. 从固体的能带理论上区分导体、绝缘体和半导体。了解 P 型半导体和 N 型半导体的导电机理。

10. 了解超导体的主要特征和超导的应用前景。

二、基本概念及规律

1. 爱因斯坦的光子假设

光是由光子组成的,真空中光子以光速 c 运动,每个光子的能量为 $\varepsilon = h\nu = h\dfrac{c}{\lambda}$。

2. 爱因斯坦光电效应方程

$$h\nu = \frac{1}{2}mv^2 + W$$

上式表示电子吸收一个光子的能量 $h\nu$,等于光电子逸出金属表面时消耗的逸出功 W

和电子获得的初动能 $\frac{1}{2}mv^2$ 之和。其中 $W=h\nu_0=h\frac{c}{\lambda_0}$。式中 ν_0 为截止频率。当入射光子的能量 $h\nu_0 < W$ 时,电子不能脱出金属,因而不能产生光电效应。

3. 光子说中的光强

$$I = N\epsilon = N(h\nu)$$

式中:N 为与光垂直的单位面积上单位时间内通过的光子数目。

4. 康普顿效应

入射光子与散射物质中自由电子做完全弹性碰撞。在碰撞过程中能量和动量均守恒。散射光中除有与入射光波长相同的成分,还有比入射光波长变长的成分。波长改变的公式为:$\lambda - \lambda_0 = \frac{h}{m_0 c}(1 - \cos\theta) = \lambda_c(1 - \cos\theta)$,其中 $\lambda_c = 2.43 \times 10^{-12}\,\mathrm{m}$。

5. 光的波粒二象性

光有干涉、衍射和偏振现象,说明光是波。光子是一种微观粒子,它有能量、质量和动量。

6. 氢原子光谱的规律性

广义巴尔末公式:$\tilde{\nu} = \frac{1}{\lambda} = R\left(\frac{1}{n_f^2} - \frac{1}{n_i^2}\right)$

对给定的 $n_f(f=1,2,3,\cdots)$,n_i 的值分别取 $n_f+1,n_f+2,n_f+3,\cdots$

式中:$R = 1.097 \times 10^7\,\mathrm{m^{-1}}$ 称为里德伯常量。

7. 玻尔理论的三条基本假设

(1)定态假设:电子可以在原子中一些特定的圆轨道上运动而不辐射光,这时原子处于稳定状态,并具有一定的能量 E_n。

(2)量子化假设:电子绕核运动时,只有电子的角动量 L 等于 $\frac{h}{2\pi}$ 整数倍的那些轨道才是稳定的。即 $L = n\frac{h}{2\pi}$,$n=1,2,3,\cdots$ 为主量子数,此式称为量子化条件。

(3)跃迁假设:当电子从高能量 E_i 轨道跃迁到低能量 E_f 的轨道上时,要发射能量为 $h\nu$ 的光子。即 $h\nu = E_i - E_f$,上式称为频率条件。

8. 氢原子理论的几个结论

(1)氢原子的能级公式:$E_n = -\frac{13.6}{n^2}\mathrm{eV}$

式中:$n=1,2,3,\cdots$ 叫主量子数。$n=1$ 的能量 $E_1=-13.6\,\mathrm{eV}$ 最小,系统最稳定,称为基态。随着 n 的增大能量值越来越高,相应的状态称为激发态,系统处于不稳定状态。

(2)氢原子的轨道半径:$r_n = r_1 n^2$,$n=1,2,3,\cdots$

$r_1 = 5.29 \times 10^{-11}\,\mathrm{m}$ 是电子的第一轨道半径,称为玻尔半径。

(3)氢原子的轨道速度:$v_n = \frac{v_1}{n}$,$n=1,2,3,\cdots$

9. 德布罗意波

实物粒子既有粒子性也有波动性。

粒子的能量：$E = mc^2$，粒子的动量：$P = mv = \dfrac{h}{\lambda}$

式中：m, v 分别是实物粒子的动质量和速度，上两式称为德布罗意公式。和实物粒子联系的波称为物质波或德布罗意波。其波长 $\lambda = \dfrac{h}{mv}$ 称为德布罗意波长。

德布罗意波的统计解释：在某处德布罗意波幅平方与粒子在该处附近出现的概率成正比。

10. 波函数

概率波的数学表达式叫波函数，不同粒子或同一粒子的不同状态，波函数的形式也不同。一般波函数都用复数表示。波函数满足单值、有限和连续的标准条件，并且满足归一化条件：$\displaystyle\int_V |\psi|^2 \, \mathrm{d}V = 1$。式中 $|\psi|^2$ 为粒子在某点附近单位体积中出现的概率，称为概率密度。

11. 薛定谔方程

薛定谔方程是波函数满足的方程。若已知微观粒子的质量、边界条件和势场条件，通过解薛定谔方程可得到描述微观粒子运动状态的波函数。

一维定态（与时间无关的状态）薛定谔方程为

$$\frac{\mathrm{d}^2 \psi}{\mathrm{d}x^2} + \frac{8\pi^2 m}{h^2}[E - E_\mathrm{p}(x)]\psi = 0$$

式中：$E, E_\mathrm{p}(x)$ 是粒子的总能量和势能。

薛定谔方程的三维形式是

$$-\frac{\hbar^2}{2M}\left(\frac{\partial^2 \psi}{\partial x^2} + \frac{\partial^2 \psi}{\partial y^2} + \frac{\partial^2 \psi}{\partial z^2}\right) + V(x, y, z)\psi = E\psi$$

在三维空间中，定态波函数 $\psi = \psi(x, y, z)$。通常所说的薛定谔方程实际上是指定态薛定谔方程。

（需要说明的是：一、定态薛定谔方程中的势函数 $V = V(x, y, z)$ 非常重要。在建立一个具体的定态薛定谔方程时，首先需要确定势函数 $V = V(x, y, z)$ 的具体形式，而确定势函数的方法往往是经典力学或电学。势函数 $V = V(x, y, z)$ 的作用类似于牛顿第二定律 $m\dfrac{\mathrm{d}^2 r}{\mathrm{d}t^2} = f(t)$ 中的 $f(t)$。对于一个具体问题的牛顿第二定律表达式，必须首先确定力函数 $f(t)$ 的具体形式，否则该问题是不确定的（即微分方程是无解的）。二、波函数 $\psi = \psi(x, y, z)$ 在量子力学中具有基础地位，通过波函数 $\psi = \psi(x, y, z)$ 能够求出量子力学中任何其他的物理量。不难看出，$\psi = \psi(x, y, z)$ 的作用类似于牛顿第二定律中的位矢函数 $r = r(t)$。只要 $r = r(t)$ 的具体形式能够确定，就能通过 $r = r(t)$ 求得经典力学中其他物理量（如速度、动量等）。三、定态薛定谔方程研究的是粒子的定态问题，即与时间无关的问题，因此其重点是粒子的空间变化规律，即波函数 $\psi = \psi(x, y, z)$；而牛顿第二定律研究的是粒子的时变问题，此时最基本的自变量是时间，而粒子的空间位置 r 作为时间的函数出现，即 $r = r(t)$。）

求解定态薛定谔方程时，首先要给出势函数 $V(x)$ 的具体表达式。对于一维无限深

方势阱,势函数为

$$V(x)=\begin{cases}0 & (0\leqslant x\leqslant a)\\ \infty & (x<0,x>a)\end{cases}$$

上式表明,粒子只能在区域 $0\leqslant x\leqslant a$ 内运动,粒子在 $0\leqslant x\leqslant a$ 以外出现的概率必然为零,否则粒子的势能将趋于无穷大(这显然违反物理规律)。这样,描述粒子定态运动的公式变为

$$\frac{\mathrm{d}^2\psi(x)}{\mathrm{d}x^2}+k^2\psi(x)=0$$

其中 $k^2=2ME/\hbar^2$。上式的通解为

$$\psi(x)=A\sin(kx+\delta)$$

其中 A,δ 和 k 都是待定常数,它们的确定要依靠边界条件及归一化条件。

因为势阱无限深,可以将阱壁看成理想反射壁,即粒子不能透射过阱壁。因此按波函数的意义,在阱壁及阱壁外的区域,波函数应该为零。这样,整个区域上的解为

$$\psi(x)=\begin{cases}A\sin(kx+\delta) & (0\leqslant x\leqslant a)\\ 0 & (x<0,x>a)\end{cases}$$

相应的边界条件为 $\psi(x=0)=0$ 和 $\psi(x=a)=0$。

由第一个边界条件立得 $A\sin\delta=0$,由于 $A=0$ 对应的波函数没有意义,所以只有令 $\delta=0$。由第二个边界条件立得 $A\sin ka=0$,由于 $A\neq0$,所以有

$$ka=n\pi\quad(n=1,2,3,\cdots)$$

因为 $n=0$ 给出的波函数 $\psi(x)\equiv0$ 没有物理意义,而 n 取负整数给不出新的波函数,所以 n 只能取正整数。

由于 $k=\sqrt{2ME/\hbar^2}$,所以

$$E_n=\frac{\hbar^2 n^2\pi^2}{2Ma^2}\quad(n=1,2,3,\cdots)$$

上式表明,当束缚于势阱中的粒子运动时,它所具有的能量不是任意的,而只能取由 n 决定的一系列不连续值,这种情况称为能量量子化,n 称为量子数。对某一个 n 值,变为

$$\psi_n(x)=\begin{cases}A\sin\dfrac{n\pi}{a}x & (0\leqslant x\leqslant a)\\ 0 & (x<0,x>a)\end{cases}$$

其中的 A 值可利用如下的归一化条件确定。由于波函数与其共轭复数的乘积就是粒子出现的概率,因此

$$\int_{-\infty}^{\infty}|\psi(x)|^2\mathrm{d}x=1$$

上式称为波函数的归一化条件。将 Ψ 代入归一化条件,即可得到 $A=\sqrt{2/a}$。这样,一维无限深方势阱中粒子波函数的解为

$$\psi(x)=\begin{cases}\sqrt{\dfrac{2}{a}}\sin\dfrac{n\pi}{a}x & (0\leqslant x\leqslant a)\\ 0 & (x<0,x>a)\end{cases}\qquad n=1,2,3,\cdots$$

下面对得到的解进行分析:

（1）粒子的能量只能是量子化的,这是一切束缚粒子的基本特征（而自由粒子是不存在能量量子化的）。得到这一结论无需任何假设,它是求解定态薛定谔方程中自然产生的。

（2）当 $n=1$ 时,粒子所具有的最低能量也不为零,而是 $E_1=\hbar^2\pi^2/2Ma^2$。最低能量的存在表示物质世界不可能有绝对静止状态。即使处于最低能量状态,粒子也一定在运动（因为势能为零,而总能量等于动能与势能之和）。

（3）相邻能级差为

$$\Delta E_n = E_{n+1} - E_n = \frac{\hbar^2\pi^2}{2Ma^2}(2n+1)$$

显然,能级分布是不均匀的,能级越高,能级差越大,而能级密度（能级差的倒数）越小。

（4）从（3）中公式看出,由于 $\hbar$ 数值极小,所以能量量子化现象与势阱宽度 a 有关。当 a 很小时,Ma^2 与 $\hbar^2$ 可比,所以能级差 ΔE_n 较大;而当 a 较大时,能级差 ΔE_n 很小,即能量基本是连续的。如电子（$M=9.1\times10^{-31}$ kg）,若 $a=10^{-9}$ m,则 $\Delta E_n\approx n\times0.75$ eV,这个能级差并不算小;若 $a=10^{-2}$ m,即宏观尺度,则 $\Delta E_n\approx n\times0.75\times10^{-14}$ eV,此时能量基本视为连续。

（5）式中的解不是一个,而是无穷多个。这无穷多个解表示处于无限深方势阱中的粒子可以有无穷多种运动方式,但究竟处于哪一种具体的方式,则要从统计物理学方面考察。一般来说,系统自由能最低的方式就是平衡存在的具体方式。这里需要特别强调的是,具体运动方式并不是由量子力学本身确定的,量子力学仅仅提供了可能性。对于无限深方势阱中的粒子就是,粒子仅可能表示的运动方式,而任何别的运动方式对于无限深方势阱中的粒子都是不可能的。

12.四个量子数

量子数名称	符号	可取值	作用
主量子数	n	正整数 $1,2,3,\cdots$	确定电子能量的主要部分。n 越小,能级越低
角量子数	l	对于给定的 n, $l=0,1,2,\cdots,n-1$	确定角动量 L 的值,$L=\sqrt{l(l+1)}\frac{h}{2\pi}$,决定电子能量的次要部分,$n$ 相同,l 越小能级越低
磁量子数	m_l	对于给定 l, $m_l=0,\pm1,\pm2,\cdots,\pm l$	确定 L 在外磁场方向的分量 $L_z=m_l\frac{h}{2\pi}$
自旋量子数	m_s	$\pm\frac{1}{2}$	确定自旋角动量 S 在外磁场方向的分量 $S_z=m_s\frac{h}{2\pi}$

三、解题指导

例 17.1　钾的截止频率为 4.62×10^{14} Hz，今以波长为 435.8 nm 的光照射。求钾放出的光电子的初速度。

解　根据爱因斯坦光电效应方程

$$h\nu = \frac{1}{2}mv^2 + A$$

因为

$$A = h\nu_0, \quad \nu = c/\lambda$$

所以

$$v_0 = \sqrt{\frac{2\left(\dfrac{hc}{\lambda} - h\nu_0\right)}{m}} = 5.74 \times 10^5 \text{ m} \cdot \text{s}^{-1}$$

例 17.2　一具有 1.0×10^4 eV 能量的光子，与一静止自由电子相碰撞，碰撞后光子的散射角为 $60°$。试问：

(1) 光子的波长、频率和能量各改变多少？

(2) 碰撞后，电子的动能、动量和运动方向又如何？

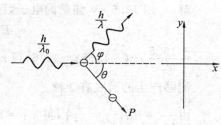

例 17.2 图

解　(1)$\Delta\lambda = \lambda_c(1 - \cos\varphi)$

$$\Delta\lambda = 0.024\ 3 \times 10^{-10}(1 - \cos 60°)\text{m} = 0.012\ 2 \times 10^{-10}\text{m} = 1.22 \times 10^{-3}\text{nm}$$

由 $E = h\dfrac{c}{\lambda_0}$ 得

$$\lambda_0 = \frac{hc}{E} = \frac{6.63 \times 10^{-34} \times 3 \times 10^8}{10^4 \times 1.6 \times 10^{-19}} = 1.243 \times 10^{-10}\,(\text{m})$$

$$\lambda' = \lambda_0 + \Delta\lambda = 1.255 \times 10^{-10}\text{m}$$

$$\Delta\nu = \frac{c}{\lambda'} - \frac{c}{\lambda_0} = 3 \times 10^8 \times \left(\frac{1}{1.255 \times 10^{-10}} - \frac{1}{1.243 \times 10^{-10}}\right) = -2.30 \times 10^{16}\,(\text{Hz})$$

$$\Delta E = h\frac{c}{\lambda'} - h\frac{c}{\lambda_0} = h\Delta\nu = -95.3 \text{ eV}$$

(2)$E_k = h\dfrac{c}{\lambda_0} - h\dfrac{c}{\lambda} = -\Delta E = 95.3$ eV

由动量守恒得

$$\frac{h}{\lambda_0}\boldsymbol{i} = \frac{h}{\lambda}\cos 60°\boldsymbol{i} + \frac{h}{\lambda}\sin 60°\boldsymbol{j} + \boldsymbol{P}$$

所以

$$\boldsymbol{P} = \left(\frac{h}{\lambda_0} - \frac{h}{\lambda}\cos 60°\right)\boldsymbol{i} - \frac{h}{\lambda}\sin 60°\boldsymbol{j}$$

所以

$$P = \sqrt{\left(\frac{h}{\lambda_0} - \frac{h}{\lambda}\cos 60°\right)^2 + \left(\frac{h}{\lambda}\sin 60°\right)^2} = 5.27 \times 10^{-24}\text{kg} \cdot \text{m} \cdot \text{s}^{-1}$$

$$\tan\theta = \frac{\dfrac{h}{\lambda}\sin 60°}{\dfrac{h}{\lambda_0} - \dfrac{h}{\lambda}\cos 60°} = 1.699$$

$$\theta = 59°32'$$

例 17.3   在玻尔氢原子理论中,当电子由量子数 $n_i = 5$ 的轨道跃迁到 $n_f = 2$ 的轨道上时,对外辐射光的波长为多少?若再将该电子从 $n_f = 2$ 的轨道跃迁到游离状态,外界需要提供多少能量?

解   由 $n_i = 5 \rightarrow n_f = 2$ 跃迁

$$\tilde{\nu} = \frac{1}{\lambda_{52}} = R_H\left(\frac{1}{2^2} - \frac{1}{5^2}\right) = 1.097 \times 10^7 \times \left(\frac{1}{4} - \frac{1}{25}\right)$$

$$\lambda_{52} = 43.4 \times 10^{-6}\,\text{m} = 43.4\,\mu\text{m}$$

氢原子从 $n_f = 2 \rightarrow$ 游离状态

外界提供能量 $\Delta E = E_\infty - E_2 = 3.4\,\text{eV}$。

例 17.4   如用能量为 12.6 eV 的电子轰击氢原子,将产生哪些谱线?

解   用 12.6 eV 能量的电子轰击基态氢原子。(将跃迁到高能级)

$$E_n - E_1 = 12.6\,\text{eV}$$

$-\dfrac{13.6}{n^2} - (-13.6) = 12.6$,得 $n \approx 3.7$,取 $n = 3$ 能级。

能够产生的谱线有 3 种:

由 $\dfrac{1}{\lambda_{31}} = R_H\left(\dfrac{1}{1^2} - \dfrac{1}{3^2}\right)$,得 $\lambda_{31} = 102.6\,\text{nm}$

由 $\dfrac{1}{\lambda_{32}} = R_H\left(\dfrac{1}{2^2} - \dfrac{1}{3^2}\right)$,得 $\lambda_{32} = 656.3\,\text{nm}$

由 $\dfrac{1}{\lambda_{21}} = R_H\left(\dfrac{1}{1^2} - \dfrac{1}{2^2}\right)$,得 $\lambda_{21} = 121.6\,\text{nm}$

例 17.5   已知 α 粒子的静质量为 $6.68 \times 10^{-27}\,\text{kg}$。求速率为 $5\,000\,\text{km} \cdot \text{s}^{-1}$ 的 α 粒子的德布罗意波长。

解 $v = 5 \times 10^6\,\text{m} \cdot \text{s}^{-1}, m_0 = 6.68 \times 10^{-27}\,\text{kg}$

$$\lambda = \frac{h}{\gamma m_0 v} = \frac{6.63 \times 10^{-34}}{\dfrac{1}{\sqrt{1 - \dfrac{v^2}{c^2}}} \times 6.68 \times 10^{-27} \times 5 \times 10^6} = 1.99 \times 10^{-5}\,(\text{nm})$$

例 17.6   求动能为 1.0 eV 的电子的德布罗意波的波长。

解 $E_k = \dfrac{1}{2}mv^2 = \dfrac{P^2}{2m}$

所以

$$P = \sqrt{2mE_k}$$

德布罗意波长

$$\lambda = \frac{h}{mv} = \frac{h}{\sqrt{2mE_k}} = \frac{6.63 \times 10^{-34}}{\sqrt{2 \times 9.1 \times 10^{-31} \times 1 \times 1.6 \times 10^{-19}}} = 1.23\,(\text{nm})$$

例 17.7   一质量为 40 g 的子弹以 $1.0 \times 10^3\,\text{m} \cdot \text{s}^{-1}$ 的速率飞行,求:

(1)其德布罗意波的波长;

(2)若测量子弹位置的不确定量为 0.10 mm。求其速率的不确定量。

解 $m = 0.04\,\text{kg}, v = 1.0 \times 10^3\,\text{m} \cdot \text{s}^{-1}$

(1) 德布罗意波长 $\lambda = \dfrac{h}{mv} = \dfrac{6.63 \times 10^{-34}}{0.04 \times 1.0 \times 10^3} = 1.66 \times 10^{-35}$ (m)

(2) $\Delta x = 0.1 \text{ mm} = 0.1 \times 10^{-3} \text{m}$

由不确定关系: $\Delta x \Delta P_x \geqslant h$

$$\Delta x \Delta(mv) \geqslant h$$

$$\Delta v \geqslant \frac{h}{m\Delta x} = \frac{6.63 \times 10^{-34}}{0.04 \times 1 \times 10^{-3}} = 1.66 \times 10^{-28} (\text{m} \cdot \text{s}^{-1})$$

例 17.8　试证:如果粒子位置的不确定量等于其德布罗意波长,则此粒子速度的不确定量大于或等于其速度。

证明　由不确定关系 $\Delta x \Delta P_x \geqslant h$ 可知

$$\Delta x = \lambda = \frac{h}{mv}$$

所以

$$\frac{h}{mv}\Delta(mv) = \frac{h}{v}\Delta v \geqslant h$$

所以 $\Delta v \geqslant v$ 得证。

例 17.9　已知一维运动粒子的波函数为

$$\psi(x) = \begin{cases} Ax e^{-\lambda x} & (x \geqslant 0) \\ 0 & (x < 0) \end{cases}$$

式中 $\lambda > 0$。试求:

(1) 归一化常数 A 和归一化波函数;

(2) 该粒子位置坐标的概率分布函数(又称概率密度);

(3) 在何处找到粒子概率最大。

解　(1) $\displaystyle\int_{-\infty}^{\infty} |\psi(x)|^2 \,\mathrm{d}x = \int_0^{\infty} A^2 x^2 e^{-2\lambda x} \,\mathrm{d}x = 1$

$$A^2 \int_0^{\infty} x^2 e^{-2\lambda x} \,\mathrm{d}x = \frac{A^2}{4\lambda^3} = 1$$

$$A = \sqrt{4\lambda^3} = 2\lambda^{3/2}$$

归一化波函数 $\psi(x) = \begin{cases} 2\lambda^{3/2} x e^{-\lambda x} & (x \geqslant 0) \\ 0 & (x < 0) \end{cases}$

(2) 概率分布函数为 $\psi^2(x) = \begin{cases} 4\lambda^3 x^2 e^{-2\lambda x} & (x \geqslant 0) \\ 0 & (x < 0) \end{cases}$

(3) $\dfrac{\mathrm{d}|\psi(x)|^2}{\mathrm{d}x} = 4\lambda^3 2x e^{-2\lambda x} - 2\lambda \times 4\lambda^3 x^2 e^{-2\lambda x} = 0$

$\lambda x^2 - x = 0$,所以 $x = \dfrac{1}{\lambda}$ 为概率最大位置。

例 17.10　设有一电子在宽为 0.20 nm 的一维无限深的方势阱中。

(1) 计算电子在最低能级的能量;

(2) 当电子处于第一激发态 $(n = 2)$ 时,在势阱何处出现的概率最小,其值为多少?

解　(1) $E_n = \dfrac{n^2 h^2 \pi^2}{2ma^2}$,所以 $a = 0.2 \text{ nm}$

所以 $E_{\min} = \dfrac{h^2\pi^2}{2ma^2} = \dfrac{\dfrac{1}{4} \times (6.63 \times 10^{-34})^2}{2 \times 9.1 \times 10^{-31} \times (0.2 \times 10^{-9})^2 \times 1.6 \times 10^{-19}} = 9.43 \text{ (eV)}$

(2) 当 $n=2$ 时，$\Psi(x) = \sqrt{\dfrac{2}{a}} \sin\dfrac{n\pi}{a}x$，$(n=2)$

$$|\Psi(x)|^2 = \dfrac{2}{a}\sin^2\dfrac{2\pi}{a}x$$

$$\dfrac{\mathrm{d}|\Psi(x)|^2}{\mathrm{d}x} = \dfrac{8\pi}{a^2}\sin\dfrac{2\pi x}{a}\cos\dfrac{2\pi x}{a} = 0$$

$$\dfrac{4\pi}{a^2}\sin\dfrac{4\pi x}{a} = 0, \text{ 即 } x = \dfrac{N}{4}a$$

$$N=0, x=0; N=1, x=\dfrac{a}{4}; N=2, x=\dfrac{a}{2}; N=3, x=\dfrac{3a}{4}; N=4, x=a$$

又 $\dfrac{\mathrm{d}^2|\Psi(x)|^2}{\mathrm{d}x^2} = \dfrac{16\pi^2}{a^3}\cos\dfrac{4\pi x}{a} > 0$

所以 $x=0, x=\dfrac{a}{2}, x=a$ 时，电子出现的概率最小，值为零。

例 17.11 在描述原子内电子状态的量子数 n, l, m_l 中：

(1) 当 $n=5$ 时，l 的可能值是多少？

(2) 当 $l=5$ 时，m_l 的可能值是多少？

(3) 当 $l=4$ 时，n 的最小可能值是多少？

(4) 当 $n=3$ 时，电子的可能状态数为多少？

解 (1) 当 $n=5$ 时，$l=0,1,2,3,4$；

(2) 当 $l=5$ 时，$m_l=0, \pm1, \pm2, \pm3, \pm4, \pm5$；

(3) 当 $l=4$ 时，$n_{\min}=5$；

(4) 当 $n=3$ 时，电子的可能状态数为 $2n^2 = 18$ 个。

例 17.12 氢介子是由一质子和一绕质子旋转的介子组成的。求介子处于第一轨道 $(n=1)$ 时，与质子的距离。（介子的电量和电子电量相等，其质量为电子质量的 210 倍）

解 $m_j = 210m_e$

由圆周运动得 $\begin{cases} \dfrac{e^2}{4\pi\varepsilon_0 r_1^2} = m_j\dfrac{v^2}{r_1} \\[2mm] m_j v r_1 = \dfrac{h}{2\pi} \end{cases}$ （轨道量子化条件）

$$r_1 = \dfrac{4\pi\varepsilon_0 h^2}{m_j e^2} = \dfrac{\varepsilon_0 h^2}{\pi m_j e^2}$$

$$r_1 = \dfrac{1}{210}r_{B1} = \dfrac{1}{210} \times 5.29 \times 10^{-11}\text{m} = 2.52 \times 10^{-13}\text{m}$$

四、习　题

17.1 用频率为 ν_1 的单色光照射某一金属时，测得光电子的最大初动能为 E_{k1}；用频率为 ν_2 的单色光照射另一种金属时，测得光电子的最大初动能为 E_{k2}。如果 $E_{k1} > E_{k2}$，那

么(　　)

(A)ν_1 一定大于 ν_2 　　　　　　　　(B)ν_1 一定小于 ν_2

(C)ν_1 一定等于 ν_2 　　　　　　　　(D)ν_1 可能大于也可能小于 ν_2

17.2　根据玻尔的理论,氢原子中的电子在 $n=5$ 轨道上的角动量与在第一激发态的角动量之比为(　　)

(A)5：2 　　　　　　　　　　　　　　(B)5：3

(C)5：4 　　　　　　　　　　　　　　(D)5：1

17.3　根据玻尔的理论,巴尔末线系中谱线最小波长与最大波长之比为(　　)

(A)5：9 　　　　　　　　　　　　　　(B)4：9

(C)7：9 　　　　　　　　　　　　　　(D)2：9

17.4　根据玻尔的理论,氢原子中的电子在 $n=4$ 的轨道上运动的动能与在基态的轨道上运动的动能之比为(　　)

(A)1：4 　　　　　　　　　　　　　　(B)1：8

(C)1：16 　　　　　　　　　　　　　　(D)1：32

17.5　在康普顿效应实验中,若散射光波长是入射光波长的 1.2 倍,则散射光光子能量 ε 与反冲电子动能 E_k 之比 ε/E_k 为(　　)

(A)2 　　　　　　　　　　　　　　　(B)3

(C)4 　　　　　　　　　　　　　　　(D)5

17.6　设氢原子的动能等于温度为 T 的热平衡状态时的平均动能,氢原子的质量为 m,那么此氢原子的德布罗意波长为(　　)

(A)$\lambda=h/\sqrt{3mkT}$ 　　　　　　　(B)$\lambda=h/\sqrt{5mkT}$

(C)$\lambda=\sqrt{3mkT}/h$ 　　　　　　　(D)$\lambda=\sqrt{5mkT}/h$

17.7　以一定频率的单色光照射在某金属上,测出其光电流的曲线如图中实线所示,然后在光强度不变的条件下增大照射光频率,测出其光电流的曲线如图中虚线所示。满足题意的图是(　　)

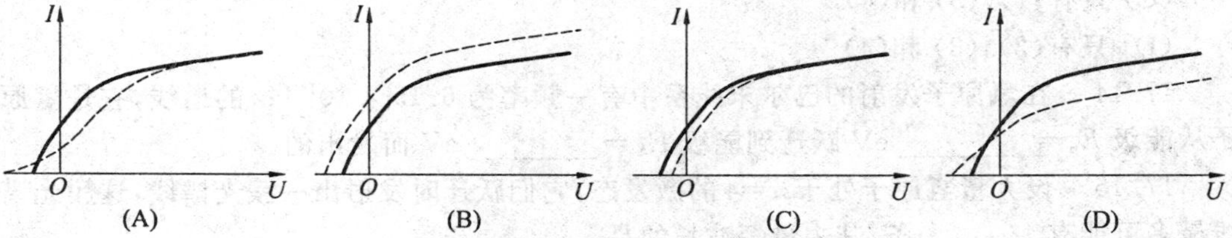

题 17.7 图

17.8　氢原子光谱的巴尔末线系中波长最大的谱线用 λ_1 表示,其次波长用 λ_2 表示,则它们的比值 λ_1/λ_2 为(　　)

(A)9：8 　　　　　　　　　　　　　　(B)16：9

(C)27：20 　　　　　　　　　　　　　(D)20：27

17.9　电子显微镜中的电子从静止开始通过电势差为 U 的静电场加速后,其德布罗意波长是 4×10^{-2}nm,则 U 约为(　　)

(A)150 V   (B)330 V

(C)630 V   (D)942 V

17.10 氩($Z=18$)原子基态的电子组态是(　　　)

(A)$1S^2 2S^8 3P^8$ (B)$1S^2 2S^2 2P^6 3d^8$

(C)$1S^2 2S^2 2P^6 3S^2 3P^6$ (D)$1S^2 2S^2 2P^6 3S^2 3P^4 3d^2$

17.11 在气体放电中,用能量为 12.1 eV 的电子去轰击处于基态的氢原子,此时氢原子所能发射的光子的能量只能是(　　　)

(A)12.1 eV,10.2 eV 和 3.4 eV   (B)12.1 eV

(C)12.1 eV,10.2 eV 和 1.9 eV   (D)10.2 eV

17.12 设粒子运动的波函数图线分别如下图所示,那么其中确定粒子动量的精确度最高的波函数是(　　　)

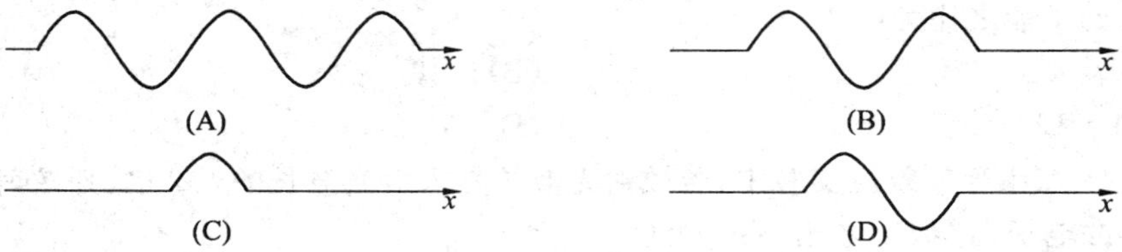

题 17.12 图

17.13 下列四组量子数:

(1)$n=3$, $l=2$, $m_l=0$, $m_S=1/2$

(2)$n=3$, $l=3$, $m_l=1$, $m_S=1/2$

(3)$n=3$, $l=1$, $m_l=-1$, $m_S=-1/2$

(4)$n=3$, $l=0$, $m_l=0$, $m_S=-1/2$

其中可以描述原子中电子状态的(　　　)

(A) 只有(1) 和(3)

(B) 只有(2) 和(4)

(C) 只有(1),(3) 和(4)

(D) 只有(2),(3) 和(4)

17.14 在氢原子发射的巴尔末线系中有一频率为 $6.15×10^{14}$ Hz 的谱线,它是氢原子从能级 $E_n=$ _____ eV 跃迁到能级 $E_k=$ _____ eV 而发出的。

17.15 设大量氢原子处于 $n=4$ 的激发态,它们跃迁时发射出一簇光谱线,这簇光谱线最多可能有 _____ 条,其中最短波长的是 _____ m。

17.16 分别以频率为 ν_1 和 ν_2 的单色光照射某一光电管。若 $\nu_1 > \nu_2$(均大于红限频率 ν_0),则当两种频率的入射光的光强相同时,所产生的光电子的最大初动能 E_1 _____ E_2;为阻止光电子到达阳极,所加的遏止电压 $|U_{a1}|$ _____ $|U_{a2}|$;所产生的饱和光电流 $|I_{S1}|$ _____ $|I_{S2}|$(用">"或"="或"<"填入)。

17.17 设描述微观粒子运动的波函数为 $\varphi(r,t)$,则 $\varphi\varphi^*$ 表示 _____。$\varphi(r,t)$ 须满足的条件是 _____;其归一化条件是 _____。

17.18 根据量子力学理论,氢原子中电子的角动量在外磁场方向上的投影为 $L_z=$

$m_l\hbar$,当角量子数 $l=2$ 时,L_z 的可能取值为_____。

17.19　锂($Z=3$)原子中含有 3 个电子,电子的量子态可用(n,l,m_l,m_s)四个量子数来描述,若已知其中一个电子的量子态为($1,0,0,1/2$),则其余两个电子的量子态分别为_____和_____。

17.20　原子内电子的量子态由 n,l,m_l 及 m_s 四个量子数表征。当 n,l,m_l 一定时,不同的量子态数目为_____;当 n,l 一定时,不同的量子态数目为_____;当 n 一定时,不同的量子态数目为_____。

17.21　试证:如果确定一个低速运动的粒子的位置时,其不确定量等于这粒子的德布罗意波长,则同时确定这粒子的速度时,其不确定量将等于这粒子的速度(不确定关系式 $\Delta x \cdot \Delta P \geqslant h$)。

17.22　已知粒子在无限深势阱中运动,其波函数为

$$\varphi_n(x) = \sqrt{\frac{2}{a}} \sin \frac{\pi x}{a} \quad (0 < x < a)$$

求:发现粒子概率最大的位置。

17.23　一维无限深势阱中粒子的定态波函数为 $\varphi_n(x) = \sqrt{\dfrac{2}{a}} \sin \dfrac{n\pi x}{a}$。

求:(1)粒子处于基态时,在 $x=0$ 到 $x=a/3$ 之间找到粒子的概率;

(2)粒子处于 $n=2$ 的状态时,在 $x=0$ 到 $x=a/3$ 之间找到粒子的概率。

17.24　设康普顿效应中入射的 X 射线的波长 $\lambda=0.070\,0$ nm,散射的 X 射线与入射的 X 射线垂直。求:

(1)反冲电子的动能 E_k;

(2)反冲电子运动的方向与入射的 X 射线之间的夹角 θ。

17.25　在一次康普顿散射实验中,若用波长 $\lambda_0=0.1$ nm 的光子作为入射源,试问:(1)散射角 $\varphi=45°$ 的康普顿散射波长是多少?(2)分配给这个反冲电子的动能有多大?

17.26　如果一个光子的能量等于一个电子的静止能量,问:(1)该光子的频率、波长和动量各是多少?(2)在电磁波谱中属于何种射线?

17.27　一束带电粒子经 206 V 电压加速后,其德布罗意波长为 2.0×10^{-3} nm,又知该粒子所带的电荷量与电子所带的电荷量相等,求这粒子的质量。

17.28　若一个电子的动能等于它的静止能量,试求电子的速率和德布罗意波长。

17.29　刚粉刷完的房间从房外远处看,即使在白天,它开着的窗户也是黑的。为什么?

17.30　"光的强度越大,光子的能量就越大。"这种说法对吗,为什么?

五、习题答案

17.1　(D)

17.2　(A)

17.3　(A)

17.4　(C)

17.5　(D)

17.6　(A)

17.7　(D)

17.8　(C)

17.9　(D)

17.10　(C)

17.11　(C)

17.12　(A)

17.13　(C)

17.14　$-0.85, -3.4$

17.15　6,975

17.16　$>, >, <$

17.17　粒子在 t 时刻在 (x, y, z) 处出现的概率密度;单值,有限,连续;

$$\int_V |\Psi|^2 \mathrm{d}x\mathrm{d}y\mathrm{d}z = 1$$

17.18　$0, \hbar, -\hbar, 2\hbar, -2\hbar$

17.19　$1, 0, 0, -1/2; 2, 0, 0, 1/2$ 或 $2, 0, 0, -1/2;$

17.20　$2, 2(2l+1), 2n^2$

17.21　略

17.22　$\dfrac{a}{2}$

17.23　(1)0.19　(2)0.40

17.24　(1)9.42×10^{-17}J　(2)44.0°

17.25　(1)0.170 7 nm　(2) 515 eV

17.26　(1)1.24×10^{20}Hz, 2.42×10^{-3}nm, 2.73×10^{-22}kg·m·s^{-1}　(2)γ 射线

17.27　1.67×10^{-27}kg

17.28　$0.866c$, 0.001 4 nm

17.29　从窗口进入的光线在屋里经过多次反射后极少能再从窗口反射出来,所以看起来窗口总是黑的。

17.30　不对。光的强度不仅取决于单个光子的能量,还取决于光束中光子的数目;而光子的能量由频率决定,跟光的强度没有直接关系。